高等职业院校土建专业创新系列教材

房屋建筑构造
（第3版）（微课版）

魏 松　刘 涛　主　编
毛凤华　张华洁　副主编

清华大学出版社
北京

内 容 简 介

本书是首批"十四五"职业教育国家规划教材的改版，是高职高专土建类专业系列教材之一。本书以住房和城乡建设部最新颁布的相关规范、规程和标准为依据，结合工程实例，重点突出新材料、新技术、新工艺的运用，以培养学生的专业知识和专业技能为核心做了修订，有大量施工现场工程实景图片，图文并茂，内容丰富，其深度符合高等职业教育的特点。本书重点介绍了民用建筑和工业建筑的基本构件构造及民用建筑设计等内容，主要包括建筑概述、基础与地下室、墙体、楼板层、楼梯、屋顶、门与窗、变形缝、民用建筑设计及工业建筑构造等。

本书可作为高职高专院校建筑工程技术、建设工程管理、工程造价、智能建造技术、建筑装饰工程技术、道路与桥梁工程技术等土建类专业的教材，也可作为相关行业岗位培训教材或自学用书。

本书封面贴有清华大学出版社防伪标签，无标签者不得销售。
版权所有，侵权必究。举报：010-62782989，beiqinquan@tup.tsinghua.edu.cn。

图书在版编目(CIP)数据

房屋建筑构造：微课版 / 魏松, 刘涛主编. -- 3版. -- 北京：清华大学出版社, 2025.2. (高等职业院校土建专业创新系列教材). -- ISBN 978-7-302-68491-6
Ⅰ．TU22
中国国家版本馆CIP数据核字第2025YS1865号

责任编辑：石　伟
装帧设计：刘孝琼
责任校对：周剑云
责任印制：刘　菲

出版发行：清华大学出版社
　　网　　址：https://www.tup.com.cn, https://www.wqxuetang.com
　　地　　址：北京清华大学学研大厦A座　　邮　编：100084
　　社 总 机：010-83470000　　邮　购：010-62786544
　　投稿与读者服务：010-62776969, c-service@tup.tsinghua.edu.cn
　　质量反馈：010-62772015, zhiliang@tup.tsinghua.edu.cn
　　课件下载：https://www.tup.com.cn, 010-62791865
印 装 者：三河市人民印务有限公司
经　　销：全国新华书店
开　　本：185mm×260mm　　**印　张**：16.75　　**字　数**：406千字
版　　次：2013年1月第1版　2025年4月第3版　　**印　次**：2025年4月第1次印刷
定　　价：59.00元

产品编号：101633-01

前　言

　　为满足高职高专院校建筑工程类专业的教学需要，更好地培养从事建筑工程施工、管理、设计等的高等工程技术人才，全面贯彻落实国家职业教育改革相关文件精神，编者以建筑行业新规范、新标准为依据，结合建筑行业对职业素养的要求，对第2版进行了全面修订和改版。第3版保留了第2版的主要特色，并在第2版内容的基础上进行了补充和完善。

　　本书重点介绍了民用建筑的六个基本构件的构造、工业建筑构造及民用建筑设计等内容，书后附有建筑设计实训任务书、指导书、评价标准及一套建筑施工图，便于师生参考。本书的主要特色有：

　　(1) 突出"工学结合"。本书编写紧密结合工程实际，将行业发展的新规范、新技术等融入教学内容，将大量的实物照片、现场施工录像、音频、视频等以二维码的形式链入教学内容，可直观、真实地展现构件的构造。并附有一套完整的建筑施工图，便于学生学习。

　　(2) 落实课程思政。本书编写贯彻党的二十大报告精神，践行绿色低碳发展的理念，借用"格物、致知、诚意、正心、修身、齐家、治国、平天下"来进行课程思政整体设计，结合社会主义核心价值观设计出思政元素。通过对案例和知识点等教学素材的设计运用，以润物细无声的方式将正确的价值追求有效地传递给学生。

　　(3) "模块化教学"的编写理念。本书共10个教学模块，每个教学模块有多个学习任务，方便采用任务驱动式等教学方式。在教学专业知识的同时，完成了对学生职业素养及创新意识、创新能力的培养。

　　(4) 附有课程实训环节所需要的教学文件，为教师指导学生实训提供方便。

　　(5) 4D教学视频展现立体效果。

　　(6) 在线解答学习中的任何问题，提供高效的服务。

　　本书由魏松、刘涛任主编，毛凤华、张华洁任副主编。书中模块1、模块5、模块6、模块10、附录1、附录2由魏松编写，模块9、附录3由刘涛编写，模块2、模块3由毛凤华编写，模块4由谭婧婧编写，模块7、模块8由张喆、张华洁编写，课程思政内容、图片、音视频素材等由潘珍珍编写、整理。校企合作单位日照天泰建筑安装工程有限公司郑芸提供工程案例等素材。

　　在编写本书过程中，编者参考和借鉴了许多国内外同类教材和专业书籍及图片资料，在此向相关作者一并致以深切的谢意。

　　由于编者水平有限，书中难免有疏漏和不足之处，敬请读者批评指正。

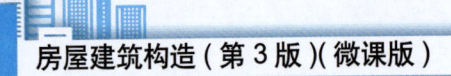

本书课程思政元素设计

序号	课程思政	二十大精神融入点	思政参考案例	对应模块
1	格物	科学精神、技术创新、绿色低碳	案例1：港珠澳大桥 案例2：美丽的中国古建筑	模块1
2	致知	终身学习、职业素养、职业技能	案例3：泉州欣佳酒店坍塌事故 案例4：应县木塔	模块2
3	诚意	爱国、诚信、友善、自由	案例5：绿色建筑欣赏	模块3
4	正心	平等、公正、政治意识、大局意识	案例6："5·12"汶川地震	模块4
5	修身	法治、敬业、工匠精神、全面发展	案例7：中国古代建筑的发展	模块5
6	齐家	文明、和谐、协作意识、集体主义	案例8：郑州"7·20"特大暴雨	模块6
7	治国	富强、民主、中国梦、文化传承、大国担当	案例9：中国建筑幕墙的发展	模块7
8	平天下	人类命运共同体、环保意识、可持续发展	案例10：中国建筑的美	模块8

编　者

目 录

模块 1　建筑概述 ... 1

1.1　建筑构成的基本要素 ... 2
- 1.1.1　建筑功能 ... 2
- 1.1.2　建筑技术 ... 2
- 1.1.3　建筑形象 ... 2

1.2　建筑物的分类 ... 3
- 1.2.1　按建筑物的使用功能分 ... 3
- 1.2.2　按建筑层数或总高度分 ... 3
- 1.2.3　按建筑结构的承重方式分 ... 4
- 1.2.4　按建筑结构的材料分 ... 5
- 1.2.5　按数量和规模分 ... 6

1.3　建筑物的等级划分 ... 6
- 1.3.1　建筑物的耐久等级 ... 6
- 1.3.2　建筑物的耐火等级 ... 6

1.4　建筑标准化和建筑模数 ... 8
- 1.4.1　建筑标准化 ... 8
- 1.4.2　建筑模数 ... 8
- 1.4.3　建筑构件的几种尺寸 ... 10

1.5　定位轴线 ... 11
- 1.5.1　砖墙的平面定位轴线 ... 11
- 1.5.2　框架柱的平面定位轴线 ... 11
- 1.5.3　建筑的竖向定位 ... 11
- 1.5.4　平面定位轴线的编号 ... 13

1.6　建筑物的构造组成及影响因素和设计原则 ... 14
- 1.6.1　建筑物的构造组成 ... 14
- 1.6.2　建筑物构造的影响因素 ... 15
- 1.6.3　建筑构造的设计原则 ... 16

思考题与习题 ... 18

模块 2　基础与地下室 19

2.1　地基与基础概述 20
2.1.1　地基与基础的概念 20
2.1.2　地基的分类 20
2.1.3　地基的设计要求 22
2.1.4　基础的设计要求 22

2.2　基础的类型与构造 23
2.2.1　基础埋深 23
2.2.2　基础的类型 25
2.2.3　常用基础的构造 31

2.3　地下室 32
2.3.1　地下室分类 33
2.3.2　地下室的组成 33
2.3.3　地下室的防潮、防水设计原则 34
2.3.4　地下室的防潮 35
2.3.5　地下室的防水 36

思考题与习题 39

模块 3　墙体 41

3.1　概述 42
3.1.1　墙体的作用 42
3.1.2　墙体的分类 42
3.1.3　墙体的设计要求 44
3.1.4　墙体的承重方案 45

3.2　砌体墙的构造 46
3.2.1　常用墙体材料 46
3.2.2　砌体墙的砌筑方式 48
3.2.3　墙体的细部构造 50

3.3　隔墙的构造 58
3.3.1　砌砖式隔墙 59
3.3.2　板材隔墙 60
3.3.3　立筋式隔墙 61

3.4　墙面的装修构造 62
3.4.1　墙面装修的作用及分类 62
3.4.2　墙面装修的构造 63

3.5　幕墙 68

目录

      3.5.1 幕墙主要组成和材料 68
      3.5.2 幕墙的基本结构类型 70
  思考题与习题 73

模块 4　楼板层与地面 77

  4.1 楼板层的组成、类型和设计要求 78
      4.1.1 楼板层的组成 78
      4.1.2 楼板的类型 78
      4.1.3 楼板的设计要求 80
  4.2 钢筋混凝土楼板 81
      4.2.1 现浇钢筋混凝土楼板 81
      4.2.2 装配式钢筋混凝土楼板 85
      4.2.3 装配整体式钢筋混凝土楼板 91
  4.3 地面 93
      4.3.1 地面的组成 93
      4.3.2 地面的设计要求 94
      4.3.3 楼地面的装修构造 94
  4.4 顶棚 100
      4.4.1 直接式顶棚 100
      4.4.2 吊式顶棚 101
  4.5 阳台与雨篷 101
      4.5.1 阳台 101
      4.5.2 雨篷 105
  思考题与习题 107

模块 5　楼梯 111

  5.1 楼梯的类型及设计要求 112
      5.1.1 楼梯的类型 112
      5.1.2 楼梯的组成 114
      5.1.3 楼梯的设计要求 115
      5.1.4 楼梯的尺度 115
  5.2 钢筋混凝土楼梯构造 123
      5.2.1 现浇钢筋混凝土楼梯构造 123
      5.2.2 装配式钢筋混凝土楼梯构造 125
      5.2.3 楼梯的细部构造 128
  5.3 台阶和坡道 133

5.3.1　台阶 133
　　5.3.2　坡道 134
5.4　电梯及自动扶梯 135
　　5.4.1　电梯的类型 135
　　5.4.2　电梯的设计要求 136
　　5.4.3　电梯的组成 136
　　5.4.4　自动扶梯 137
　　5.4.5　消防电梯 139
　　5.4.6　无障碍电梯 139
思考题与习题 139

模块 6　屋顶 143

6.1　概述 144
　　6.1.1　屋顶的组成和类型 144
　　6.1.2　屋顶的设计要求 145
6.2　平屋顶的构造 146
　　6.2.1　平屋顶的排水组织 147
　　6.2.2　卷材防水屋面 151
　　6.2.3　涂膜防水屋面 159
6.3　坡屋顶的构造 161
　　6.3.1　坡屋顶的形式和组成 161
　　6.3.2　承重结构 162
　　6.3.3　排水组织 163
　　6.3.4　屋面构造 164
6.4　屋顶的保温与隔热 168
　　6.4.1　屋顶的保温 168
　　6.4.2　屋顶的隔热 171
思考题与习题 175

模块 7　门与窗 179

7.1　门窗概述 180
　　7.1.1　门窗的作用 180
　　7.1.2　门窗的材料 180
　　7.1.3　门洞口大小的确定 180
　　7.1.4　门的选用与布置 181
　　7.1.5　窗洞口大小的确定 181

7.1.6　窗的选用与布置 182
　7.2　门的分类与构造 183
　　　7.2.1　门的分类 183
　　　7.2.2　门的构造 184
　7.3　窗的分类与构造 187
　　　7.3.1　窗的分类 187
　　　7.3.2　窗的构造 188
　思考题与习题 190

模块 8　变形缝 193

　8.1　变形缝的设置 194
　　　8.1.1　伸缩缝 194
　　　8.1.2　沉降缝 195
　　　8.1.3　防震缝 196
　　　8.1.4　变形缝的缝宽 196
　8.2　变形缝的构造 196
　　　8.2.1　伸缩缝的构造 197
　　　8.2.2　沉降缝的构造 199
　　　8.2.3　防震缝的构造 200
　思考题与习题 201

模块 9　民用建筑设计 203

模块 10　工业建筑构造 205

　10.1　工业厂房建筑概述 206
　　　10.1.1　工业建筑的特点 206
　　　10.1.2　工业建筑的分类 206
　　　10.1.3　单层工业厂房的结构组成 209
　　　10.1.4　柱网及定位轴线 211
　10.2　厂房内部的起重运输设备 218
　　　10.2.1　单轨悬挂式吊车 218
　　　10.2.2　梁式吊车 218
　　　10.2.3　桥式吊车 219
　　　10.2.4　悬臂吊车 220
　10.3　单层工业厂房构造 220
　　　10.3.1　外墙的构造 220

10.3.2	屋顶的构造	230
10.3.3	天窗的构造	236
10.3.4	侧窗和大门的构造	246
10.3.5	地面构造	250

思考题与习题 ... 252

附 录 ... 255

参考文献 ... 257

试卷一.pdf　　试卷二.pdf　　试卷三.pdf

模块 1 建筑概述

【学习目标】

- 了解建筑构成的基本要素。
- 掌握建筑物的分类和等级划分。
- 掌握建筑物的构造组成部分和影响因素及设计原则。
- 了解建筑定位轴线的确定。
- 掌握建筑模数的概念并会应用。

【核心概念】

建筑构成要素、等级划分、建筑模数、定位轴线、构造组成。

【引子】

　　建筑物是人们用泥土、砖、瓦、石材、木材（近代用钢筋混凝土、型材）等建筑材料搭建的一种供人居住和使用的物体，如住宅、桥梁、体育馆、窑洞、水塔、寺庙等。从广义上来讲，园林也是建筑的一部分。有人说过：上帝一次性给出了木头、石头、泥土和茅草，其他的一切都是通过人类的智慧创作、劳作而成……这就是建筑。建筑是凝固的音乐，建筑中蕴含着人与自然和谐共生的生态智慧。

建筑的含义.mp3

建筑构造主要研究建筑物的构造组成，以及各组成构件的构造做法。建筑构造课程的主要任务是根据建筑物的基本功能、技术经济和艺术造型要求，提供合理的构造方案，以此作为建筑设计的依据，在建筑设计方案和建筑初步设计的基础上，通过建筑构造设计形成完整的建筑设计。

建筑构造课程具有实践性强和综合性强的特点，其内容庞杂，涉及建筑材料、建筑物理学、建筑力学、建筑结构、建筑施工以及建筑经济等方面的知识。学习建筑构造，就要理解和掌握建筑构造的原理，理论联系实践，多观察、勤思考、多接触工程实际，了解和熟悉相关课程的更多内容，这样就可以取得事半功倍的学习效果。

1.1 建筑构成的基本要素

"适用、经济、绿色、美观"是我国的建筑方针，同时这也构成建筑的三大基本要素——建筑功能、建筑技术和建筑形象。

1.1.1 建筑功能

建筑功能就是建造房屋的目的，是建筑物在生产和生活中的具体使用要求。建筑功能随着社会的发展而发展，从古时简单低矮的巢居到现在鳞次栉比的高层建筑，从落后的手工作坊到先进的自动化工厂，建筑功能越来越复杂多样，人类对建筑功能的要求也日益提高。

不同的功能要求需要不同的建筑类型，如生产性建筑、居住建筑、公共建筑等。

1.1.2 建筑技术

建筑技术是建造房屋的手段，包括建筑结构、建筑材料、建筑设备、建筑施工等内容。建筑结构和建筑材料构成了建筑的骨架，建筑设备是建造房屋的技术条件，建筑施工使建造房屋的目的得以实现。随着科学技术的发展，各种新材料、新技术、新设备的出现以及新施工工艺的提高，新的建筑形式不断涌现，同时也更加满足了人们对各种不同建筑功能的要求。

1.1.3 建筑形象

建筑形象的塑造不仅要遵循美观的原则，还要根据建筑的使用功能和性质，综合考虑建筑所在的自然条件、地域文化、经济发展和建筑技术手段。影响建筑形象的因素包括建筑体量、组合形式、立面构图、细部处理、建筑装饰材料的色彩和质感、光影效果等。处理手法不同，可给人或庄重宏伟或简洁明快或轻快活泼的视觉效果，如人民大会堂、南京中山陵、国家体育场（鸟巢）、国家大剧院等一些有特点性的建筑。

完美的建筑形象甚至是国家象征或历史片段的反映，如埃及金字塔、中世纪的代表建筑教堂、北京故宫建筑群、印度泰姬陵等。

在建筑的建筑功能、建筑技术、建筑形象这三个基本构成要素中，建筑功能处于主导地位，建筑技术是实现建筑目的的必要手段，建筑形象则是建筑功能、建筑技术的外在表现，常常具有主观性。因而，同样的设计要求、相同的建筑材料和结构体系，也可以创造完全不同的建筑形象，产生不同的美学效果。

1.2 建筑物的分类

1.2.1 按建筑物的使用功能分

建筑物提供了人类生存和活动的各种场所，根据其使用功能，通常可分为生产性建筑和非生产性建筑两大类。生产性建筑可以根据其生产内容划分为工业建筑、农业建筑等，非生产性建筑则可统称为民用建筑。

1. 工业建筑

工业建筑是指为工业生产服务的生产车间、辅助车间、动力用房、仓库等建筑。

2. 农业建筑

农业建筑是指供农业、牧业生产和加工用的建筑，如温室、畜禽饲养场、水产品养殖场、农畜产品加工厂、农产品仓库、农机修理厂（站）等。

3. 民用建筑

民用建筑按使用情况可分为以下两种。

（1）居住建筑：主要是指为家庭和集体提供生活起居用的建筑，如住宅、宿舍、公寓等。

（2）公共建筑：主要是指供人们进行各种社会活动的建筑，如图书馆、车站、办公楼、电影院、宾馆、医院等。

1.2.2 按建筑层数或总高度分

民用建筑按地上建筑高度或层数进行分类应符合下列规定：

(1) 建筑高度不大于 27.0m 的住宅建筑、建筑高度不大于 24.0m 的公共建筑及建筑高度大于 24.0m 的单层公共建筑为低层或多层民用建筑。

(2) 建筑高度大于 27.0m 且不大于 100.0m 的住宅建筑和建筑高度大于 24.0m 的非单层公共建筑为高层民用建筑。

(3) 建筑高度大于 100.0m 的民用建筑为超高层建筑。

一般建筑按层数划分时，公共建筑和宿舍建筑 1~3 层为低层，4~6 层为多层，大于等于 7 层为高层；住宅建筑 1~3 层为低层，4~9 层为多层，10 层及以上为高层。

1.2.3 按建筑结构的承重方式分

1. 墙体承重

墙体承重是指由墙体承受建筑的全部荷载，并把荷载传递给基础的承重体系。这种承重体系适用于内部空间较小或建筑高度较小的建筑。

2. 框架承重

框架承重是指由钢筋混凝土梁、柱或型钢梁、柱组成的框架承受建筑的全部荷载，而墙体只起围护和分隔作用的承重体系。这种承重体系适用于跨度大、荷载大、高度大的建筑。

3. 框架墙体承重

框架墙体承重是指建筑内部由梁、柱体系承重，四周由外墙承重。这种承重体系适用于局部设有较大空间的建筑。

4. 空间结构承重

空间结构承重是指由钢筋混凝土或型钢组成空间结构来承受建筑的全部荷载，如网架、悬索、壳体等。这种承重体系适用于特种建筑和大空间建筑。

知识拓展

膜 结 构

膜结构是高强度柔性薄膜材料经受其他材料的拉压作用而形成的稳定曲面，是能承受一定外荷载的空间结构形式。膜结构一改传统建筑材料而使用膜材，其质量只是传统建筑的 1/30。而且膜结构可以从根本上克服传统结构在大跨度（无支撑）建筑上实现时所遇到的困难，可创造巨大的无遮挡的可视空间。其特点是造型自由轻巧、阻燃、制作简易、安装快捷、节能、使用安全等，因而在世界各地受到广泛应用。另外，在阳光的照射下，由膜覆盖的建筑物内部充满自然漫射光，室内的空间视觉环境开阔和谐。夜晚，建筑物内的灯光透过屋盖的膜照亮夜空，建筑物的体型显现出梦幻般的效果。这种结构形式适用于大型体育场馆、入口廊道、小品、公众休闲娱乐广场、展览会场、购物中心等场所。

1.2.4 按建筑结构的材料分

1. 砖混结构

砖混结构也称砌体结构，是指用砖墙（柱）、钢筋混凝土楼板及屋面板作为主要承重构件的建筑结构，属于墙体承重结构体系。一般情况下，这种结构只适合于建筑高度为多层及以下的建筑物。

2. 钢筋混凝土结构

钢筋混凝土结构是指配有钢筋的混凝土制成的结构，承重的主要构件是用钢筋混凝土建造的，其属于框架承重结构体系。

3. 钢结构

钢结构是指主要结构构件全部采用钢材的建筑结构，具有自重轻、强度高、整体刚度好、抵抗变形能力强的特点，多属于框架承重结构体系。

4. 砖木结构

砖木结构是指墙、柱用砖砌筑，楼板、屋顶用木料制作的建筑结构。此类建筑在城市已很少采用，在部分农村地区仍有采用。

知识拓展

生土建筑

生土建筑是指主要用未焙烧而仅做简单加工的原状土为材料，营造主体结构的建筑。生土建筑是人类最早的建筑方式之一，现在很多地方的古文化遗址中，都存在生土建筑的文物，像古长城的遗址、墓葬以及故城遗址等，都可以看到古人用生土营造建筑物的痕迹。生土建筑按材料、结构和建造工艺划分时，有黄土窑洞、土坯窑洞、土坯建筑、夯土墙或草泥垛墙建筑和各种"掩土建筑"，以及夯土的大体积构筑物。按营建方式和使用功能划分时，则有窑洞民居、其他生土建筑民居和以生土为材料建造的公用建筑（如城垣、粮仓、堤坝等）。生土建筑可以就地取材，易于施工，造价低廉，冬暖夏凉，节省能源；同时它又融于自然，有利于环境保护和生态平衡。因此，这种古老的建筑类型至今仍然具有顽强的生命力。但是各类生土建筑都有开间不大、布局受限制，室内日照不足，通风不畅和潮湿等缺点，需要进行改造。例如，安陆民风民俗就是采用的生土建筑。

1.2.5 按数量和规模分

1. 大量性建筑

大量性建筑是指建筑数量较多的建筑，如居住建筑和为居民服务的一些中小型公共建筑(中小学教学楼、住宅楼、医院等)。

2. 大型性建筑

大型性建筑是指建造数量较少，但单栋建筑体型比较大的公共建筑，如大型体育馆、影剧院、航空站、海港、火车站等。

1.3 建筑物的等级划分

1.3.1 建筑物的耐久等级

房屋按其设计功能正常使用的年限可分成下列四级。

一级：耐久年限为100年以上，适用于重要的建筑和高层建筑。

二级：耐久年限为50～100年，适用于一般性建筑。

三级：耐久年限为25～50年，适用于次要建筑。

四级：耐久年限为15年以下，适用于临时性建筑。

知识拓展

通常我们所居住和使用的建筑耐久年限都属于二级。

1.3.2 建筑物的耐火等级

耐火等级是依据房屋主要构件的燃烧性能和耐火极限确定的。按材料的燃烧性能把材料分为不燃材料、难燃材料、可燃材料和易燃材料。耐火极限是建筑构件对火灾的耐受能力的时间表达，是指在标准耐火试验条件下，建筑构件、配件或结构从受到火的作用时起，到失去承载能力、完整性或隔热性时止的这一段时间，用小时(h)表示。民用建筑的耐火等级分为四级，除《建筑设计防火规范》(GB 50016—2014)另有规定外，不同耐火等级建筑相应构件的燃烧性能和耐火极限如表1-1所示。

建筑物类型、耐久等级和耐火等级的不同，都直接影响和决定着建筑构造方式的不同。例如，当建筑物的用途、高度和层数不同时，建筑物就会采用不同的结构体系和结构材料，建筑物的抗震构造措施也会有明显的不同。因此，建筑物的分类和分级及其相应的标准,是建筑设计从方案构思到构造设计的整个过程中非常重要的设计依据。

表 1-1 建筑物构件的燃烧性能和耐火极限(普通建筑)

构件名称		耐火等级			
		一级	二级	三级	四级
墙	防火墙	不燃性 3.00	不燃性 3.00	不燃性 3.00	不燃性 3.00
	承重墙	不燃性 3.00	不燃性 2.50	不燃性 2.00	难燃性 0.50
	非承重外墙	不燃性 1.00	不燃性 1.00	不燃性 0.50	可燃性
	楼梯间和前室的墙 电梯井的墙 住宅建筑单元之间的墙和分户墙	不燃性 2.00	不燃性 2.00	不燃性 1.50	难燃性 0.50
	疏散走道两侧的隔墙	不燃性 1.00	不燃性 1.00	不燃性 0.50	难燃性 0.25
	房间隔墙	不燃性 0.75	不燃性 0.50	难燃烧 0.50	难燃性 0.25
柱		不燃性 3.00	不燃性 2.50	不燃性 2.00	难燃性 0.50
梁		不燃性 2.00	不燃性 1.50	不燃性 1.00	难燃性 0.50
楼板		不燃性 1.50	不燃性 1.00	不燃性 0.50	可燃性
屋顶承重构件		不燃性 1.50	不燃性 1.00	可燃性 0.50	可燃性
疏散楼梯		不燃性 1.50	不燃性 1.00	不燃性 0.50	可燃性
吊顶(包括吊顶格栅)		不燃性 0.25	难燃性 0.25	难燃性 0.15	可燃性

注:① 除规范另有规定者外,以木柱承重且以不燃烧材料作为墙体的建筑物,其耐火等级应按四级确定。
② 二级耐火等级建筑的吊顶采用不燃烧体时,其耐火极限不限。
③ 在二级耐火等级的建筑中,面积不超过 100m² 的房间隔墙,如执行本表的规定确有困难时,可采用耐火极限不低于 0.3h 的不燃烧体。
④ 一、二级耐火等级建筑疏散走道两侧的隔墙,按本表规定执行确有困难时,可采用 0.75h 的不燃烧体。

1.4 建筑标准化和建筑模数

1.4.1 建筑标准化

建筑业是国民经济的支柱产业，为了适应现如今市场经济发展的需要，促使建筑业朝着工业化方向发展，必须实行建筑标准化。

建筑标准化的内容包括两个方面：一方面是建筑设计的标准问题，包括各种建筑法规、建筑设计规范、建筑制图标准、清单定额与技术经济指标等；另一方面是建筑的标准设计，包括国家或地方设计、施工部门所编制的构配件图集以及整个房屋的标准设计图等。

1.4.2 建筑模数

建筑模数是选定的标准尺寸单位，作为尺度协调中的增值单位，也是建筑设计、建筑施工、建筑材料与制品、建筑设备、建筑组合件等部门进行尺度协调的基础。

1. 基本模数

基本模数是模数协调中选用的基本尺寸单位，其数值定为100mm，符号为M，即1M=100mm。整个建筑物及其组成部分或建筑物组合构件的模数化尺寸，应为基本模数的倍数。

2. 扩大模数

扩大模数是基本模数的整倍数。扩大模数的基数应符合下列规定。

(1) 水平扩大模数的基数为3M、6M、12M、15M、30M、60M，其相应的尺寸分别为300mm、600mm、1200mm、1500mm、3000mm、6000mm。

(2) 竖向扩大模数的基数为3M和6M，其相应的尺寸分别为300mm和600mm。

3. 分模数

分模数是基本模数的分数值，其基数为M/10、M/5、M/2，其相应的尺寸分别为10mm、20mm、50mm。

模数数列的应用.mp3

4. 模数数列

模数数列是指以基本模数、扩大模数、分模数为基础扩展成的一系列尺寸，它可以保证不同建筑及其组成部分之间尺度的统一协调，有效地减少建筑尺寸的种类，并确保尺寸具有合理的灵活性。模数数列根据建筑空间的具体情况有各自的使用范围，建筑物的所有尺寸除特殊情况之外，均应满足模数数列的要求。表1-2所示为我国现行的模数数列。

表 1-2 模数数列

基本模数	扩 大 模 数						分 模 数		
1M	3M	6M	12M	15M	30M	60M	M/10	M/5	M/2
100	300						10		
200	600	600					20	20	
300	900						30		
400	1200	1200	1200				40	40	
500	1500	1800		1500			50		50
600	1800	2400					60	60	
700	2100	3000					70		
800	2400	3600	2400				80	80	
900	2700	4200					90		
1000	3000	4800		3000	3000		100	100	100
1100	3300	5400					110		
1200	3600	6000	3600				120	120	
1300	3900	6600					130		
1400	4200	7200		4500			140	140	
1500	4500	7800					150		150
1600	4800	8400	4800				160	160	
1700	5100	9000					170		
1800	5400	9600					180	180	
1900	5700						190		
2000	6000		6000	6000	6000	6000	200	200	200
2100	6300								
2200	6600							220	
2300	6900								
2400	7200		7200					240	
2500	7500					12 000			
2600									250
2700			8400			18 000		260	
2800									
2900			9600	7500		24 000		280	
3000									
3100								300	300
3200			10 800			30 000		320	
3300			12 000	9000	9000			340	
3400						36 000			
3500									350
3600				10 500				360	
								380	

续表

基本模数	扩大模数						分模数		
1M	3M	6M	12M	15M	30M	60M	M/10	M/5	M/2
				12 000	12 000			400	400
					15 000				450
					18 000				500
					21 000				550
					24 000				600
					27 000				650
					30 000				700
					33 000				750
					36 000				800
									850
									900
									950
									1000

1.4.3 建筑构件的几种尺寸

为了保证建筑制品、构配件等有关尺寸间的统一与协调，建筑模数协调尺寸分为标志尺寸、构造尺寸和实际尺寸，有些情况下还会运用到技术尺寸。

标志尺寸——应符合模数数列的规定，用以标注建筑物定位轴线之间的距离（如跨度、柱距、层高等），以及建筑制品、建筑构配件、有关设备位置的界限之间的尺寸。

构造尺寸——建筑制品、构配件等生产时的设计尺寸。一般情况下，构造尺寸加上缝隙尺寸等于标志尺寸，缝隙尺寸的大小应符合模数数列的规定。标志尺寸与构造尺寸的关系如图1-1所示。

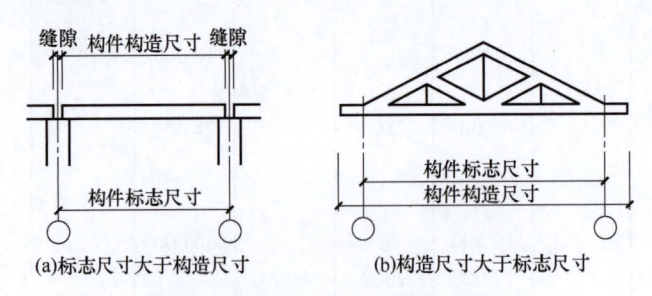

(a) 标志尺寸大于构造尺寸　　(b) 构造尺寸大于标志尺寸

图1-1　标志尺寸与构造尺寸的关系

实际尺寸——建筑制品、构配件等生产制作后的实际尺寸。实际尺寸与构造尺寸之间的差数，应符合允许偏差值。

技术尺寸——建筑功能、工艺技术和结构条件在经济上处于最优状态下所允许采用的最小尺寸数值。

1.5 定位轴线

定位轴线是确定建筑物承重构件位置的基准线。它是建筑设计、施工放线的重要依据。

1.5.1 砖墙的平面定位轴线

1. 承重外墙的平面定位轴线

以顶层砖墙内缘为准，承重外墙的平面定位轴线与外墙内缘的距离为半砖 (120mm) 或半砖的倍数 (240mm 等)，如图 1-2 所示。

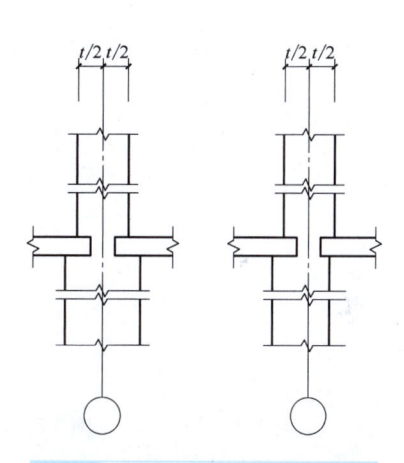

2. 承重内墙的平面定位轴线

承重内墙的平面定位轴线与顶层砖墙中心线重合，如图 1-3 所示。

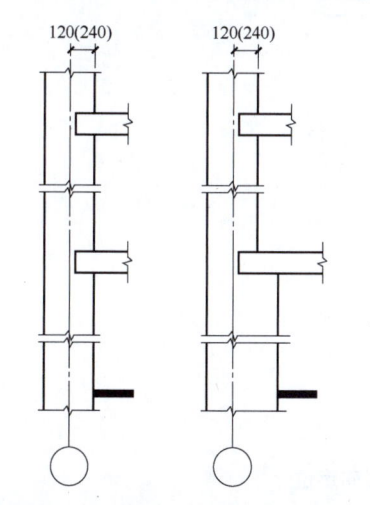

图 1-2　承重外墙的平面定位轴线 /mm

图 1-3　承重内墙的平面定位轴线

t—墙厚

1.5.2 框架柱的平面定位轴线

框架柱的中心线一般与平面定位轴线重合。边柱的定位轴线也可以位于柱的外边缘，如图 1-4 所示。

1.5.3 建筑的竖向定位

在建筑图中的楼层标高定位在楼(地)面的面层上表面，称为建筑标高，如图 1-5

所示。在结构图中的楼层标高定位在楼板的结构层上表面，称为结构标高。一般情况下建筑标高减去楼（地）面的面层构造厚度等于结构标高。

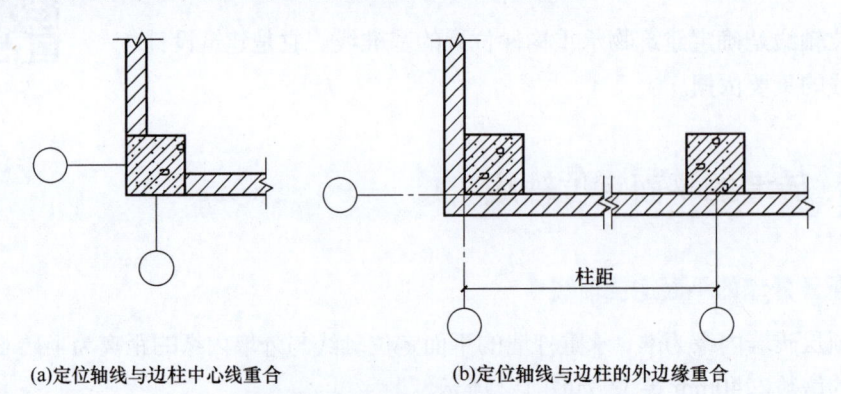

(a)定位轴线与边柱中心线重合　　(b)定位轴线与边柱的外边缘重合

图 1-4　框架柱的平面定位轴线

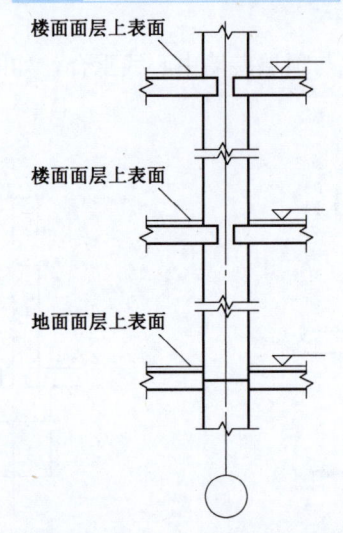

图 1-5　楼（地）面的竖向定位

屋面的竖向定位，建筑标高和结构标高都是定位在墙或柱内缘与屋面板的上表面相交处，如图 1-6 所示。

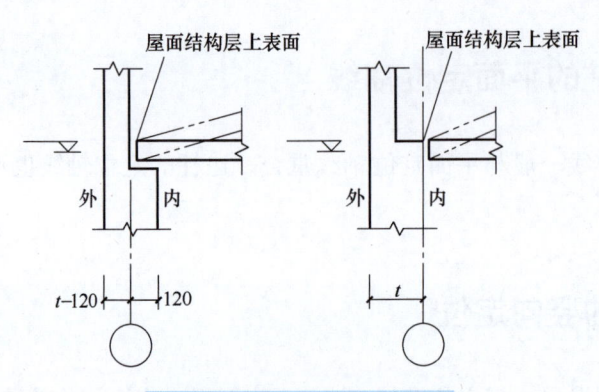

图 1-6　屋面的竖向定位 /mm

1.5.4 平面定位轴线的编号

定位轴线是确定主要结构或构件位置及标志尺寸的基线，用于平面时称为平面定位轴线。平面定位轴线之间的距离一般应符合 3M 的倍数。

在建筑平面图上，平面定位轴线按纵、横两个方向分别编号，横向定位轴线应用阿拉伯数字，从左至右顺序编号，横向定位轴线之间的距离称为开间。纵向定位轴线应用大写拉丁字母，从下至上顺序编号。大写拉丁字母 I、Z、O 不能使用，避免与数字 1、2、0 混淆，纵向定位轴线之间的距离称为进深。平面定位轴线的编号如图 1-7 所示。

当建筑平面图比较复杂时，定位轴线也可以采用分区编号。编号的注写方式为"分区号－轴线号"，如图 1-8 所示。

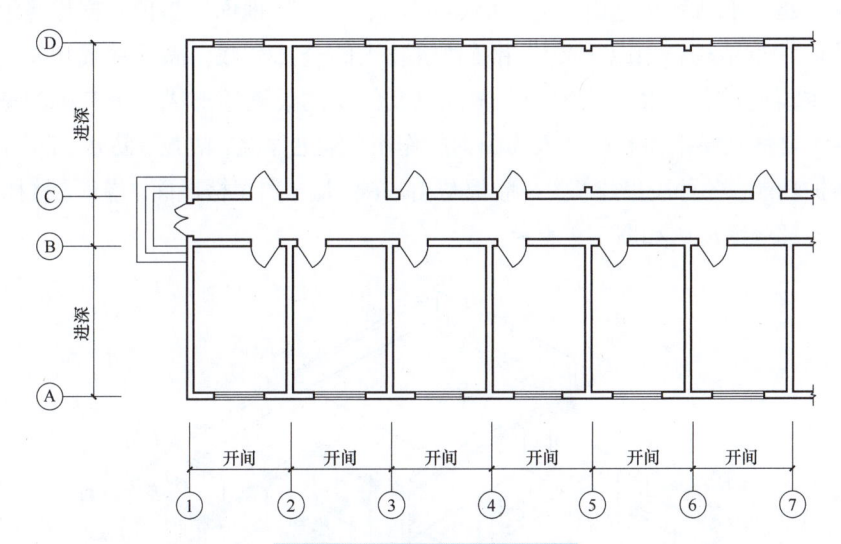

图 1-7 平面定位轴线的编号

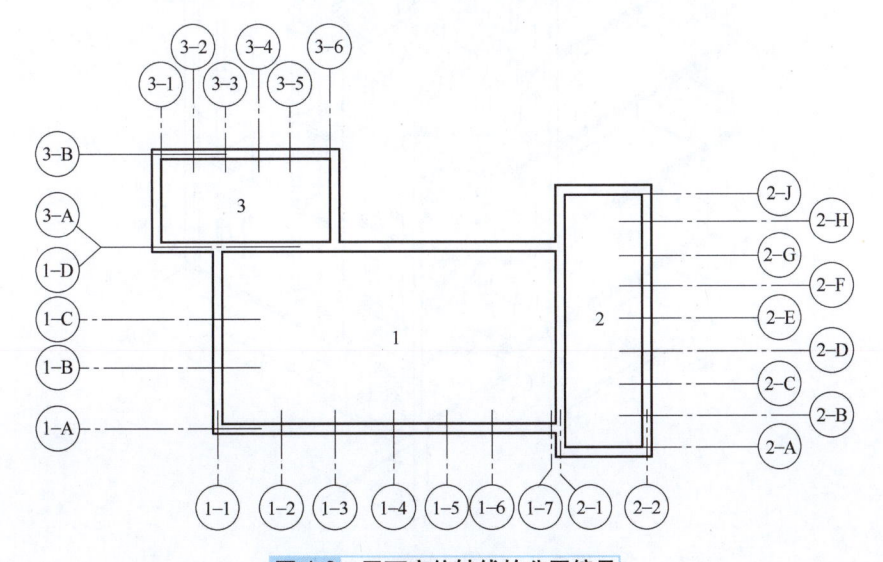

图 1-8 平面定位轴线的分区编号

在建筑平面图中，次要的建筑构件也可以采用附加轴线进行编号。例如，1/3 表示 3 号轴线之后的第一根附加轴线，2/C 表示 C 号轴线之后的第二根附加轴线，1/01 表示 1 号轴线之前的第一根附加轴线，1/0A 表示 A 号轴线之前的第一根附加轴线。

1.6 建筑物的构造组成及影响因素和设计原则

1.6.1 建筑物的构造组成

针对建筑物承载和围护两大基本功能，建筑物由建筑承载系统和建筑围护系统两部分组成。建筑承载系统是由基础、墙体（柱）、梁、楼地面、屋顶、楼梯等组成的一个空间整体承重结构，用以承受作用在建筑物上的全部荷载，满足承载功能。建筑围护系统则主要通过各种非结构的构造做法以及门窗的设置等形成一个有机的整体，用以承受各种自然气候条件和各种人为因素的作用，满足保温、隔热、防水、防潮、隔声、防火等围护功能。各种民用建筑，一般都是由基础、墙或柱、楼地面、屋顶、楼梯、电梯、门窗等几大部分组成，如图 1-9 所示。

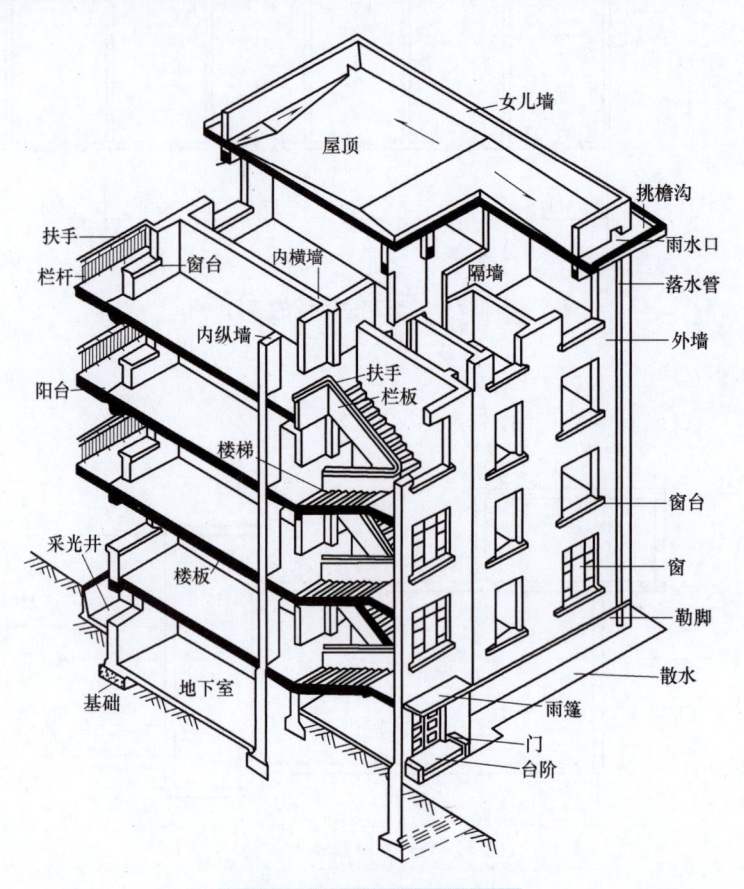

图 1-9 民用建筑的构造组成

(1) 基础：基础是建筑物的竖向承重构件，承受建筑物上部传来的所有荷载及自重，并把这些荷载传给下面的土层(该土层称为地基)。其构造要求是坚固、稳定、耐久，能经受冰冻、地下水及土壤中所含化学物质的侵蚀，保持足够的使用年限。基础的大小、形式取决于建筑整体的荷载大小、土壤性能、材料性质和承重方式。

(2) 墙或柱：墙或柱是建筑物的竖向承重构件，它承受着由屋盖和楼板传来的各种荷载，并把这些荷载及自重可靠地传给基础。其设计要求是必须满足构件强度和刚度要求。作为墙体，外墙有围护的功能，抵御风霜雪雨及寒暑、太阳辐射热对室内的影响；内墙有分隔房间的作用，同时对墙体还有保温、隔热、隔声等作用。

(3) 楼地面：分为楼板层和地面。楼板层直接承受着各楼层上的家具、设备及人体自重和楼层自重，对墙或柱有水平支撑的作用，传递着风、地震等侧向水平荷载，并把上述各种荷载传递给墙或柱。楼面的设计要求是要有足够的强度和刚度，以及良好的隔声、耐磨性能。由于地面接近土壤，对地面的设计要求是坚固、耐磨、防潮和保温。

(4) 屋顶：屋顶既是承重构件又是围护构件。作为承重构件，和楼面相似，承受着直接作用于屋顶的各种荷载，并把承受的各种荷载传给墙或柱。作为围护构件，用以抵御风霜雪雨及寒暑和太阳辐射热。

(5) 楼梯、电梯：楼梯、电梯是多层建筑的垂直交通工具。对楼梯、电梯的基本要求是有足够的通行能力，以及满足人们在平时和紧急状态时的通行与疏散，并符合坚固、稳定、耐磨、安全等要求。

(6) 门窗：门与窗属于围护构件，都有采光通风的作用。门的基本功能还包括保持建筑物内部与外部或各内部空间之间的联系与分隔。对门窗的设计使用要求有保温、隔热、隔声、防风沙等。

1.6.2 建筑物构造的影响因素

所有的建筑物在自然界之中都有明确的使用意图，自始至终都经受着来自人为和自然的各种影响。如果在前期设计规划时没有充分考虑这些影响因素，就难以保证后期建筑物的正常使用。影响建筑物构造稳定性的因素大致可归纳为四个方面。

1. 自然环境的影响

自然界的风霜雨雪、冷热寒暖、太阳辐射以及大气腐蚀等都会作用在建筑物上，对建筑物的使用质量和使用寿命有着直接的影响。不同的地域有着不同的自然环境特点，在构造设计时常采取相应的防水、防冻、保温、隔热、防风、防雨雪、防潮湿、防腐蚀等措施。有时也可将一些地区的自然特点加以利用，如北方利用太阳辐射热可提高室内温度，利用自然通风可改善室内空气质量。

2. 荷载因素的影响

作用在建筑物上的荷载有结构自重、使用活荷载、风荷载、雪荷载、地震作用等，在确定建筑物构造方案时，必须考虑荷载因素的影响。

3. 建筑标准的影响

建筑标准一般包括造价标准、装修标准、设备标准等方面。标准高的建筑耐久等级高、装修质量好、设备齐全、档次较高，但是造价也相对较高，反之则低。建筑构造方案的选择与建筑标准密切相关。一般情况下，民用建筑属于一般标准的建筑，构造做法多为常规做法。而大型公共建筑，标准要求较高，构造做法复杂，对美观方面的考虑比较多。

4. 技术因素的影响

建筑构造措施的具体实施，必将受到建筑材料、建筑设备、施工方法、经济效益等条件的影响。同一建筑环节可能有不同的构造设计方案，设计时应对这些方案综合比较。例如，哪个方案能充分满足功能要求，哪个方案在现有施工条件下更便于实施，哪个方案能获得最好的经济效益等，选择的方案应尽可能降低材料消耗、能源消耗和劳动力消耗。

1.6.3 建筑构造的设计原则

在建筑构造设计过程中，应遵守以下基本原则。

1. 满足使用要求

建筑构造设计必须最大限度地满足建筑物的使用功能，这也是整个设计的根本目的。综合分析诸多影响因素，设法消除或减少来自各方面的对建筑不利的影响，以保证建筑物使用方便、耐久性好。

2. 确保结构安全可靠

房屋设计时，不仅要对其进行必要的结构计算，还要认真分析构件所承受荷载的性质、大小，合理确定构件尺寸，确保强度和刚度，并保证构件间连接可靠。

3. 适应建筑工程的需要

建筑构造应尽量采用标准化设计，采用定型通用构配件，以提高构配件间的通用性和互换性，为构配件生产工业化、施工机械化提供条件。

4. 执行行业政策和技术规范，注意环保，经济合理

建设政策是建筑业的指导方针，技术规范常常是知识和经验的结晶以及建设时的有力依据。从事建筑设计的人员应时常了解这些政策、法规，对强制执行的标准，必

须严格按要求执行。另外，从材料选择到施工方法的确定都必须注意保护环境、降低消耗、节约投资。

5. 注意美观

建筑细部构造也会直接影响着建筑物的美观效果，所以构造方案应符合人们的审美观念。

综上所述，建筑构造设计的总原则应是：适用、经济、绿色、美观。

知识拓展

常用建筑名词

(1) 建筑物：直接为人们生活、生产服务的房屋，如教学楼、公寓、医院等。
(2) 构筑物：间接为人们生活、生产服务的设施，如水塔、烟囱、桥梁等。
(3) 地貌：地球表面各种形态的总称。
(4) 地物：地面上的建筑物、构筑物、河流、森林、道路等相对固定的物体。
(5) 地形：地球表面上地物形状和地貌的总称。
(6) 地坪：多指室外自然地面。
(7) 横向：建筑物的宽度方向。
(8) 纵向：建筑物的长度方向。
(9) 横向轴线：沿建筑物宽度方向设置的轴线。
(10) 纵向轴线：沿建筑物长度方向设置的轴线。
(11) 开间：一间房屋的面宽，即两条横向定位轴线之间的距离。
(12) 进深：一间房屋的深度，即两条纵向定位轴线之间的距离。
(13) 层高：上下两层楼面或楼面与地面之间的垂直距离。
(14) 净高：楼面或地面至上部楼板底面或吊顶底面之间的垂直距离。
(15) 建筑总高度：指室外地坪至檐口顶部或女儿墙顶部的总高度。
(16) 建筑面积：指建筑物各层面积的总和，一般指建筑物的总长×总宽×层数。
(17) 结构面积：建筑各层平面中结构所占的面积总和，如墙、柱等结构所占的面积。
(18) 有效面积：建筑平面中可供使用的面积，即建筑面积减去结构面积。
(19) 交通面积：建筑中各层之间、楼层之间和房屋内外之间联系通行的面积，如走廊、门厅、过厅、楼梯、坡道、电梯、自动扶梯等所占的面积。
(20) 使用面积：建筑有效面积减去厨房、卫生间等辅助用房所占净面积所剩下的面积。
(21) 使用面积系数：使用面积所占建筑面积的百分比。
(22) 有效面积系数：有效面积所占建筑面积的百分比。
(23) 红线：规划部门批给建设单位的占地面积，一般用红笔圈在图纸上，具有法律效力。

思考题与习题

一、单选题

1. 某建筑公司承建一工程主体部分，已知受力部分是由钢筋混凝土或型钢组成空间结构承受建筑的全部荷载，则该建筑物的结构承重方式属于（   ）。
　　A. 框架-墙体承重　　B. 空间结构承重　　C. 框架承重　　D. 墙体承重
2. 某建筑公司承建一住宅楼，已知该住宅楼层数为9层，那么该住宅属于（   ）。
　　A. 多层住宅　　B. 高层住宅　　C. 中高层住宅　　D. 低层住宅
3. 人民大会堂是世界上最大的会堂式建筑，如果按建筑物的耐久等级来分，属于（   ）。
　　A. 一级　　B. 二级　　C. 三级　　D. 四级
4. 已知一房间隔墙为砖砌，在受到火的作用时可以承受0.5h，那么该隔墙防火等级属于（   ）。
　　A. 一级　　B. 二级　　C. 三级　　D. 四级
5. 已知某工程为13层的住宅，那么按工程等级来分，其属于（   ）。
　　A. 一级建筑　　B. 四级建筑　　C. 三级建筑　　D. 二级建筑

二、多选题

1. 在下列建筑中属于民用建筑的是（   ）。
　　A. 医院　　B. 水塔　　C. 鸟巢　　D. 博物馆　　E. 火车站
2. 建筑模数是作为尺度协调中的增值单位，也是建筑设计、建筑施工、建筑材料与制品、建筑设备、建筑组合件等部门进行尺度协调的基础，下列数值符合建筑模数的是（   ）。
　　A. 3000　　B. 115　　C. 10　　D. 100　　E. 225

三、简答题

1. 构件耐火极限的含义是什么？耐火等级如何划分？
2. 模数协调的意义是什么？

四、案例题

某建筑公司于2009年某月承建一园区建设，该小区有10栋住宅楼，其中4栋为9层、6栋为6层，均为框架承重结构体系，试回答以下问题。
(1) 按规模和数量，该小区的建筑物属于哪类建筑？
(2) 按高度及层数，该小区的建筑物分为哪几种建筑？
(3) 试述框架结构的特点。
(4) 试述民用建筑的组成部分及各部分的作用。

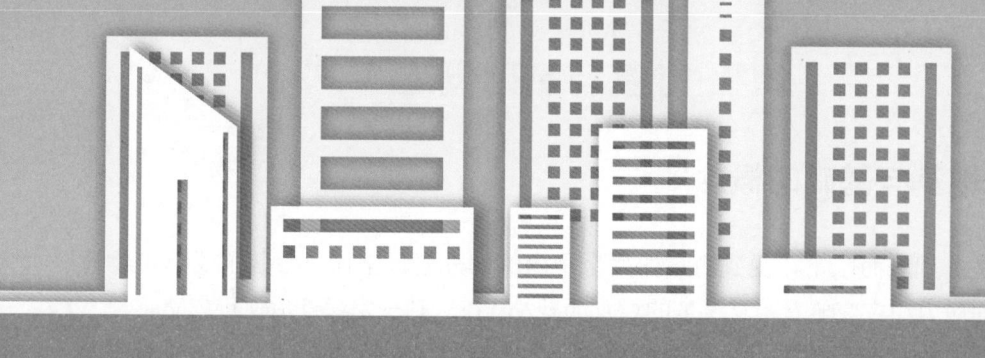

模块 2　基础与地下室

【学习目标】

- 掌握地基、基础、埋置深度的基本概念。
- 掌握基础的分类及构造。
- 掌握地下室防潮及防水构造。

【核心概念】

地基、基础、埋置深度、地下室。

【引子】

我国在建筑物的基础建造方面有着悠久的历史。陕西半坡村新石器时代的遗址中最早发掘出的木柱下已有掺陶片的夯土基础；三门峡庙底沟遗址的屋柱下也有用扁平的砾石做的基础；洛阳王湾墙基的沟槽内则填红烧土碎块或铺一层平整的大块砾石。战国时期，块石基础得以有效运用。北宋元丰年间，基础类型已发展到木桩基础、木筏基础以及复杂地基上的桥梁基础、堤坝基础，基础类型日臻完善。

2.1 地基与基础概述

2.1.1 地基与基础的概念

地基是基础底面以下，受到荷载作用范围内的部分岩、土体。地基承受建筑物荷载而产生的应力和应变随着土层深度的增加而减小，在达到一定深度后便可忽略不计。直接承受建筑物荷载而需要进行压力计算的土层为持力层，持力层以下的土层为下卧层，如图 2-1 所示。

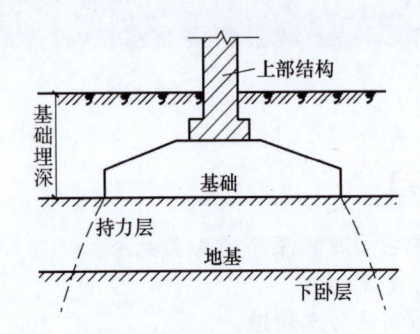

图 2-1　地基与基础的构造

建筑物的最下面与土层直接接触的部分称为基础。它承受由建筑物上部结构传下来的全部荷载，并把这些荷载连同自重一起传到地基上，因此要求地基具有足够的承载能力。每平方米地基所能承受的最大垂直压力称为地基承载力。在进行结构设计时，必须计算基础下面的地基承载能力。只有基础底面受到的平均压力不超过地基承载力，才能确保建筑物安全稳定。在计算时，以 f 表示地基允许承载力，N 代表上部结构传至基础的总荷载，G 代表基础自重和基础上的土重，A 代表基础的底面积，则 $f \geqslant N+G/A$。

知识拓展

区分地基与基础的不同：基础是建筑物的组成部分，而地基是承受建筑物整体荷载的土层，不是建筑物的组成部分。

2.1.2 地基的分类

按土层性质不同，地基可分为天然地基和人工地基。

天然地基是指在天然状态下即可满足承担基础全部荷载的要求，不需人工处理，可直接在上面建造房屋的地基，如岩石、碎石土、砂土、黏性土等，一般均可作为天然地基。

人工地基是指经人工处理的地基。人工地基的常见处理方法有换土垫层法、预压法、强夯法、振冲法、混凝土搅拌法、水泥粉煤灰碎石桩法、砂石桩法、化学加固法等，常用的有压实法、换土垫层法以及打桩法3种。压实法是指利用人工的方法挤压土壤，排走土壤中的空气，从而提高地基的强度，降低其透水性和压缩性，如重锤夯实法、机械碾压法等。换土垫层法是指将基础底面以下一定深度中的软弱土全部或部分挖除，换以承载力高的好土，如采用砂石、灰土、工业废渣等强度较高的材料置换软弱土层。打桩法是指将钢筋混凝土桩与桩间土一起组成复合地基，或钢筋混凝土桩穿过软弱土层直接支撑在坚硬的岩层上。

知识拓展

地基处理方法及应用范围

1. 换土垫层法

(1) 垫层法：其基本原理是全部或部分挖除浅层软弱土，分层碾压或夯实土，按回填的材料可分为砂（或砂石）垫层、碎石垫层、粉煤灰垫层、干渣垫层、土（灰土、二灰）垫层等。干渣分为分级干渣、混合干渣和原状干渣，粉煤灰分为湿排灰和调湿灰。换土垫层法可提高持力层的承载力，减少沉降量；常用机械碾压、平板振动和重锤夯实进行施工。该法常用于基坑面积宽大和开挖土方量较大的回填土方工程，以及处理浅层软弱土层（淤泥质土、松散素填土、杂填土、浜填土以及已完成自重固结的冲填土等）与低洼区域的填筑。一般处理深度为 2~3m。

(2) 强夯挤淤法：采用边强夯边填碎石边挤淤的方法，在地基中形成碎石墩体。可提高地基承载力和减小地基变形。强夯挤淤法适用于厚度较小的淤泥和淤泥质土地基，但需要通过现场试验才能确定其适应性。

2. 振密、挤密法

振密、挤密法的原理是采用一定的手段，通过振动、挤压使地基土体孔隙比减小，强度提高，达到地基处理的目的。

3. 排水固结法

其基本原理是地基在附加荷载的作用下，逐渐排出孔隙水，使孔隙比减小，地基发生固结变形。在这个过程中，随着土体超静孔隙水压力的逐渐消散，土的有效应力增加，地基抗剪强度相应增加，并使沉降提前完成或提高沉降速率。

排水固结法主要由排水和加压两个系统组成。排水可以利用天然土层本身的透水性，也可设置砂井、袋装砂井和塑料排水板之类的竖向排水体。加压主要包括地面堆载法、真空预压法和降低地下水位法。为加固软弱的黏土，在一定条件下，采用电渗井点排水也是合理而有效的。

(1) 堆载预压法：一般适用于软黏土地基。在建造建筑物以前，通过临时堆填土石等方法对地基加载预压，达到预先完成部分或大部分地基沉降，并通过地基土固结提高地基承载力，然后撤除荷载，再建造建筑物。

临时的预压堆载一般等于建筑物的荷载，但为了减少由于次固结而产生的沉降，预压荷载也可大于建筑物荷载，称为超载预压。为了加快堆载预压下地基的固结速度，该法常与砂井法或塑料排水带法等同时应用。若黏土层较薄，透水性较好，也可单独采用堆载预压法。

(2) 砂井法（包括袋装砂井、塑料排水带等）：在软黏土地基中，设置一系列砂井，在砂井之上铺设砂垫层或砂沟，人为地增加土层固结排水途径，缩短排水距离，从而加速土体固结，并加速土体强度增长。砂井法通常辅以堆载预压法进行使用，称为砂井堆载预压法。其适用于透水性低的软弱黏性土，但对于泥炭土等有机质沉积物不适合用。

(3) 真空预压法：在黏土层上铺设砂垫层，然后用薄膜密封砂垫层，用真空泵对砂垫及砂井抽气，产生负压使地下水位降低，同时在大气压力作用下加速地基固结。其适用于能在加固区形成（包括采取措施后形成）稳定负压边界条件的软土地基。

(4) 降低地下水位法：通过降低地下水位使土体中的孔隙水压力减小，从而增大有效应力，促进地基固结。其适用于地下水位接近地面而开挖深度不大的工程，特别适用于饱和粉土、细砂地基。

(5) 电渗排水法：在土中插入金属电极并通以直流电，由于直流电场的作用，土中的水从阳极流向阴极，然后将水从阴极排除，而不让水在阳极附近补充，借助电渗作用可逐渐排除土中水。在工程上常利用它降低黏性土中的含水量或降低地下水位来提高地基承载力或边坡的稳定性。其适用于饱和软黏土地基。

2.1.3　地基的设计要求

1. 承载力要求

地基的承载力应足以承受基础传来的压力，所以建筑物应尽量选择承载力较高的地段。

2. 变形要求

地基的沉降量和沉降差需保证在允许的沉降范围内。建筑物的荷载通过基础传给地基，地基因此产生变形，出现沉降。若沉降量过大，会造成整个建筑物下沉过多，影响建筑物的正常使用；若沉降不均匀，沉降差过大，会引起墙体开裂、倾斜甚至破坏。

3. 稳定性要求

稳定性要求即要求地基有防止产生滑坡、倾斜的能力。

2.1.4　基础的设计要求

1. 强度、稳定性和均匀沉降要求

基础必须具有足够的强度，才能保证将建筑物的荷载可靠地传给地基；还要具有良好的稳定性，以保证建筑物均匀沉降，限制地基变形在允许范围内。

模块 2 基础与地下室

2. 耐久性要求

基础是埋在地下的隐蔽工程，在土中容易受潮而且建成后检查、维修、加固困难，所以在选择基础的材料与构造形式时应该考虑其耐久性，使其与上部结构的使用年限相适应。

3. 经济要求

基础工程占工程总造价的 10%～40%，在确保坚固耐久、技术合理的前提下，基础的设计要尽量选用地方材料以及合理的结构形式，以降低整个工程的造价。

2.2 基础的类型与构造

2.2.1 基础埋深

1. 基础埋深的概念

室外设计地坪到基础底面的垂直深度为基础的埋置深度，简称基础埋深。室外地坪分为自然地坪和设计地坪。自然地坪是指建筑施工地段的原有地坪，设计地坪是指工程按设计要求竣工后室外地段经垫起或开挖后的地坪。

基础的埋置深度 .mp3

基础按其埋深的不同可分为浅基础和深基础。一般情况下，基础埋深不超过 5m 时称为浅基础，超过 5m 时称为深基础。

单从经济方面看，基础埋深越小，工程造价越低，但如果基础没有足够的土层包围，基础底面的土层在受到压力后会把基础四周的土挤出，基础将产生滑移而失去稳定，同时基础埋置过浅，易受到外界的影响而损坏，所以基础的埋置深度一般不应小于 0.5m，如图 2-2 所示。

2. 基础埋深的影响因素

（1）建筑物的使用性质：应根据建筑物的大小、特点、刚度与地基的特性区别对待，高层建筑筏形和箱形基础的埋置深度应满足地基承载力、变形和稳定性要求。在抗震设防区，除岩石地基外，天然地基上的箱形和筏形基础的埋置深度不宜小于建筑物高度的 1/15；桩箱或桩筏基础的埋置深度（不计桩长）不宜小于建筑物高度的 1/18。位于岩石地基上的高层建筑，其基础埋深应满足抗滑稳定性要求。

（2）地基土质条件：地基土质的好坏将直接影响基础的埋深。土质好、承载力大的土层，基础可以浅埋，反之则深埋。如果地基土层均匀，为承载力较好的坚实土层，则应尽量浅埋，但埋置深度应大于0.5m，如图2-3所示。如果地基土层不均匀，既有承载力较好的坚实土层，又有承载力较差的软弱土层，且坚实土层离地面近(距地面小于2m)，土方开挖量不大，可挖除软弱土层，将基础埋置在坚实土层上；若坚实土层很深

23

(距地面大于5m)，可作地基加固处理；当地基土由坚实土层和软弱土层交替组成，建筑总荷载又较大时，可用桩基础，具体深度应作技术性比较后确定。

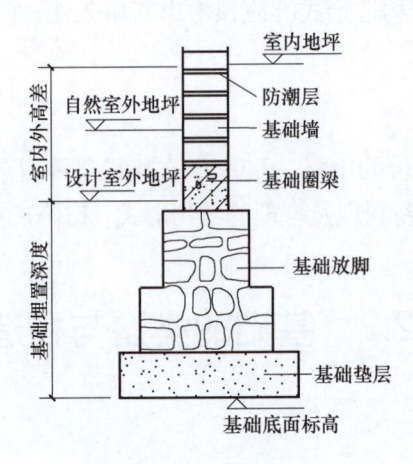

图2-2 基础埋置深度

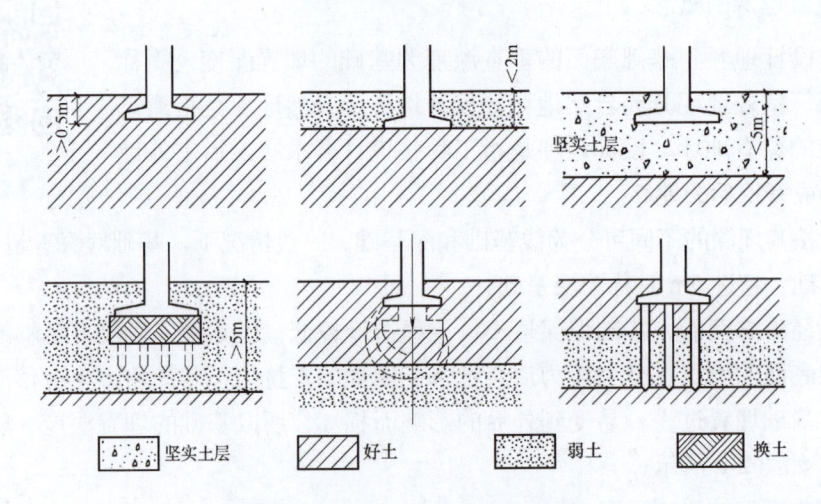

图2-3 地基土层对基础埋深的影响

(3) 地下水位的影响：地基土含水量的大小对地基承载力影响很大，所以地下水位的高低直接影响地基承载力。例如，黏性土遇水后，因含水量增加，体积膨胀，使土的承载力下降。含有侵蚀性物质的地下水，将对基础进行腐蚀。因此，房屋的基础应争取埋置在地下水位以上。

当地下水位较高，基础不能埋置在地下水位以上时，应将基础底面埋置在最低地下水位200mm以下，且不应使基础底面处于地下水位变化的范围之内。

(4) 土的冻结深度的影响：土的冻结深度主要是由当地的气候决定的。由于各地区的气温不同，冻结深度也不同。严寒地区冻结深度很大，温暖和炎热地区冻结深度则很小，甚至不冻结。

地面以下冻结土和非冻结土的分界线称为冰冻线，冰冻线的深度为冰冻深度。土的冻结是由土中水分冻结造成的，水分冻结成冰体积膨胀。当房屋的地基为冻胀性土时，由于冻结后体积膨胀产生的冻胀力会将基础向上拱起，解冻后冻胀力消失，房屋又将下沉，在这期间冻结和融化的位置是不均匀的，从而导致房屋各部分受力不均匀。房屋各部分受力不均匀会产生变形和破坏，因此建筑物基础应埋置在冰冻线以下200mm处，如图2-4所示。

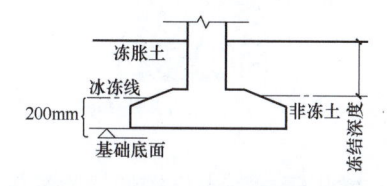

图2-4　冻结深度对基础埋深的影响

（5）相邻建筑物基础埋深的影响：在原有建筑物附近建造房屋时，应考虑新建房屋荷载对原有建筑物基础的影响。一般情况下，新建建筑物基础埋深不宜大于相邻原有建筑物基础的埋深。当新建建筑物基础的埋深必须大于原有房屋时，基础间的净距应根据荷载大小和性质等确定，一般为 $L=(1\sim2)H$ 原有基础和新建基础底面的高差，如图2-5所示。

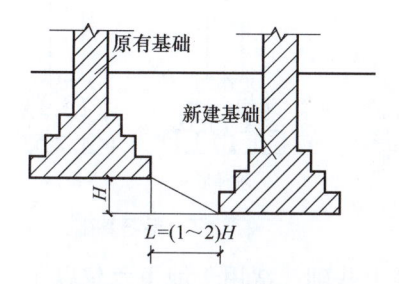

图2-5　相邻基础埋深的影响

2.2.2　基础的类型

建筑物的基础可按不同的方法进行分类。

1. 按所用材料及受力特点分类

建筑物的基础按所用材料及受力特点可分为刚性基础（砖基础、毛石基础、灰土及三合土基础、混凝土及毛石混凝土基础）、柔性基础（钢筋混凝土基础）等。

1）刚性基础

刚性基础是指由砖、毛石、素混凝土、灰土等刚性材料制作的基础。这种基础抗压强度高，而抗拉、抗弯、抗剪强度低。

(1) 砖基础：常砌成台阶形，一般是二皮一收砌筑或二一间隔砌筑，如图2-6所示。

(2) 毛石基础：常砌成阶梯形，每阶伸出的长度不宜大于200mm，毛石基础每个台阶的高度和基础墙的宽不宜小于400mm。毛石基础示意图如图2-7所示。

基础的类型-砖基础.mp4　　基础的类型-毛石基础.mp4　　基础的类型-灰土基础.mp4

(3) 灰土及三合土基础：常用于地下水位较低、冻结深度较浅的南方4层以下的民用建筑。灰土基础是经过消解的石灰和黏土按一定比例加适量的水拌和夯实而成，其配合比为石灰∶黏土=3∶7或2∶8。有些地区用三合土代替灰土，是用石灰、砂、骨料(碎砖、碎石或矿渣)拌和而成，其配合比是石灰∶砂∶骨料=1∶2∶4或1∶3∶6。灰土基础示意图如图2-8所示。

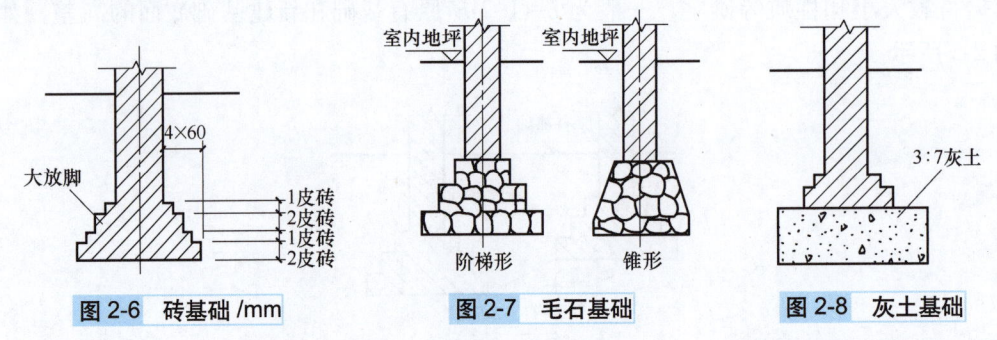

图2-6　砖基础/mm　　图2-7　毛石基础　　图2-8　灰土基础

(4) 混凝土及毛石混凝土基础：常用于地下水位以下。其断面可做成矩形、阶梯形和锥形。当基础厚度小于350mm时多做成矩形；大于350mm时多做成阶梯形，每阶300～400mm；当大于3阶时常用锥形。在混凝土中加入毛石称为毛石混凝土，所用毛石的尺寸不大于基础宽度的1/3、粒径不超过300mm，加入的石块占基础体积的20%～30%。混凝土基础示意图如图2-9所示。

从受力和传力角度考虑，由于土壤单位面积的承载能力小，只有将基础底面积不断扩大，才能适应地基受力的要求。上部结构（墙或柱）在基础上传递的压力是沿一定角度分布的，这个传力角度称为压力分布角或称为刚性角，以 α 表示，如图2-10(a)所示。由于刚性材料抗压能力强，抗拉能力差，因此压力分布角只能在材料的抗压范围内进行控制。如果基础底面宽度超过控制范围，则由 B' 增加到 B 致使刚性角扩大，这时，基础会因受拉而破坏，如图 2-10(b) 所示。所以刚性基础底面宽度的增大要受到刚性角的限制。为设计、施工方便，将刚性角换算成 α 的正切值 b/H，即宽高比。表 2-1 是各种材料基础的宽高比 b/H 的允许值。

(a) 承重墙　　(b) 钢筋混凝土柱

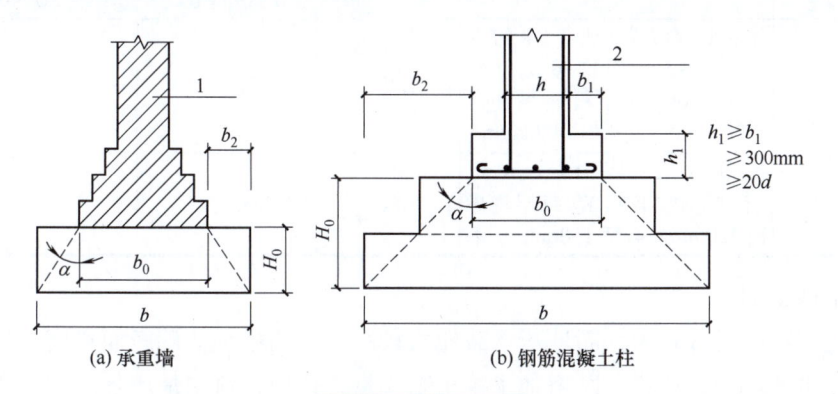

图 2-9　混凝土基础

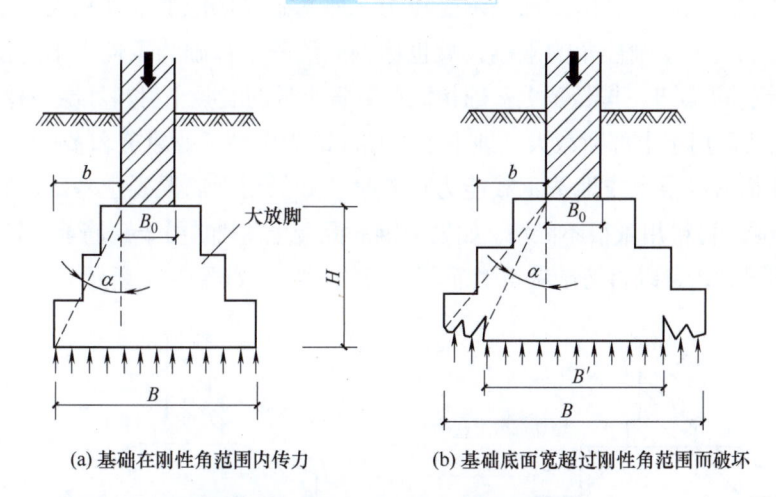

(a) 基础在刚性角范围内传力　　(b) 基础底面宽超过刚性角范围而破坏

图 2-10　刚性基础的受力、传力特点

表 2-1　无筋扩展基础台阶宽高比的允许值

基础材料	质量要求	台阶宽高比的允许值		
^	^	$P_k \leqslant 100$kPa	100kPa$<P_k\leqslant$200kPa	200kPa$<P_k\leqslant$300kPa
混凝土基础	C20 混凝土	1∶1.00	1∶1.00	1∶1.25
毛石混凝土基础	C20 混凝土	1∶1.00	1∶1.25	1∶1.50
砖基础	砖不低于 MU10，砂浆不低于 M5	1∶1.50	1∶1.50	1∶1.50
毛石基础	砂浆不低于 M5	1∶1.25	1∶1.50	—

续表

基础材料	质量要求	台阶宽高比的允许值		
		$P_k \leqslant 100\text{kPa}$	$100\text{kPa}<P_k\leqslant 200\text{kPa}$	$200\text{kPa}<P_k\leqslant 300\text{kPa}$
灰土基础	体积比为3∶7或2∶8的灰土，其最小干密度为：粉土，1550kg/m³；粉质黏土，1500kg/m³；黏土，1450kg/m³	1∶1.25	1∶1.50	—
三合土基础	体积比1∶2∶4～1∶3∶6（石灰∶砂∶骨料），每层约虚铺220mm，夯至150mm	1∶1.50	1∶2.00	—

2) 柔性基础

当建筑物的荷载较大，而地基承载能力较小时，为增加基础底面宽度，势必导致基础深度也要加大。这样，既增加了挖土工作量，还使材料用量增加。如果在混凝土基础的底部配以钢筋，利用钢筋来承受拉力，使基础底部能够承受较大弯矩，这时，基础宽度的加大不受刚性角的限制，故也称钢筋混凝土基础为柔性基础。在同样的条件下，采用钢筋混凝土，与混凝土基础相比可节省大量的混凝土材料和减少挖土工作量。钢筋混凝土基础用于上部荷载大、地下水位较高的大中型工业建筑和多层民用建筑。

当建筑物荷载很大或地基承载能力较差时，如果用无筋混凝土基础，底面很宽，受刚性角所限，材料用量很不经济。如果用钢筋混凝土基础，由于钢筋承受较大的弯矩，不受刚性角限制，可以将基础做得宽而薄，节约材料，如图2-11所示。

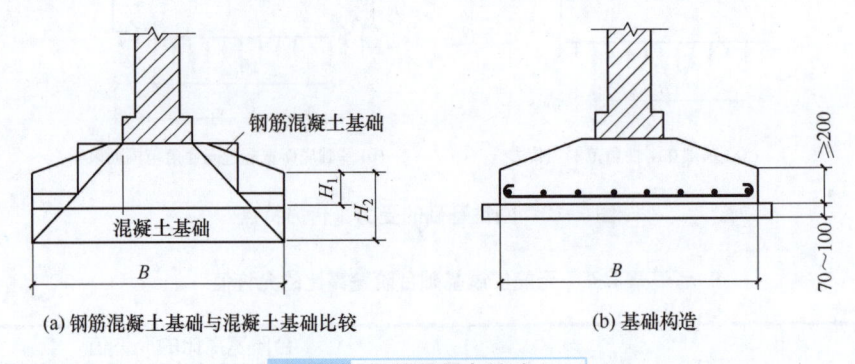

(a) 钢筋混凝土基础与混凝土基础比较　　(b) 基础构造

图2-11　钢筋混凝土基础 /mm

2. 按基础构造形式分类

建筑物的基础按基础构造形式可分为独立基础、条形基础、筏形基础、桩基础、岩石锚杆基础。

1) 独立基础

当建筑物上部采用框架结构或单层排架结构承重，且柱距较大时，基础常采用独立的块状形式，这种基础称为独立基础。独立基础是柱下基础的基本形式，常用的断面形式有阶梯形、锥形、

基础的类型-独立基础.mp4

杯形等，其材料常用钢筋混凝土、素混凝土等。当柱为预制时，将基础做成杯口形，然后将柱子插入，并嵌固在杯口内，称为杯口基础。独立基础示意图如图2-12所示。

2) 条形基础

当建筑物由墙承重时，基础沿墙设置成条形，这样的基础称为条形基础。条形基础呈连续的带状，故也称为带形基础。条形基础一般用于墙下，也可用于柱下，其构造形式如图2-13所示。当房屋为骨架承重结构或内骨架承重结构时，在荷载较大且地基为软土时，常采用钢筋混凝土条形基础将各柱下的基础连接在一起，使整个房屋的基础具有良好的整体性。柱下条形基础可以有效地防止不均匀沉降。

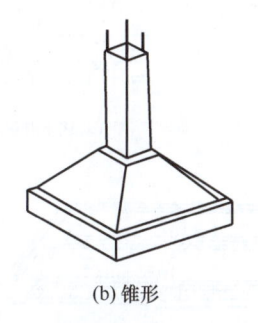

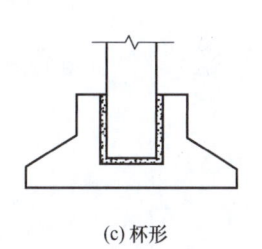

(a) 阶梯形　　　　　(b) 锥形　　　　　(c) 杯形

图2-12 独立基础

3) 筏形基础

建筑物的基础由整块的钢筋混凝土板组成，板直接作用于地基上称为筏形基础。

当上部结构荷载较大，地基承载力较低，柱下交叉条形基础或墙下条形基础的底面积占建筑物平面面积比例较大时，可采用筏形基础。筏形基础具有减少基底压力、提高地基承载力和调整地基不均匀沉降的能力，按结构形式可分为板式结构和梁板式结构两类。板式结构其基础板厚度较大，一般为0.5～2.5m，构造简单，适用于柱荷载不大、柱距较小且等柱距的情况；梁板式结构其基础板厚度较小，但增加了双向梁，构造复杂，所以其适合在柱网间距较大时使用。筏形基础示意图如图2-14所示。

(a) 柱下单向条形基础

(b) 连梁式交叉条形基础

(c) 柱下井格基础示意图

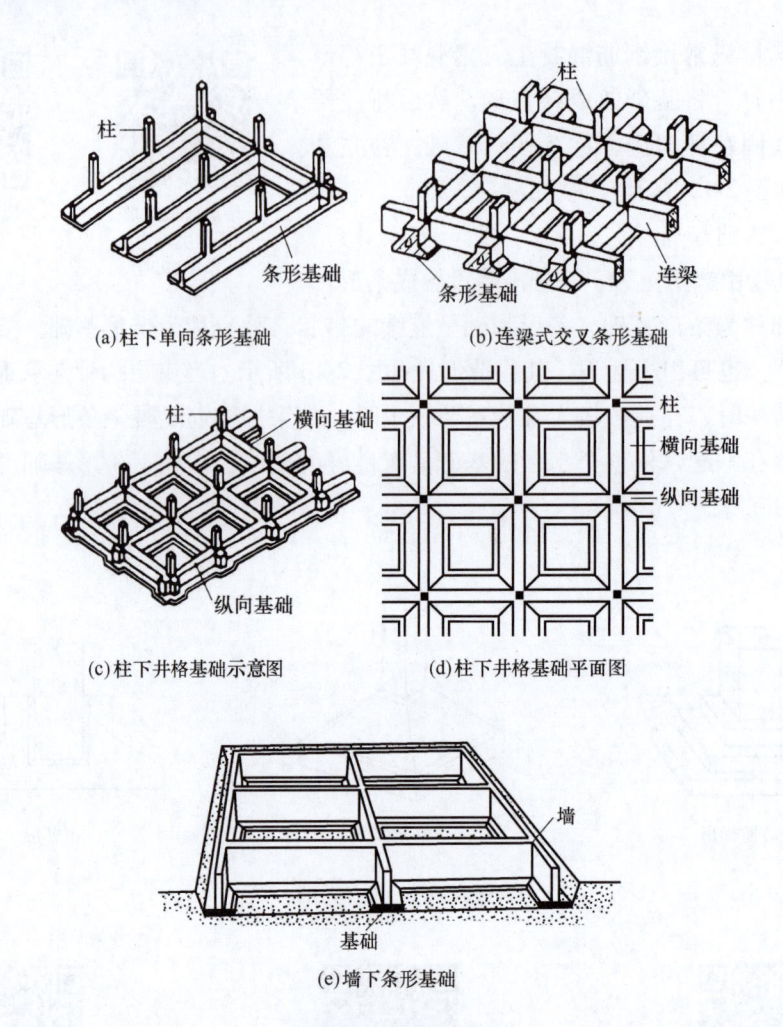

(d) 柱下井格基础平面图

(e) 墙下条形基础

图 2-13 条形基础

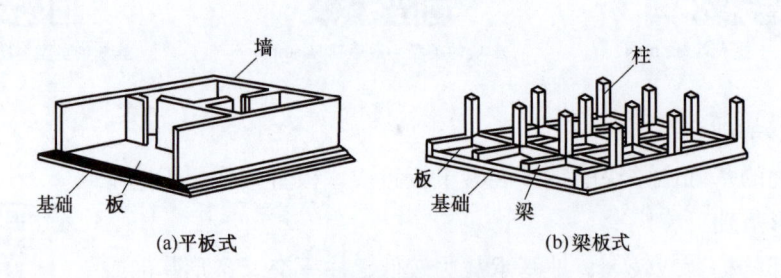

(a) 平板式

(b) 梁板式

图 2-14 筏形基础

当建筑物为上部荷载很大，且对地基不均匀沉降要求严格的高层建筑、重型建筑以及软弱地基上的多层建筑时，为增加基础刚度，不致因地基的局部变形而影响上部结构，常采用钢筋混凝土浇筑成刚度很大的盒状基础，称为箱形基础，如图 2-15 所示。

4) 桩基础

当建筑物荷载较大，地基的软弱土层厚度在 5m 以上，基础不能埋在软弱土层内或

模块 2　基础与地下室

对软弱土层进行人工处理困难或不经济时，就可考虑采用以下部坚实土层或岩层作为持力层的深基础，最常采用的是桩基础。桩基础一般由设置于土中的桩身和承接上部结构的承台组成，如图 2-16 所示。桩基础的类型很多，按桩的受力方式可分为端承桩和摩擦桩，按桩的施工方法可分为预制桩与灌注桩，按所用材料可分为钢筋混凝土桩与钢管桩等。

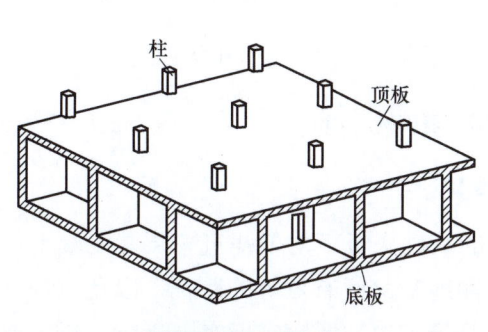

图 2-15　箱形基础

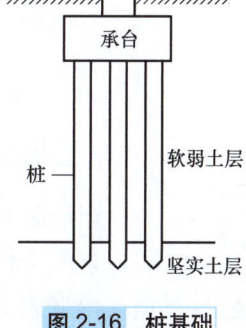

图 2-16　桩基础

基础的类型 - 箱形基础 .mp4

基础的类型 - 桩基础 .mp4

5) 岩石锚杆基础

岩石锚杆基础适用于直接建在基岩上的柱基，以及承受拉力或水平力较大的建筑物基础。锚杆基础应与基岩连成整体，并应符合下列要求。

(1) 锚杆孔直径宜取锚杆直径的 3 倍，但不应小于 1 倍锚杆直径加 50mm。

(2) 锚杆插入上部结构的长度应符合钢筋的锚固长度要求。

(3) 锚杆宜采用热轧带肋钢筋，水泥砂浆强度不宜低于 30MPa，细石混凝土强度等级不宜低于 C30。灌浆前，应将锚杆孔清理干净。

2.2.3　常用基础的构造

1. 混凝土基础

混凝土基础多采用 C20 混凝土浇筑而成，一般有锥形和阶梯形两种形式，如图 2-17 所示。混凝土基础底面应设置厚度为 100mm 的垫层，垫层的作用是找平。

基础的类型 - 混凝土基础 .mp4

混凝土基础 .ppt

(a)锥形　　　　　(b)阶梯形

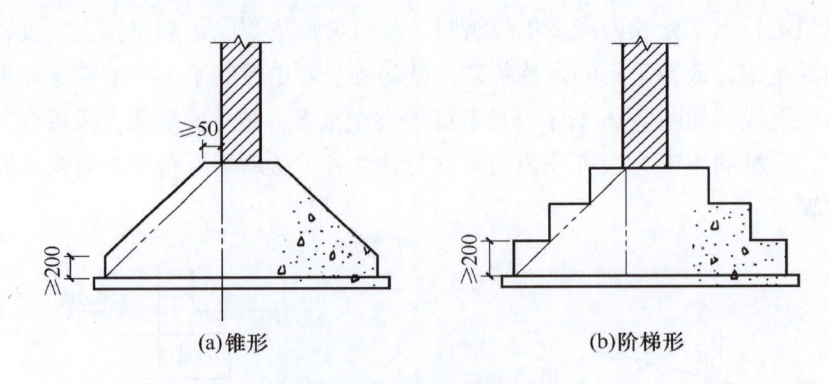

图 2-17　混凝土基础构造 /mm

2. 钢筋混凝土基础

钢筋混凝土基础的基础底板下均匀浇筑一层素混凝土作为垫层，目的是保证基础和地基之间有足够的距离，以免钢筋锈蚀。垫层厚度为100mm，垫层每边都要比底板宽100mm。钢筋混凝土基础由底板及基础墙（柱）组成，底板是基础的主要受力构件，其厚度和配筋均由实际计算确定。受力钢筋最小配筋率不应小于0.15%，直径不得小于10mm，间距不宜大于200mm且不宜小于100mm。混凝土的强度等级不宜低于C25，基础底板的外形一般有锥形和阶梯形两种。

钢筋混凝土锥形基础底板边缘的厚度一般不小于200mm，且两个方向的坡度不宜大于1∶3。钢筋混凝土阶梯形基础每阶的高度一般为200～500mm。当基础高度为500～900mm时采用两阶，超过900mm时采用三阶，如图2-18所示。

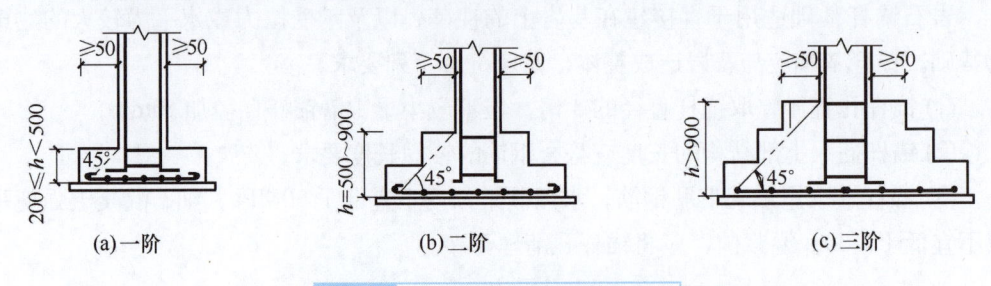

(a)一阶　　　　　(b)二阶　　　　　(c)三阶

图 2-18　钢筋混凝土基础构造 /mm

2.3　地　下　室

建筑物室外地坪以下的房间叫作地下室，因其利用地下空间而提高了建筑用地的利用率，节约了建设用地。地下室示意图如图2-19所示。

模块 2　基础与地下室

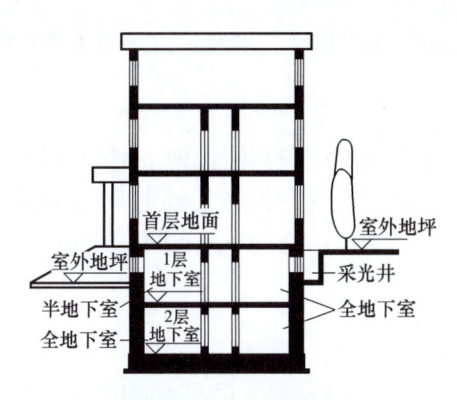

图 2-19　地下室示意图

2.3.1　地下室分类

地下室按使用功能分为普通地下室和防空地下室；按顶板标高分为半地下室（埋深为地下室净高的 1/3 ～ 1/2）和全地下室（埋深为地下室净高的 1/2 以上）；按结构材料分为砖混结构地下室和钢筋混凝土结构地下室。

2.3.2　地下室的组成

地下室由墙体、顶板、底板、门窗、楼（电）梯和采光井六大部分组成。

地下室的组成.mp4

1. 墙体

地下室的外墙应按挡土墙设计，如用钢筋混凝土或素混凝土墙，厚度应按计算确定，其最小厚度除应满足结构要求外，还应满足抗渗的要求，其最小厚度不低于 250mm，外墙应做防潮或防水处理。如用砖墙（现在较少采用）其厚度应不小于 490mm。

2. 顶板

顶板可用预制板、现浇板，或者在预制板上做现浇层（装配整体式楼板），其厚度按首层使用荷载计算。在无采暖的地下室顶板上，即首层地板处应设置保温层，以便首层房间使用舒适。

3. 底板

底板处于最高地下水位以上，并且无压力产生作用的可能时，可按一般地面工程处理；如底板处于最高地下水位以下时，底板不仅承受上部垂直荷载，还承受地下水的浮力荷载，因此应采用钢筋混凝土底板，并双层配筋，底板下的垫层上还应设置防水层，以防渗漏，以此达到足够的强度、刚度、抗渗能力和抗浮力的能力。

4. 门窗

普通地下室的门窗与地上房间门窗相同，地下室外窗如在室外地坪以下时，应设置采光井和防护箅，以便室内采光、通风和室外行走安全。防空地下室一般不允许设窗，如需开窗，应采取暂时堵严措施。防空地下室的外门应按防空等级要求，设置相应的防护构造。

5. 楼（电）梯

楼（电）梯可与地面上房间结合设置，层高小或用作辅助房间的地下室可设置单跑楼梯。有防空要求的地下室至少要设置两部楼梯通向地面的安全出口，并且必须有一个是独立的安全出口；这个安全出口周围不得有较高建筑物，以防空袭倒塌时堵塞出口，影响人员的疏散。

6. 采光井

采光井由侧墙、底板、遮雨设施或铁箅子组成，一般每个窗户设一个，当窗户的距离很近时，也可将采光井连在一起。

2.3.3 地下室的防潮、防水设计原则

1. 合理确定防水类别

建筑工程按其防水功能的重要程度分为甲类、乙类和丙类，具体划分情况如表 2-2 所示。

表 2-2 建筑工程防水类别

工程类型	甲 类	乙 类	丙 类
地下工程	有人员活动的民用建筑地下室，对渗漏敏感的建筑地下工程	除甲类和丙类以外的建筑地下工程	对渗漏不敏感的物品、设备使用或贮存场所，不影响正常使用的建筑地下工程
屋面工程	民用建筑和对渗漏敏感的工业建筑屋面	除甲类和丙类以外的建筑屋面	对渗漏不敏感的工业建筑屋面
外墙工程	民用建筑和对渗漏敏感的工业建筑外墙	渗漏不影响正常使用的工业建筑外墙	—
室内工程	民用建筑和对渗漏敏感的工业建筑室内楼地面和墙面	—	—

2. 合理确定防潮、防水设计方案

当设计最高地下水位高于地下室底板，或地下室周围土层属弱透水性土且存在滞

水可能时，应采取防水措施。当地下室周围土层为强透水性的土，设计最高地下水位低于地下室底板且无滞水可能时应采取防潮措施。

地下室防水及防水等级.mp4　　　　　　地下室防潮及防潮做法.mp4

当地下水位比较高时，为防止地下水直接进入地下室，通常通过排水来降低地下水位高度。

地下室防水设计方案主要有：隔水法、降排水法和综合法。降排水法可分为外排法和内排法两种。所谓外排法是指当地下室水位已高出地下室地面以上时，采取在建筑物的四周设置永久性降排水设施，通常是采用盲沟降排水，即将带孔套管埋设在建筑物的周围，高度设置在地下室地坪标高以下。该法的原理是在套管周围填充可以滤水的卵石及粗砂等材料，使地下水有组织地流入集水井，再经自流或机械排水排向城市排水管网，使地下水位低于地下室底板以下，变有压水为无压水。内排法是将渗入地下室内的水，通过永久性自流排水系统排至低洼处或用机械排除。但后者应充分考虑因动力中断而引起水位回升的影响，在构造上常将地下室地坪架空，或设隔水间层，以保持室内墙面和地坪干燥，然后通过集水沟排至集水井，再用泵排出。为保险起见，有些重要的地下室，既要做外部防水又要设置内排水设施，以减少或消除地下水对地下室结构或使用时的影响。

2.3.4 地下室的防潮

当设计最高地下水位低于地下室底板 300～500mm，且无形成上层滞水的可能时，地下水不能浸入地下室内部，地下室底板和外墙可以做防潮处理，地下室防潮只适用于防无压水。

地下室防潮的构造要求是，砌体必须采用水泥砂浆砌筑，灰缝必须饱满；在外墙外侧设垂直防潮层，防潮层做法一般为：20mm 厚 1∶2.5 水泥砂浆找平，刷冷底子油一道、热沥青两道，防潮层做至室外散水处，然后在防潮层外侧回填低渗透性土壤如黏土、灰土等，并逐层夯实，底宽 500mm 左右。此外，地下室所有墙体必须设两道水平防潮层，一道设在墙体与地下室地坪交接处，另一道设在距室外地面散水上表面 150～200mm 的墙体中。地下室防潮的做法如图 2-20 所示。

地下室的防潮和防水.mp3

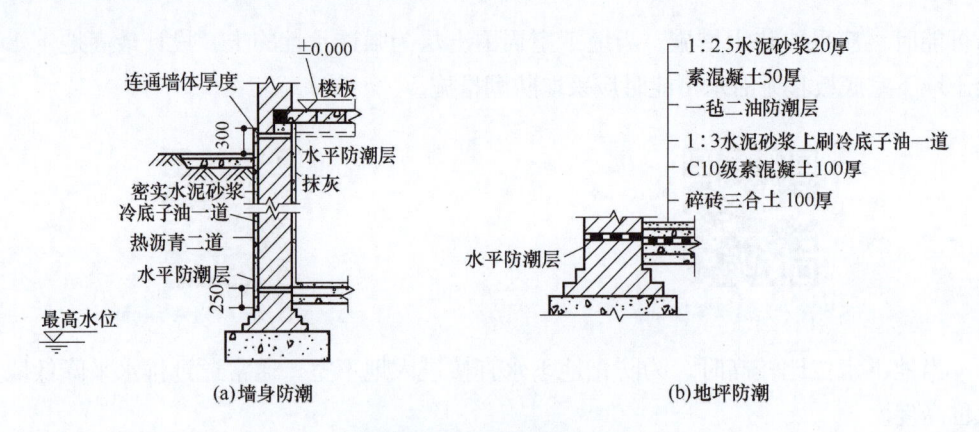

图 2-20　地下室防潮 /mm

2.3.5 地下室的防水

当设计最高地下水位高于地下室底板标高且地面水可能下渗时，地下水不仅可以浸入地下室而且外墙和底板还将受到侧压力和浮力，这时必须对地下室作防水处理。

目前常见的防水做法有：防水混凝土防水、卷材防水、水泥砂浆防水、涂料防水、塑料防水板防水、金属板防水等。地下工程主体结构防水做法如表 2-3 所示。

表 2-3　地下工程主体结构防水做法

防水等级	防水做法	防水混凝土	适用范围		
			防水卷材	防水涂料	水泥基防水材料
一级	不应少于三道	为一道，应选	不少于两道；防火卷材或防水涂料不应少于一道		
二级	不应少于两道	为一道，应选	不少于一道；任选		
三级	不应少于一道	为一道，应选	—		

1. 防水混凝土防水

防水混凝土适用于防水等级为 1～4 级的地下整体式混凝土结构，不适用于环境温度高于 80℃或处于耐侵蚀系数小于 0.8 的侵蚀性介质中的地下工程。防水混凝土防水处理做法如图 2-21 所示。防水混凝土的抗渗等级取决于埋置深度。

防水混凝土结构应符合下列规定：结构厚度不应小于 250mm，裂缝宽度不得大于 0.2mm 且不得贯通，以及钢筋保护层厚度应根据结构的耐久性和工程环境选用，迎水面钢筋保护层厚度不应小于 50mm。

2. 卷材防水

卷材防水层宜用于经常处在地下水环境，且受侵蚀性介质作用或受震动作用的地下工程。卷材防水层应铺设在混凝土结构的迎水面,当用于建筑物地下室时,应铺设在结构底板垫层至墙体防水设防高度的结构基面上;用于单建式的地下工程时,应从结构底板垫层铺设至顶板基面,并应在外围形成封闭的防水层。

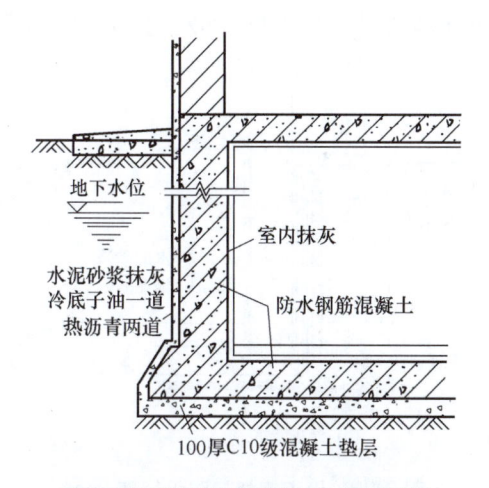

图 2-21 防水混凝土防水处理 /mm

防水卷材的使用品种规格和铺贴层数,应根据地下工程防水等级、地下水位高低及水压力作用状况、结构构造形式和施工工艺等因素确定。卷材防水层的基面应坚实、平整、清洁,阴阳角处应做圆弧或折角,并应符合所用卷材的施工要求。铺贴卷材严禁在雨天、雪天、五级及以上大风中施工;冷粘法、自粘法施工的环境气温不宜低于5℃,热熔法、焊接法施工的环境气温不宜低于−10℃。施工过程中下雨或下雪时,应做好已铺卷材的防护工作。防水卷材施工前,基面应干净、干燥,并应涂刷基层处理剂;当基面潮湿时,应涂刷湿固化型胶粘剂或潮湿界面隔离剂。

卷材防水的施工方法有两种:外防水和内防水。卷材防水层设在地下工程围护结构外侧(即迎水面)时,称为外防水,这种方法的防水效果较好;卷材粘贴于结构内表面时称为内防水,这种做法的防水效果较差,但施工简单,便于修补,常用于修缮工程。

(1)外防外贴法:首先在抹好水泥砂浆找平层的混凝土垫层四周砌筑永久性保护墙,其下部干铺一层卷材作为隔离层,上部用石灰砂浆砌筑临时保护墙,然后先铺贴平面,后铺贴立面,平、立面交接处应交叉搭接。防水层铺贴完经检查合格立即进行保护层施工,再进行主体结构施工。主体结构完工后,拆除临时保护墙,再做外墙面防水层。地下室材料防水处理如图 2-22 所示。卷材防水层直接粘贴在主体外表面,防水层与混凝土结构同步,较少受结构沉降变形影响,施工时不易损坏防水层,也便于检查混凝土结构及卷材防水质量,发现问题易修补。其缺点是防水层要进行几次施工,工序较多,工期较长,需较大的工作面,且土方量大,模板用量多,卷材接头不易保护,易影响防水工程质量。

(2)外防内贴法:先在需防水结构的垫层上砌筑永久性保护墙,保护墙内表面抹1∶3水泥砂浆找平层,待其基本干燥后,再将全部立面卷材防水层粘贴在保护墙上。

永久性保护墙可代替外墙模板，但应采取加固措施。在防水层表面做好保护层后，方可进行防水结构施工。防水层施工的工序简单，工期短，可一次完成施工，节省施工占地，并且土方量小，可节省外侧模板，卷材防水层无须临时固定留茬，可连续铺贴；其缺点是立墙防水层难以和立体结构同步，受结构沉降变形影响，防水层易受损。卷材防水层及结构混凝土的抗渗质量不易检查，如发生渗漏，修补卷材防水层将十分困难。

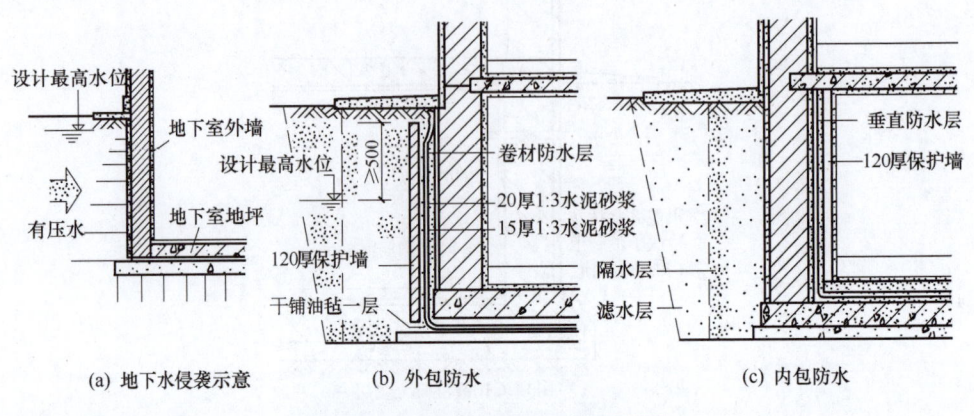

(a) 地下水侵袭示意　　(b) 外包防水　　(c) 内包防水

图 2-22　地下室材料防水处理 /mm

3. 水泥砂浆防水

防水砂浆应包括聚合物水泥防水砂浆、掺外加剂或掺合料的防水砂浆，宜采用多层抹压法施工。

水泥砂浆防水层可用于地下工程主体结构的迎水面或背水面，不应用于受持续振动或温度高于 80℃ 的地下工程防水。水泥砂浆防水层应在基础垫层、初期支护、围护结构及内衬结构验收合格后施工。水泥砂浆防水层应分层铺抹或喷射，铺抹时应压实、抹平，最后一层表面应提浆压光。聚合物水泥防水砂浆拌和后应在规定时间内用完，施工中不得任意加水。水泥砂浆防水层各层应紧密黏合，每层宜连续施工。

4. 涂料防水

涂料防水层应包括无机防水涂料和有机防水涂料。无机防水涂料可选用掺外加剂、掺合料的水泥基防水涂料以及水泥基渗透结晶型防水涂料。有机防水涂料可选用反应型、水乳型、聚合物水泥等涂料。无机防水涂料宜用于结构主体的背水面，有机防水涂料宜用于地下工程主体结构的迎水面，用于背水面的有机防水涂料应具有较高的抗渗性，且与基层有较好的黏结性。

5. 塑料防水板防水

塑料防水板防水层宜用于经常受水压、受侵蚀性介质作用或受震动作用的地下工程防水；宜铺设在复合式衬砌的初期支护和二次衬砌之间；宜在初期支护结构趋于基本稳定后铺设。塑料防水板防水层应由塑料防水板与缓冲层组成。根据工程地质、水文地质条件和工程防水要求，采用全封闭、半封闭或局部封闭铺设。塑料防水板应牢固地固定在基面上，固定点的间距应根据基面的平整情况确定，拱部宜为 0.5～0.8m，边墙宜为 1.0～1.5m，底部宜为 1.5～2.0m。局部凹凸较大时，应在凹处加密固定点。

6. 金属板防水

金属防水层可用于长期浸水、水压较大的水工及过水隧道，所用的金属板和焊条的规格及材料性能应符合设计要求。金属板之间的拼接应采用焊接，焊缝应严密，竖向金属板的垂直接缝应相互错开。主体结构内侧设置金属防水层时，金属板应与结构内的钢筋焊牢，也可在金属防水层上焊接一定数量的锚固件。

思考题与习题

一、单选题

1. 关于地基承载力下列说法正确的是（　　）。
   A．地基所能承受的最大垂直压力
   B．每立方米地基所能承受的最大垂直压力
   C．每平方米地基所能承受的最大压力
   D．每平方米地基所能承受的最大垂直压力

2. 地基应符合其设计要求，在下列选项中不属于其设计要求的是（　　）。
   A．经济要求　　　　　　　　　B．刚度要求
   C．耐久性要求　　　　　　　　D．强度要求

3. 当地下水位较高，基础不能埋置在地下水位以上时，应将基础底面埋置在最低地下水位（　　），不应使基础底面处于地下水位变化的范围之内。
   A．500mm 以下　　　　　　　　B．150mm 以下
   C．250mm 以下　　　　　　　　D．200mm 以下

4. 刚性基础底面宽度的增大要受到刚性角的限制，砖基础的刚性角为（　　）。
   A．1∶1.00　　　B．1∶2.00　　　C．1∶1.50　　　D．1∶0.50

5. 如果基础没有足够的土层包围，基础底面的土层受到压力后会把基础四周的土挤出，基础将产生滑移而失去稳定，同时基础埋置过浅，易受到外界的影响而损坏，所以基础的埋置深度一般不应小于（　　）。
   A．1000mm　　　B．300mm　　　C．500mm　　　D．600mm

6. 关于地下室，下列说法不正确的是（　　）。
   A．地下室的外墙如用砖墙，其厚度不小于 490mm
   B．当设计最高地下水位高于地下室底板，或地下室周围土层属弱透水性土且存在滞水可能时，应采取防水措施
   C．地下室由墙体、底板、顶板、门窗组成

D．防水措施有卷材防水和混凝土自防水两类

二、多选题

1．人工地基是指经人工处理的地基。下列选项中属于人工地基常见处理方法的是（　　）。

  A．化学加固法 B．换土法 C．打桩法
  D．压实法   E．固结法

2．一般情况下，新建建筑物基础埋深不宜大于相邻原有建筑物基础的埋深。当新建建筑物基础的埋深必须大于原有房屋时，基础间的净距应根据荷载大小和性质等确定。已知原有建筑物的基础埋深为2m，则新建建筑物基础与原有建筑物基础的基础净距为（　　）时，可满足要求。

  A．3m   B．1.5m   C．1m
  D．2.5m   E．4m

三、简答题

1．简述地基与基础的关系。
2．地基的处理方法有哪些？
3．何为刚性基础、柔性基础？
4．基础构造形式分为哪几类？一般适用于什么情况？
5．基础埋深的定义是什么？基础埋深的影响因素有哪些？

四、案例题

某工程基础为钢筋混凝土，垫层厚度为120mm，受力钢筋直径为20mm，间距为200mm，采用C25混凝土浇筑，则

(1)在钢筋混凝土基础上，对垫层的要求是什么？垫层的作用又是什么？

(2)在钢筋混凝土基础上，受力钢筋应满足什么要求？对混凝土的强度等级有什么要求？

(3)钢筋混凝土基础按外形可分为哪两种？

模块 3　墙　　体

【学习目标】

- 掌握墙体的作用和分类。
- 掌握墙身的构造。
- 熟悉墙体装修的做法。
- 了解墙体节能构造。
- 熟悉隔墙的种类及应用。
- 熟悉幕墙的种类和基本做法。

【核心概念】

墙体、细部构造、隔墙、墙面的装修、幕墙。

【引子】

　　墙体作为建筑工程项目中重要的空间要素，墙体设计能够对建筑空间的价值体现起到重要导向作用，同时墙体本身也是建筑项目结构体系中重要的一部分，在一般的民用建筑中，墙体的质量占建筑物总质量的40%～50%，墙体的造价约占全部建筑造价的30%～40%。

3.1 概　　述

墙体是建筑物的承重和围护构件，是建筑物的重要组成部分，墙体对整个建筑的使用、造型、自重和成本方面影响较大。

3.1.1 墙体的作用

在承重墙结构构造中，墙体承受屋顶、楼板等上部构件传来的垂直荷载以及风和地震产生的不固定荷载，具有承重作用；墙体还可以抵挡自然界的风、雨、雪的侵蚀，防止太阳辐射、噪声的干扰及室内热量的散失。根据具体的使用需要，墙体还具有保温、隔热、隔声、防水等围护分隔的作用。

墙体类型.mp4

3.1.2 墙体的分类

(1) 墙体按其在建筑中位置的不同有内墙和外墙之分。建筑与外界接触的墙体称为外墙，建筑内部的墙体称为内墙，墙体各部分的名称如图 3-1 所示。

(2) 墙体按布置方向的不同有纵墙和横墙之分。沿建筑长轴方向布置的墙体称为纵墙；与建筑长轴方向垂直布置的墙体称为横墙，外横墙也称为山墙。窗与窗之间或门与窗之间的墙称为窗间墙，窗洞下部的墙称为窗下墙。

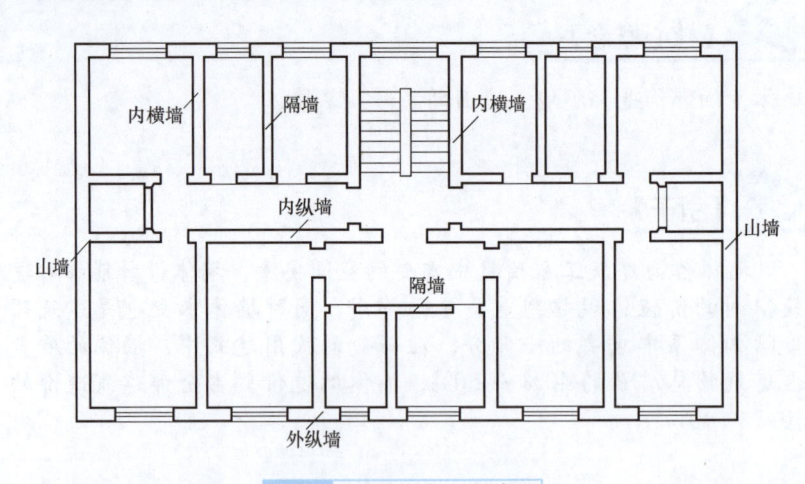

图 3-1　墙体各部分的名称

(3) 墙体根据结构受力情况不同有承重墙和非承重墙之分。承受由梁、楼板、屋顶等构件传来的荷载的墙体称为承重墙；不承受其他构件传来的荷载的墙体称为非承重墙；仅起分隔空间作用，自身重力由楼板或梁来承担的墙称为隔墙；位于框架的梁、柱之间仅起分隔或围护作用的墙称为框架填充墙；悬挂在建筑物外部的轻质墙称为幕墙。

(4) 墙体按材料不同，有砖墙、石墙、土墙、砌块墙及钢筋混凝土墙之分。目前大多采用工业废料如粉煤灰、矿渣等制作的各种砌块构建墙体。

(5) 墙体按构造形式的不同可分为实体墙、空心墙和复合墙。实体墙是指由单一材料组砌而成的墙体，如烧结普通砖墙、毛石砖墙等，由于黏土砖材需占用大量的土地，浪费资源且耗能，目前我国已严格限制使用黏土实心砖，提倡使用节能型的砌块砖墙。空心墙是使用的材料或砌筑方式为空心的墙体，如空心砖墙、空斗墙等。复合墙由两种以上材料组合而成，如在墙的内侧或外侧加贴轻质保温板，用于内侧的常用材料有水泥聚苯板、石膏聚苯复合板、石膏岩棉复合板、挤压型聚苯乙烯泡沫板及珍珠岩保温砂浆和其他各种保温浆料等；用于外侧的常用材料有聚苯颗粒的保温砂浆以及贴、挂挤压型聚苯乙烯泡沫板和水泥聚苯板等外加耐碱网格布和保温砂浆，如图 3-2 所示。

(a) 混凝土墙内贴复合保温板

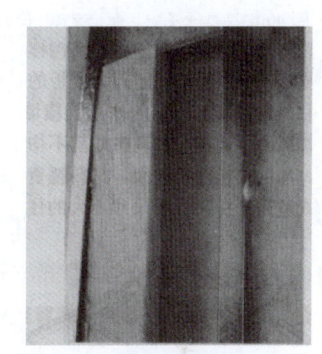

(b) 内墙贴玻璃棉板

(c) 外墙贴挤压型泡沫塑料板

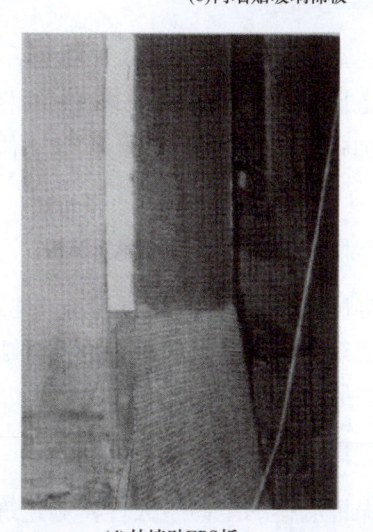

(d) 外墙贴EPS板

图 3-2 墙体外保温

(6) 墙体按施工方法的不同分为砌筑墙、板筑墙和装配墙。砌筑墙是用砂浆等胶结材料将砖、石、砌块等材料组砌而成，如实砌砖墙；板筑墙是在施工现场支模板现浇而成的墙体，如现浇混凝土墙；装配墙是预先制成墙板，在施工现场安装、拼接而成的墙体，如预制混凝土大板墙。

3.1.3 墙体的设计要求

1. 具有足够的承载力和稳定性

设计墙体时要根据荷载及所用材料的性能和情况，通过计算确定墙体的厚度和所具备的承载能力。在使用中，砖墙的承载力与所采用砖、砂浆的强度等级及施工技术有关。

墙体的稳定性与墙体的高度、长度、厚度及纵、横向墙体间的距离有关。墙体的高厚比是判断墙体稳定的重要方法。高厚比指墙柱的计算高度 H_0 与墙厚 h 的比值，高厚比越大，构件越细长，其稳定性越差。

2. 具有保温、隔热性能

作为围护结构的外墙应满足建筑热工的要求。根据地域的不同应采取不同的措施。北方寒冷地区要求围护结构要具有较好的保温能力，以减少室内热量的损失，同时防止外墙内表面与保温材料内部出现凝结水的现象。南方地区气候炎热，设计墙体时要使其具备一定的隔热性能，还需考虑遮阳、通风等因素。

3. 具有隔声性能

为保证室内有一个良好的工作、生活环境，墙体必须具有足够的隔声能力。因此，墙体在构造设计时，应满足建筑隔声的相关要求。一般采取以下措施加强建筑物的隔声性能：加强墙体的密缝处理，增加墙体的密实度和厚度，采用有空气间层或多孔的夹层墙。

4. 满足防火要求

墙体材料的选择和应用，要符合《建筑设计防火规范》(GB 50016—2014)的规定。在较大的建筑中设置防火墙，把建筑分成若干区段。例如，耐火等级为一、二级的建筑防火墙的最大间距为150m，三级为100m，四级为60m。

5. 满足防潮、防水要求

为了保证墙体的坚固耐久性，对建筑物外墙的勒脚部位及卫生间、厨房、浴室等用水房间的墙体和地下室的墙体都应采取防潮、防水的措施。选用良好的防水材料和构造做法，可使室内有良好的卫生环境。

6. 满足建筑工业化要求

随着建筑工业化的发展，墙体应用新材料、新技术是建筑技术的发展方向。可通过加深机械化施工程度来提高工效、降低劳动强度，采用轻质、高强的新型墙体材料，以减小自重，提高墙体的质量，缩短工期，降低成本。

3.1.4 墙体的承重方案

墙体有四种承重方案：横墙承重、纵墙承重、纵横墙承重和墙与柱混合承重。

墙体的承重方案 .mp3　　　　墙体的承重方案 .mp4

1. 横墙承重

横墙承重是将楼板及屋面板等水平承重构件搁置在横墙上，楼面及屋面荷载依次通过楼板、横墙、基础传递给地基。一般来说这种建筑房间的开间尺寸不宜过大，由于横墙间距不大，建筑的整体性比较高；纵墙为非承重墙体，在其上开设门窗洞口比较灵活。这一布置方案适用于墙体位置比较固定的建筑，如宿舍、旅馆、住宅等。

2. 纵墙承重

纵墙承重是将楼板及屋面板等水平承重构件均搁置在纵墙上，横墙只起分隔空间和连接纵墙的作用。这一布置方案适用于使用上要求有较大空间的建筑，如办公楼、商店以及教学楼中的教室、阅览室等。

3. 纵横墙承重

这种承重方案的承重墙体由纵、横两个方向的墙体组成。纵横墙承重方式平面布置灵活，两个方向的抗侧力都较好。这种方案适用于房间开间、进深变化较多的建筑，如医院、幼儿园等。

4. 墙与柱混合承重

房屋内部采用柱、梁组成的内框架承重，四周采用墙承重，由墙和柱共同承受水平承重构件传来的荷载，这种承重方案称为墙与柱混合承重。这种方案适用于室内需要大空间的建筑，如大型商店、餐厅等。

3.2 砌体墙的构造

3.2.1 常用墙体材料

墙体所用材料主要分为块材和黏结材料两部分。标准机制黏土砖（烧结普通砖）、灰砂砖、页岩砖、煤矸石砖、水泥砖、炉渣砖等都是常见的砌筑用的块材。这些块材多为刚性材料，即其力学性能中抗压强度较高，但抗弯、抗剪强度较差。当砌体墙在建筑物中作为承重墙时，整个墙体的抗压强度主要由砌筑块材的强度决定，而不是由黏结材料的强度决定。

1. 砌筑材料的强度

普通砖：MU30，MU25，MU20，MU15，MU10。

石材：MU100，MU80，MU60，MU50，MU40，MU30，MU20。

砌块：MU20，MU15，MU10，MU7.5，MU5。

蒸压灰砂砖、蒸压粉煤灰砖：MU25，MU20，MU15，MU10。

砂浆：M5，M7.5，M10，M15，M20。

2. 常用砌筑块材的规格

(1) 标准机制黏土砖：其常用尺寸为 240mm（长）×115mm（宽）×53mm（厚）。在工程中，通常以其构造尺寸为设计依据，即与砌筑砂浆灰缝的厚度加在一起综合考虑。灰缝一般为 10mm 左右，砖的构造尺寸就形成了 4∶2∶1 的比值。标准机制黏土砖的长、宽、厚尺寸关系如图 3-3 所示，常用砖墙厚度的尺寸规律如表 3-1 所示。

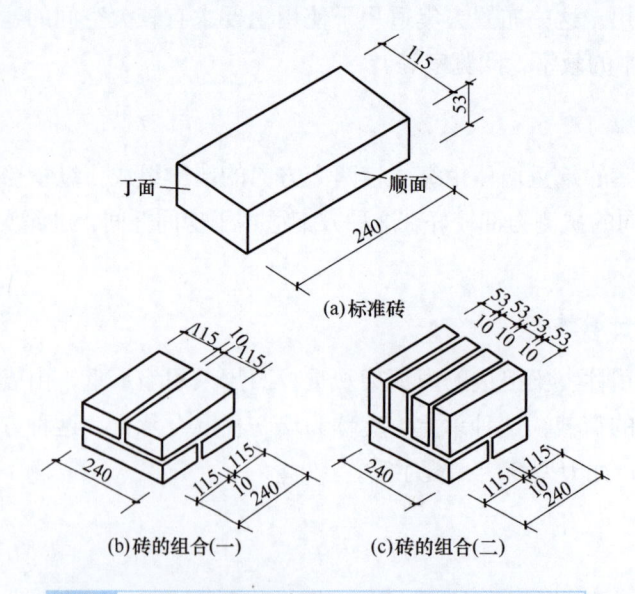

图 3-3 标准机制黏土砖的长、宽、厚尺寸关系 /mm

表 3-1 砖墙厚度的组成

墙厚名称	工程称谓	实际尺寸 /mm	墙厚名称	工程称谓	实际尺寸 /mm
半砖墙	12 墙	115	一砖半墙	37 墙	365
3/4 砖墙	18 墙	180	二砖墙	49 墙	490
一砖墙	24 墙	240	二砖半墙	62 墙	615

从表 3-1 中可以看出砖墙厚度的递增以半砖加灰缝 (115+10)mm 组成的砖模数为基数，砖墙的厚度由 (115+10)×n–10 求得。其中，n 为所求的墙厚砖数与半砖墙砖数之间的倍数关系，厚度计算结果一般取 0 或 5。

(2) 承重多孔砖：其实际尺寸为 240mm(长)×115mm(宽)×90mm(厚) 及 190mm(长)×190mm(宽)×90mm(厚) 等。

(3) 砌块：按尺寸不同分小型砌块、中型砌块和大型砌块。小型砌块常见的外形尺寸有 190mm×190mm×390mm、190mm×190mm×250mm、190mm×190mm×190mm、90mm×190mm×190mm 等。中型砌块有 240mm×280mm×380mm、240mm×580mm×380mm 等。砌块按构造方式分为实心砌块、空心砌块和保温砌块。空心砌块有单排方孔、单排圆孔和多排扁孔三种形式，如图 3-4 所示。

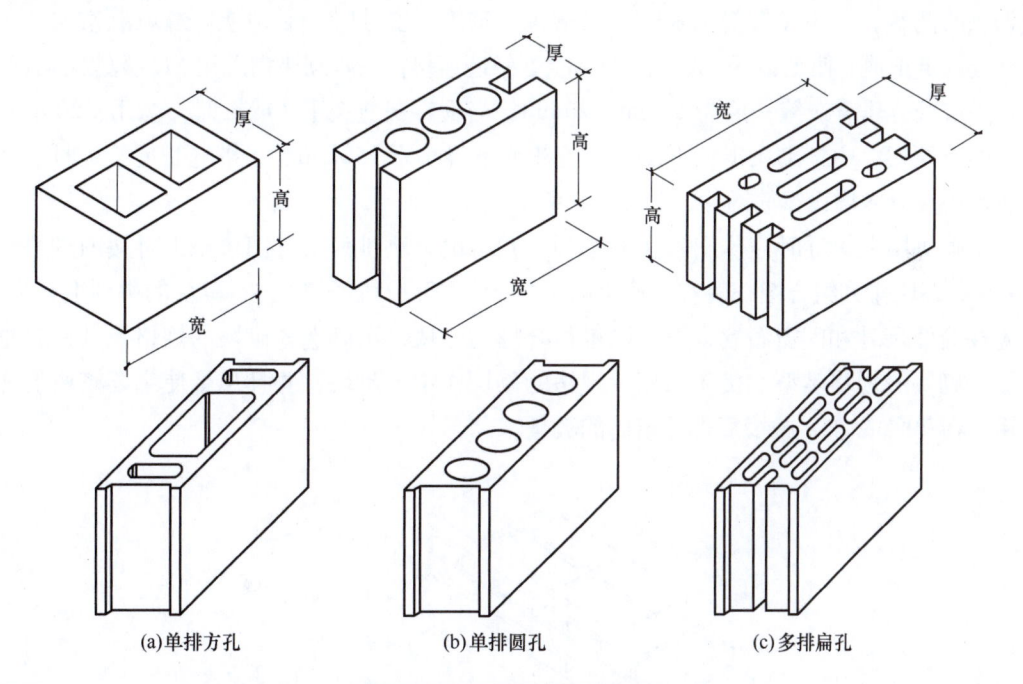

(a) 单排方孔　　(b) 单排圆孔　　(c) 多排扁孔

图 3-4 空心砌块的形式 /mm

3. 常用黏结材料的主要成分

常用黏结材料的主要成分是水泥、砂以及石灰膏，按照需要选择不同的材料配合以及材料级配 (即质量比)。其中，采用水泥和砂配合的叫作水泥砂浆，其常用级配 (水泥∶砂) 为 1∶3；在水泥砂浆中加入石灰膏就成为混合砂浆，其常用级配 (水泥∶石灰∶砂）为1∶1∶6、1∶1∶4等。水泥砂浆的强度要高于混合砂浆，但其和易性（即保持合适的流动性、黏聚性和保水性，以达到易于施工操作且成型密实、质量均匀的性能）不如混合砂浆。

3.2.2 砌体墙的砌筑方式

砌体墙作为承重墙，按照有关规定，在底层室内地面±0.000以下应该用水泥砂浆砌筑，在±0.000以上则应该用混合砂浆砌筑。为了避免在施工过程中砌筑砂浆中的水分过早丢失而造成达不到预期的强度指标，在砌墙前，通常需要将砌筑块材进行浇水处理，待其表面略干后再进行砌筑。在砌墙时，应遵循错缝搭接、避免通缝、横平竖直、砂浆饱满的原则，以提高砌筑墙体的整体性，减少开裂的可能性。砌筑成后，如处在炎热的气候条件下，还应对砂浆尚未完全结硬的墙体采取洒水等养护措施。

墙体的砌筑.mp4

标准机制黏土砖的组砌方式如图3-5所示。习惯上将砖的侧边叫作"顺"，而将其顶端叫作"丁"。一些水泥砌块因为体积较大，所以墙体接缝显得更加重要。在中型砌块的两端，一般设有封闭式的灌浆槽，在砌筑、安装时，必须使竖缝填灌密实、水平缝砌筑饱满，使上、下、左、右砌块能更好地连接；一般砌块需采用M5级砂浆砌筑，水平灰缝、垂直灰缝一般为15mm、20mm，当垂直灰缝大于30mm时，需用C20细石混凝土灌实。中型砌块上、下皮的搭缝长度不得小于150mm。当搭缝长度不足时，应在水平灰缝内增设钢筋网片，如图3-6所示。

砌块墙在设计时应作出砌块的排列，并给出砌块排列组合图，施工时按图进料和安装。砌块排列组合图一般有各层平面、内外墙立面分块图。在进行砌块的排列组合时，应按墙面尺寸和门窗布置，对墙面进行合理的分块，正确选择砌块的规格尺寸，尽量减少砌块的规格类型，优先采用大规格的砌块作主要砌块，并且尽量使主要砌块的使用率在70%以上，减少局部补填砖的数量。

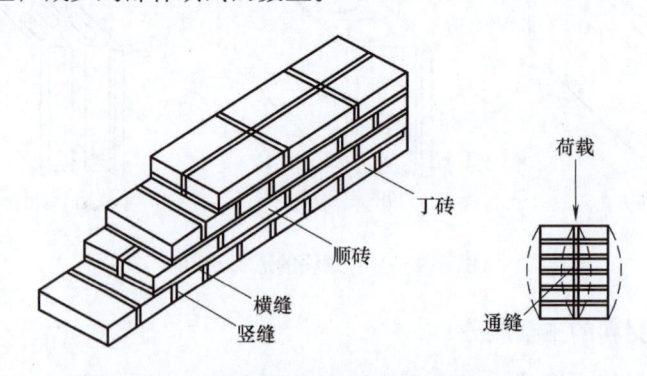

(a) 砖砌体应错缝搭接、避免通缝

图3-5 标准机制黏土砖的组砌方式

(b) 一顺一丁式

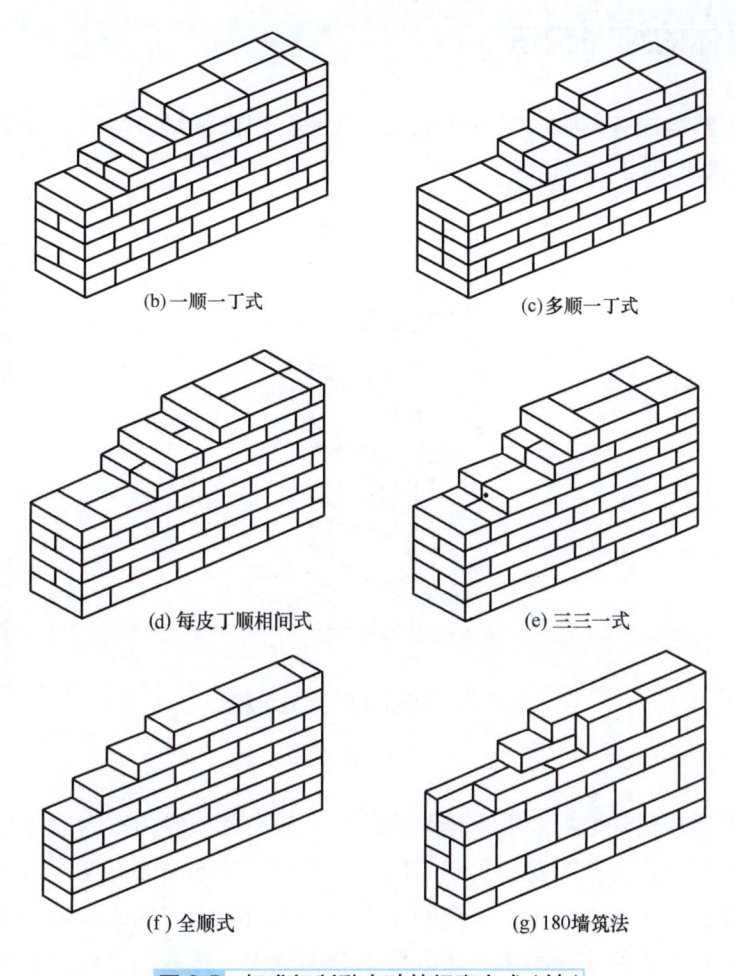

(c) 多顺一丁式

(d) 每皮丁顺相间式

(e) 三三一式

(f) 全顺式

(g) 180墙筑法

图 3-5　标准机制黏土砖的组砌方式（续）

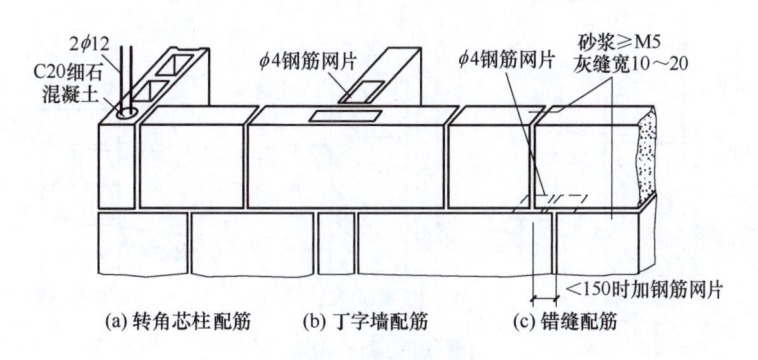

(a) 转角芯柱配筋　　(b) 丁字墙配筋　　(c) 错缝配筋

图 3-6　砌缝处理 /mm

知识拓展

虽然标准机制黏土砖在大部分地区已经不采用了，但它的组砌方法和要求还是可以应用于其他材料的。

3.2.3 墙体的细部构造

墙体的细部构造有勒脚、墙身防潮层、散水、门窗过梁、窗台、圈梁等，外墙的构造组成示意图如图3-7所示。

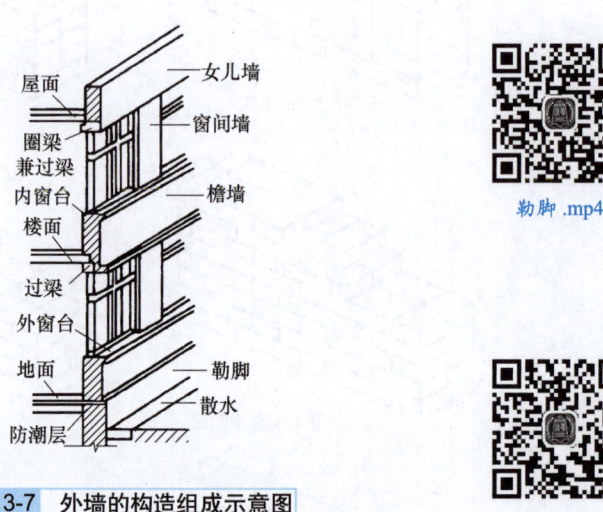

图 3-7 外墙的构造组成示意图

1. 勒脚

勒脚是外墙与室外地坪或散水接触的部分，其高度一般为室内地坪与室外设计地面之间的高差部分。一些重要建筑则将底层窗台至室外地面的高度作为勒脚。勒脚的作用是保护墙体，防止地面水、屋檐滴下的雨水溅到墙身或地面水对墙脚和墙面的侵蚀，同时增加建筑物的立面美观。所以要求勒脚坚固、防水和美观，勒脚的高度不应低于500mm。勒脚的构造如图3-8所示。

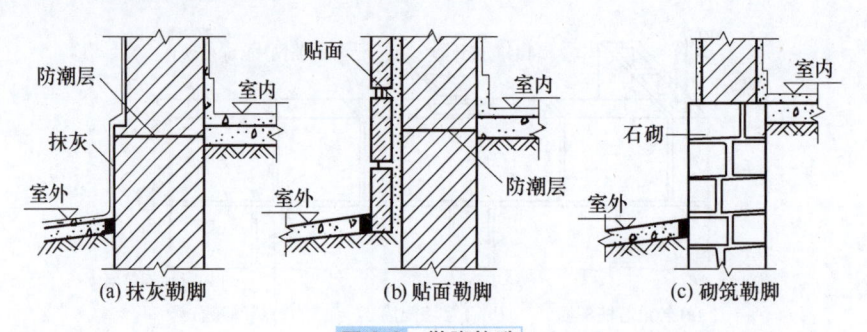

图 3-8 勒脚构造

常用的勒脚做法如下所述。

(1) 抹灰勒脚：在勒脚部位抹20～30mm厚1∶3水泥砂浆或水刷石、斩假石等。

(2) 贴面勒脚：对要求较高的建筑物，勒脚部位铺贴块状材料，如大理石、花岗岩、面砖等。

(3) 砌筑勒脚：整个勒脚采用强度高、耐久性和防水性好的材料砌筑，如混凝土、毛石等。

2. 墙身防潮层

为了防止土壤中的水分沿基础上升以及位于勒脚处的地面水渗入墙内,在内、外墙的墙脚部位设置防潮层,包括水平防潮层和垂直防潮层。

墙身防潮.mp4

1) 防潮层的位置

当室内地面垫层为混凝土等密实材料时,墙身水平防潮层的位置应设在垫层高度范围内,通常在低于室内地坪60mm(即-0.060m标高)处设置,如图3-9(a)所示;当内墙两侧地面出现高差或室内地面低于室外地面时,应在墙身设高、低两道水平防潮层,并在土壤一侧设垂直防潮层,如图3-9(b)和图3-9(c)所示。

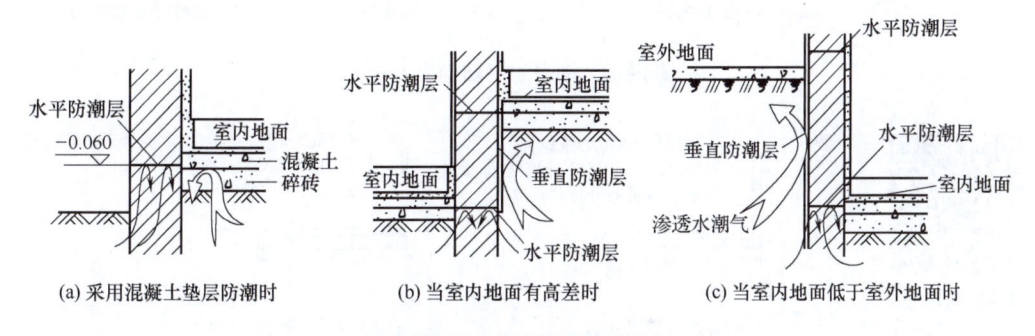

(a) 采用混凝土垫层防潮时　　(b) 当室内地面有高差时　　(c) 当室内地面低于室外地面时

图 3-9　墙身防潮层的位置

2) 墙身水平防潮层的构造

(1) 防水砂浆防潮层。采用20～25mm厚防水砂浆(水泥砂浆中加入3%～5%防水剂)或防水砂浆砌三皮砖,如图3-10(a)所示。防水砂浆防潮层不宜用于地基会产生不均匀变形的建筑中。

(2) 油毡防潮层。油毡防潮层如图3-10(b)所示。油毡的使用年限一般只有20年左右,而且还会削弱砖墙的整体性,因此不应在刚度要求高的地区或地震区采用,目前已较少采用。

(3) 配筋混凝土防潮层。这种防潮层多用于地下水位偏高、地基土较弱且整体刚度要求较高的建筑中,如图3-10(c)所示。如在防潮层位置处设有钢筋混凝土地圈梁,可不再单设防潮层。

3. 散水和明沟

房屋四周勒脚与室外地面相接处一般设置散水(有时带明沟或暗沟)。散水的排水坡度为3%～5%,宽度一般为600～1000mm,当屋面排水方式为自由落水时,其宽度比屋檐挑出宽度大150～200mm。散水构造是在基层夯实素土,有的在其上还做3:7灰土一层,再浇筑60～80mm厚C20混凝土垫层,随捣随抹光,或在垫层上再设置10～20mm厚1:2水泥砂浆面层,如图3-11(a)、(b)所示。寒冷地区应在基层上设置300～

500mm厚炉渣、中砂或粗砂防冻层。散水与外墙交接处、散水整体面层纵向距离每隔5～8m应设分格缝，缝宽为20～30mm，并用弹性防水材料(如沥青砂浆)嵌缝，以防止渗水，如图3-11(c)所示。

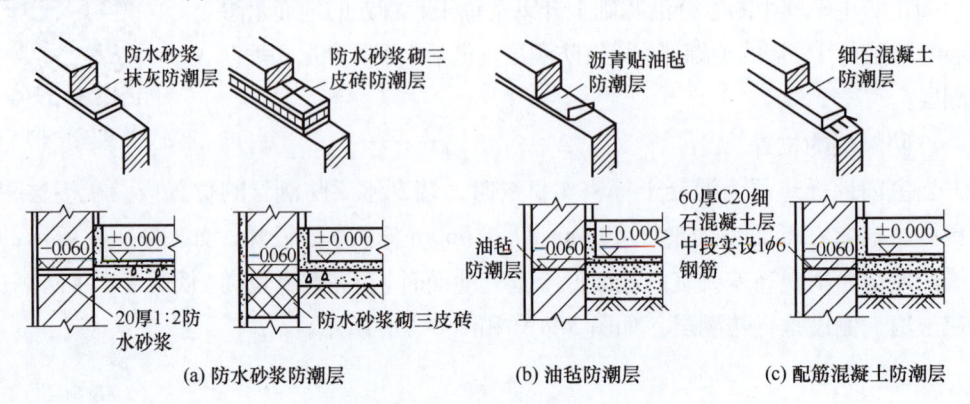

图 3-10　墙身水平防潮层 /mm

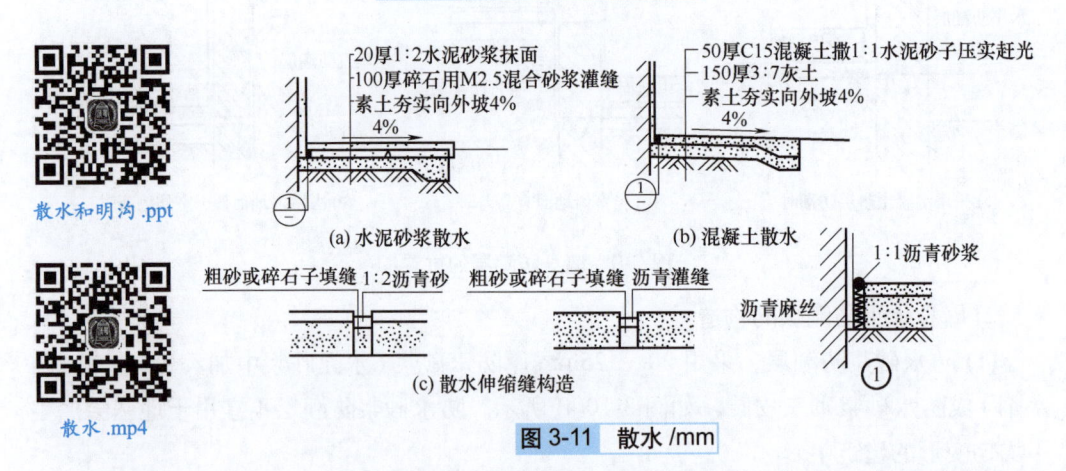

(a) 防水砂浆防潮层　(b) 油毡防潮层　(c) 配筋混凝土防潮层

图 3-11　散水 /mm

(a) 水泥砂浆散水　(b) 混凝土散水　(c) 散水伸缩缝构造

明沟也叫作阳沟，设置在外墙四周的排水沟，其作用是将水有组织地导向集水井，然后流入排水系统。明沟一般用混凝土现浇，再用水泥砂浆抹面。沟底设置的坡度应不小于1%，保证排水通畅。明沟适用于降雨量较大的南方地区，其构造如图3-12所示。

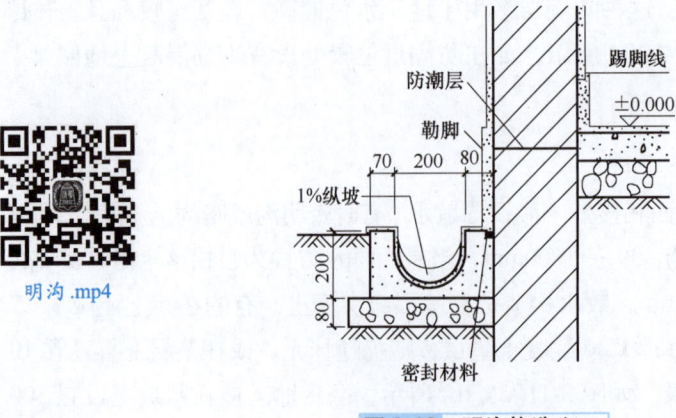

图 3-12　明沟构造 /mm

4. 踢脚线

踢脚线是室内墙面的下部与室内楼地面交接处的构造，其作用是保护墙面，防止因外界碰撞而损坏墙体和因清洁地面时弄脏墙身。踢脚线高度一般为 150mm 左右，视情况而定，常用的踢脚线材料有水泥砂浆、水磨石、大理石、缸砖和石板等，一般应随室内地面材料而定，踢脚线的设置形式如图 3-13 所示。

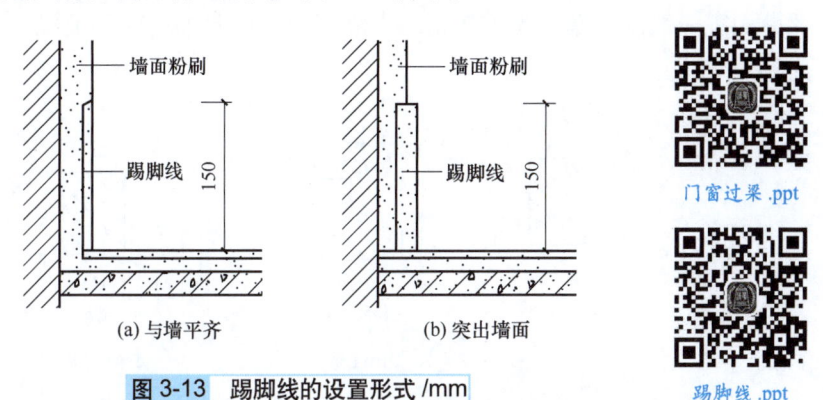

图 3-13 踢脚线的设置形式 /mm

5. 门窗过梁

当墙体上开设门、窗洞口时，为了支撑门、窗洞口上墙体的荷载，常在门窗洞口上设置一道横梁，此梁称为过梁。常见的过梁有钢筋砖过梁、钢筋混凝土过梁、砖拱过梁（包括平拱和弧拱两种）等，如图 3-14 所示。

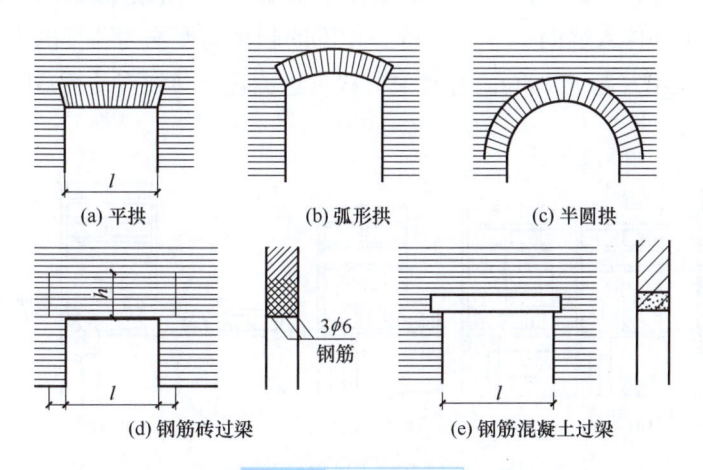

图 3-14 过梁的形式

1) 钢筋砖过梁

钢筋砖过梁适用于跨度为 1.5～2.0m、上部无集中荷载及抗震设防要求的建筑。钢筋砖过梁用 M5 砂浆砌筑，高度不小于五皮砖，且不小于 1/4 跨度。在底部砂浆层中放置的钢筋（ϕ6mm）不应少于 3 根，并放置在第一皮砖和第二皮砖之间，也可将钢筋直接放在第一皮砖下面的砂浆层内，同时钢筋伸入两端墙内不小于 240mm，并加弯钩。这种梁施工方便，整体性好。

2) 钢筋混凝土过梁

钢筋混凝土过梁断面尺寸主要根据其跨度和上部荷载的大小计算确定。钢筋混凝土过梁有现浇和预制两种，为了加快施工进度常采用预制钢筋混凝土过梁。过梁两端搁入墙内的长度不小于 240mm，以保证过梁在墙上有足够的承载面积，梁高与砖的皮数相适应，即 60mm 的整倍数，钢筋混凝土过梁的截面形式和尺寸如图 3-15 所示。过梁断面宽一般同墙厚。为了防止雨水沿门窗过梁向外墙内侧流淌，过梁底部外侧抹灰时要做滴水。

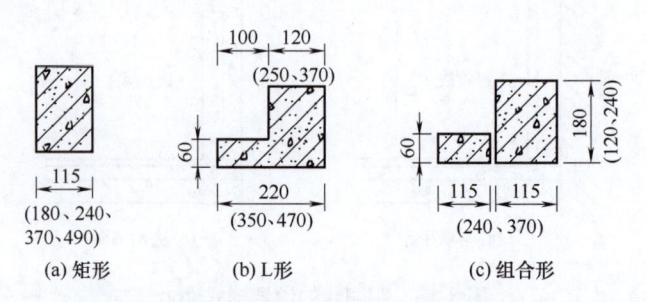

图 3-15　钢筋混凝土过梁的截面形式和尺寸 /mm

钢筋混凝土过梁有矩形截面和 L 形截面等几种形式，如图 3-16 所示。矩形截面的过梁一般用于内墙和混水墙，L 形截面的过梁多用于外墙、清水墙和寒冷地区。

3) 平拱砖过梁

平拱砖过梁是将砖侧砌而成，灰缝上宽下窄使侧砖向两边倾斜，相互挤压形成拱的作用，两端下部伸入墙内 20～30mm，中部的起拱高度约为跨度的 1/50，洞口跨度 1.0m 左右，最大不宜超过 1.8m。有集中荷载或建筑容易受到震动荷载时不宜采用这种过梁形式。

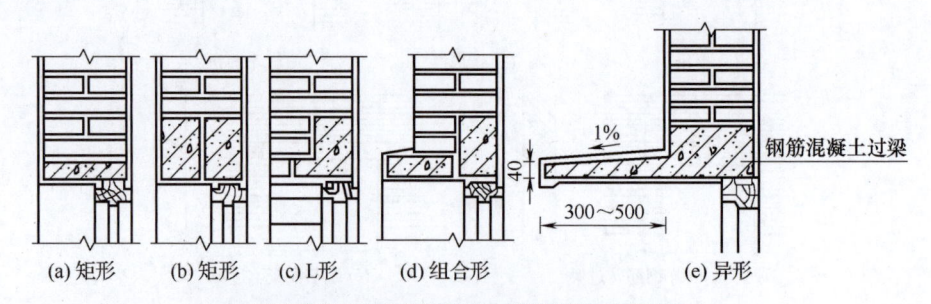

图 3-16　钢筋混凝土过梁的截面形式 /mm

6. 窗台

为了避免雨水聚集窗下并侵入墙身和弄脏墙面，应考虑设置窗台。窗台有悬挑式窗台和非悬挑式窗台两种。窗台在设置时须向外形成一定的坡度，以利于排水，如图 3-17 所示。窗台的构造要点有以下几个。

(1) 悬挑窗台采用普通砖向外挑出 60mm，也可采用钢筋混凝土窗台。

(2) 窗台表面应做一定的排水坡度，防止雨水向室内渗入，排水坡度不应小于5%。

(3) 悬挑窗台底部应做滴水线或滴水槽，引导雨水垂直下落不致影响窗下的墙面。

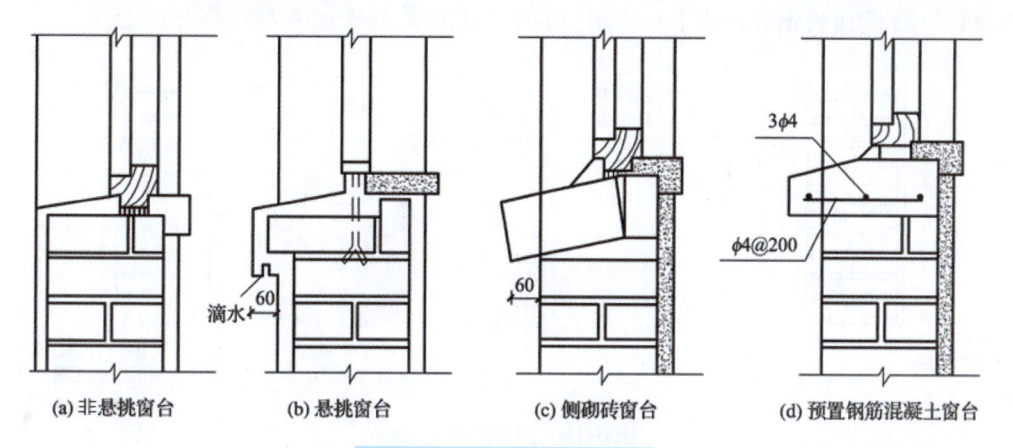

图 3-17 窗台构造做法 /mm
(a) 非悬挑窗台　(b) 悬挑窗台　(c) 侧砌砖窗台　(d) 预置钢筋混凝土窗台

7. 墙身加固措施

1) 壁柱和门垛

当墙体的窗间墙上出现集中荷载或墙体的长度和高度超过一定限度时，墙体的稳定性将会受到影响，这时要在墙身适当的位置增设壁柱。壁柱突出墙面的尺寸一般为120mm×370mm、240mm×370mm、240mm×490mm等。

为了便于门框的安置和保证墙体的稳定性，在墙上开设门洞且洞口在两墙转角处或丁字墙交接处时，应在门靠墙的转角部位或丁字交接的一边设置门垛。门垛突出墙面为120～240mm。壁柱与门垛突出墙面的尺寸如图3-18所示。

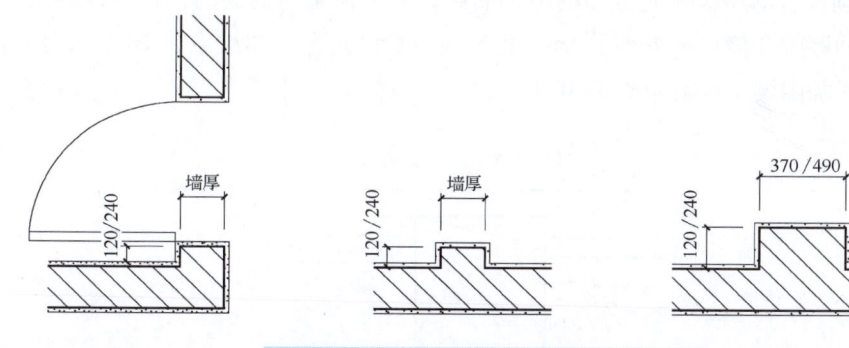

图 3-18 壁柱与门垛突出墙面的尺寸 /mm

2) 设置圈梁

圈梁是沿建筑物外墙四周及部分内横墙设置的连续闭合梁。其目的是增强建筑的整体刚度和稳定性，减轻地基不均匀沉降对房屋造成的破坏，抵抗地震力的影响。

圈梁有钢筋混凝土圈梁和钢筋砖圈梁两种。钢筋混凝土圈梁整体刚度好，应用广泛。钢筋砖圈梁用强度等级不少于 M5.0 的砂浆砌筑，高度为 4～6 皮砖，在圈梁中设置 $\phi 4\sim\phi 8$ 的通长钢筋，分上、下两层布置。圈梁的构造如图 3-19 所示。

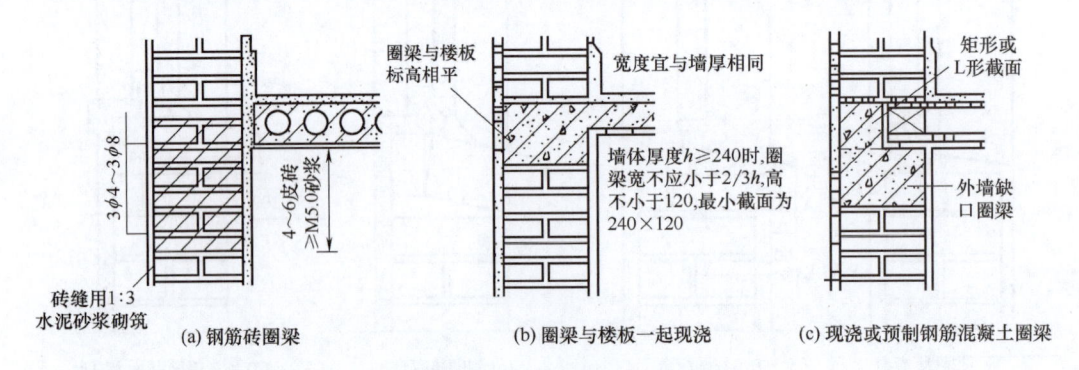

(a) 钢筋砖圈梁　　(b) 圈梁与楼板一起现浇　　(c) 现浇或预制钢筋混凝土圈梁

图 3-19　圈梁的构造 /mm

圈梁应符合下列构造要求。

(1) 圈梁宜连续地设在同一水平面上，并形成封闭状。

(2) 纵、横墙交接处的圈梁应有可靠的连接，尤其是在房屋转角及丁字交叉处。刚弹性和弹性方案房屋，圈梁应保证与屋架、大梁等构件可靠连接。

(3) 圈梁的宽度宜与墙厚相同，当墙厚 $h \geqslant 240$mm 时，其宽度不宜小于 $2h/3$。圈梁高度不应小于 120mm。纵向钢筋不应少于 $4\phi 10$mm，绑扎接头的搭接长度按受拉钢筋考虑，箍筋间距不应大于 300mm。

(4) 圈梁兼作过梁时，过梁部分的钢筋应按计算用量另行增配。

采用现浇钢筋混凝土楼(屋)盖的多层砌体结构房屋，当层数超过 5 层时，除在檐口标高处设置一道圈梁外，可隔层设置圈梁，并与楼(层)面板一起现浇。

圈梁最好和门窗过梁合二为一，在特殊情况下，当遇有门窗洞口致使圈梁局部截断时，应在洞口上部增设相应截面的附加圈梁。附加圈梁与圈梁的搭接长度应大于或等于其垂直间距的 2 倍且不得小于 1m。但在抗震设防地区，圈梁应完全闭合，不得被洞口断开。附加圈梁示意图如图 3-20 所示。

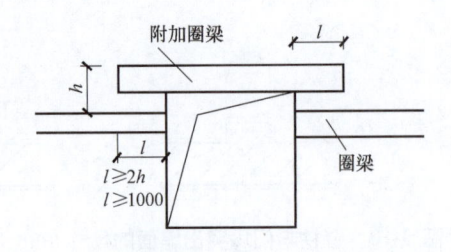

图 3-20　附加圈梁 /mm

3) 设置构造柱

钢筋混凝土构造柱是从抗震角度考虑设置的，一般设置在外墙四角、内外墙交接处、楼梯间的四角及较大洞口的两侧。除此之外，根据房屋的层数和抗震设防烈度不同，构造柱的设置要求如表 3-2 所示，构造柱与圈梁墙体的关系如图 3-21 所示。

表 3-2 多层砖砌体房屋构造柱设置要求

| 房屋层数 |||| 设置的部位 ||
6 度	7 度	8 度	9 度		
4、5 层	3、4 层	2、3 层	—	楼（电）梯间四角；楼梯斜梯段上、下端对应的墙体处；外墙四角和对应转角；错层部位横墙与外纵墙交接处；较大洞口两侧；大房间内、外墙交接处	隔 12m 或单元横墙与外纵墙交接处；楼梯间对应的另一侧内横墙与外纵墙交接处
6 层	5 层	4 层	2 层		隔开间横墙（轴线）与外墙交接处；山墙与内纵墙交接处
7 层	≥6 层	≥5 层	≥3 层		内墙（轴线）与外墙交接处；内墙局部较小的墙垛处；内纵墙与横墙（轴线）交接处

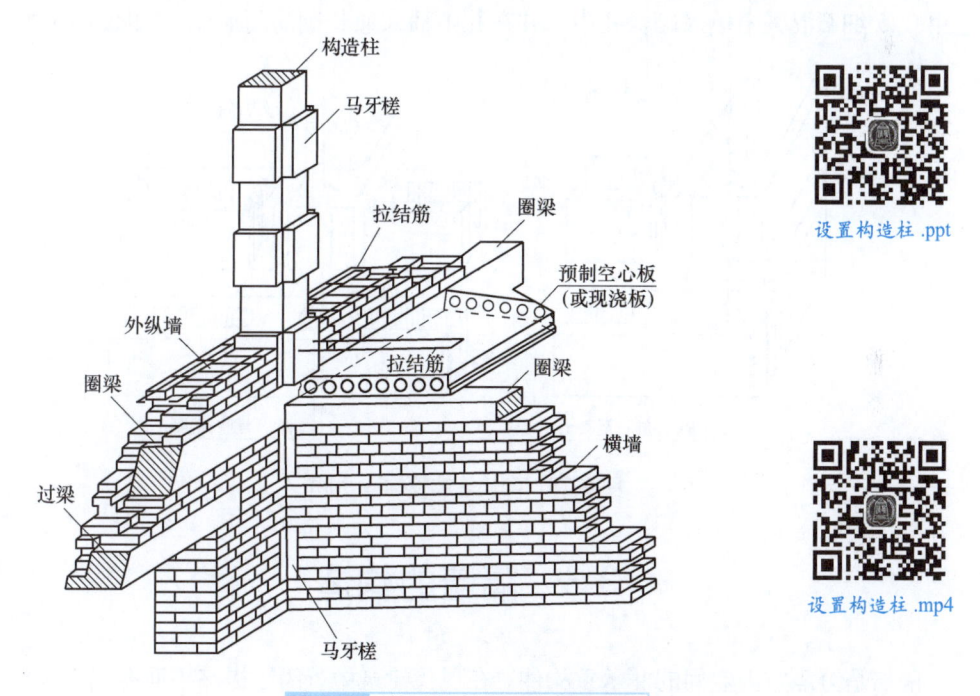

图 3-21 构造柱与圈梁墙体的关系

构造柱的最小截面尺寸为 240mm×180mm，纵向钢筋一般用 $4\phi 12mm$，箍筋间距不宜大于 250mm，且在柱上、下端宜适当加密；抗震设防烈度为 6、7 度时或超过 6 层、8 度时或超过 5 层和 9 度时，纵向钢筋宜用 $4\phi 14mm$，箍筋间距不宜大于 200mm；房屋四角的构造柱可适当加大截面及配筋。为了加强构造柱与墙体的连接，构造柱与墙连接处宜砌成马牙槎，并沿墙高每隔 500mm 设 $2\phi 6mm$ 的拉结钢筋，每边伸入墙内不宜小于 1m。施工时必须先砌墙，然后浇筑钢筋混凝土构造柱，如图 3-22 所示。

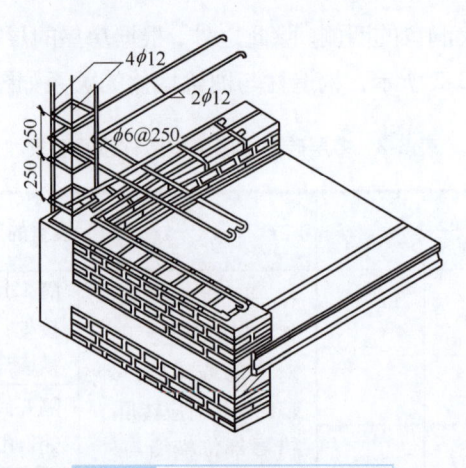

图 3-22　构造柱构造做法 /mm

4) 空心砌块墙芯柱

当采用混凝土空心砌块时，应在房屋四角、外墙转角、楼梯间四角设芯柱。芯柱是用 C25 细石混凝土填入砌块孔中，并在孔中插入通长钢筋而形成，如图 3-23 所示。

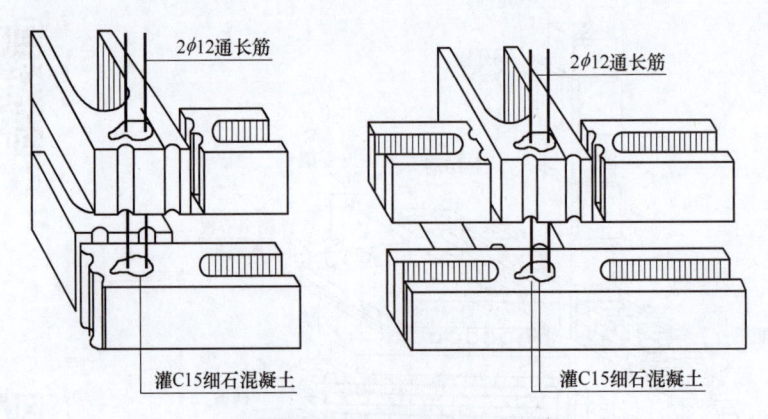

图 3-23　砌块墙芯柱构造 /mm

3.3　隔墙的构造

隔墙是分隔室内空间的非承重构件。在现代建筑中，为了提高平面布局的灵活性，大量采用隔墙以适应建筑功能的变化，隔墙设计时应注意以下几个方面。

(1) 隔墙要求自重小，有利于减小对楼板的荷载。

(2) 尽量少占用房间使用面积，增加建筑的有效空间。

(3) 为保证隔墙的稳定性，特别要注意隔墙与墙柱及楼板之间的拉结。

(4) 应有一定的隔声能力，使各使用房间互不干扰。

(5) 满足不同使用部位的要求，如卫生间的隔墙要求防水、防潮，厨房的隔墙要求防潮、防火等。

隔墙按材料和构造的不同分为砌砖式隔墙、板材隔墙、立筋隔墙等。

3.3.1 砌砖式隔墙

砌砖式隔墙是用普通砖、空心砖、加气混凝土等块材砌筑而成的，常用的有普通砖隔墙、砌块隔墙。

1. 普通砖隔墙

用普通砖砌筑的隔墙厚度有 1/4 砖和 1/2 砖两种，1/4 砖厚隔墙稳定性差、对抗震不利；1/2 砖厚隔墙坚固耐久、有一定的隔声能力，故常采用 1/2 砖隔墙。

1/2 砖隔墙即半砖隔墙，砌筑砂浆强度等级不应低于 M5。为使隔墙与墙柱之间连接牢固，在隔墙两端的墙柱沿高度每隔 500mm 预埋 2φ6mm 的拉结筋，伸入墙体的长度为 1000mm，还应沿隔墙高度每隔 1.2～1.5m 设一道 30mm 厚水泥砂浆层，内放 2φ6mm 的钢筋。在隔墙砌到楼板底部时，应将砖斜砌一皮或留出 30mm 的空隙用木楔塞牢，然后用砂浆填缝。隔墙上有门时，用预埋铁件或将带有木楔的混凝土预制块砌入隔墙中，以便固定门框。1/2 砖隔墙示意图如图 3-24 所示。

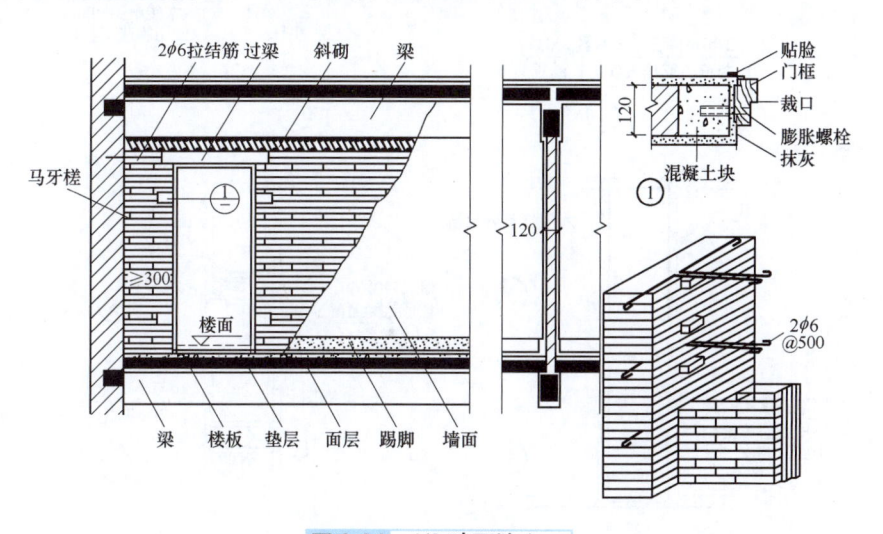

图 3-24　1/2 砖隔墙 /mm

2. 加气混凝土砌块隔墙

加气混凝土砌块隔墙具有重量轻、吸声好、保温性能好、便于操作的优点，目前在隔墙工程中应用较广。但加气混凝土砌块吸湿性较大，故不宜用于浴室、厨房、厕所等处，如使用需另做防水层。

加气混凝土砌块隔墙的底部宜砌筑 3～5 皮普通砖，以利于踢脚砂浆的黏结，砌筑加气混凝土砌块时应采用 1∶3 水泥砂浆砌筑，为了保证加气混凝土砌块隔墙的稳定性，沿墙高每 900～1000mm 设置 2ϕ6mm 的配筋带，门窗洞口上方也要设 2ϕ6mm 的钢筋，如图 3-25 所示。墙面抹灰可直接抹在砌块上，为了防止灰皮脱落，可先用细铁丝网钉在砌块墙上做抹灰。

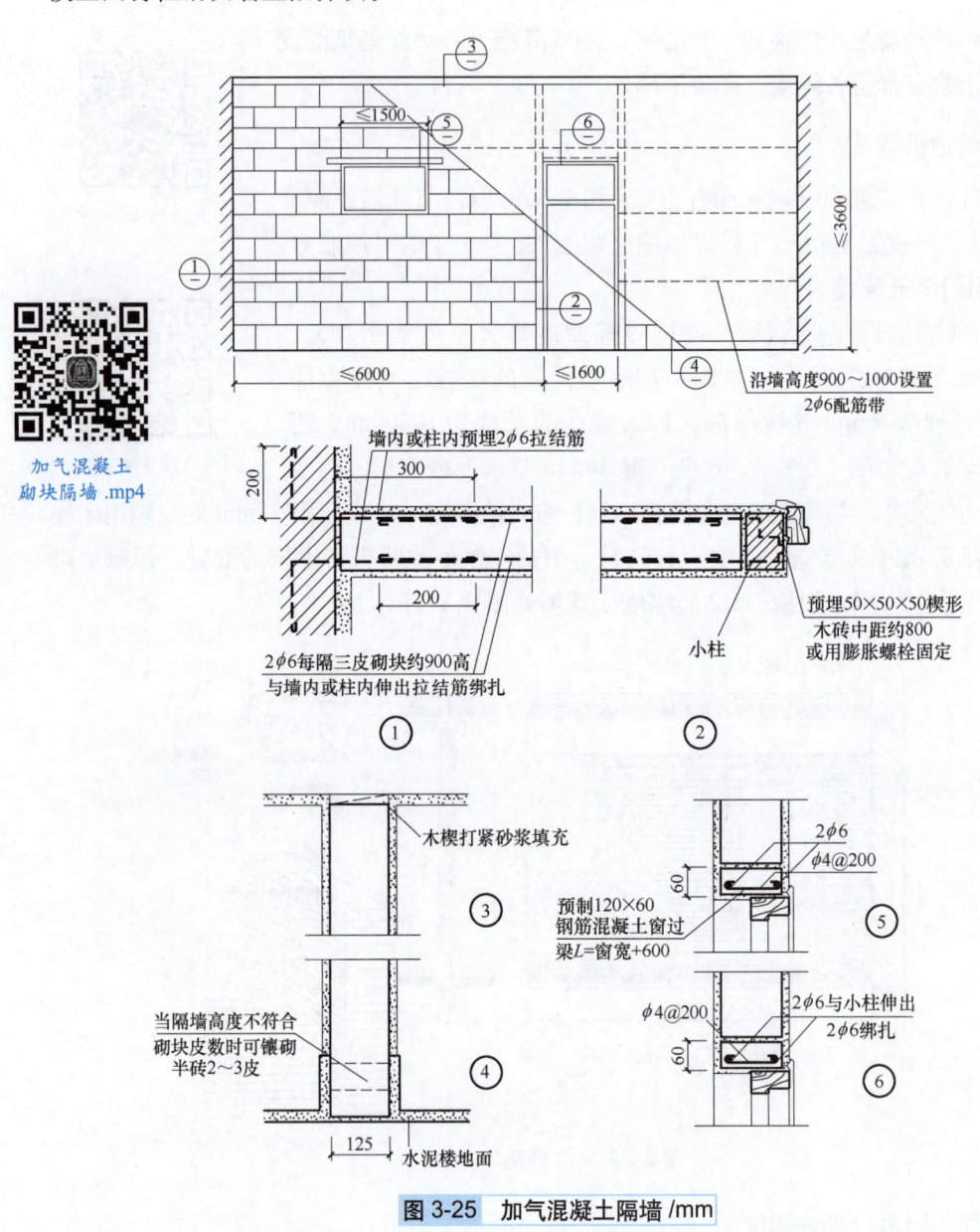

图 3-25　加气混凝土隔墙 /mm

3.3.2　板材隔墙

板材隔墙是指采用各种轻质材料制成的预制薄形板拼装而成的隔墙。常见的板材有石膏条板、加气混凝土条板、钢丝网泡沫塑料水泥砂浆复合板等。这类隔墙的工厂化生产程度较高，成品板材现场组装，施工速度快，现场湿作业较少，安装方便。

隔墙墙体厚度应满足建筑防火、隔声、隔热等功能要求。单层隔墙墙体用作分户墙时，其厚度不小于120mm；用作户内隔墙时，其厚度不小于90mm。

隔墙在安装时，与结构连接的上端用胶粘剂黏结，下端用细石混凝土填实或用一对对口木楔将板底楔紧。在抗震设防6～8度的地区，隔墙上端应加L形或U形钢板卡与结构预埋件焊接固定或用弹性胶连接填实。对隔声要求较高的墙体，在隔墙之间以及隔墙与梁、板、墙、柱相结合的部位应设置泡沫密封胶、橡胶垫等材料制成的密封隔声层。

3.3.3 立筋式隔墙

立筋式隔墙又称骨架式隔墙，它是以木材、钢材或其他材料构成骨架，把面层钉结、涂抹或粘贴在骨架上形成的隔墙。隔墙由骨架和面层两部分组成。

骨架有木骨架、轻钢骨架、石膏骨架、石棉水泥骨架和铝合金骨架等。骨架由上槛（顶龙骨）、下槛（地龙骨）、墙筋、斜撑、横撑（竖向龙骨）等组成，如图3-26所示。面层材料包括纤维板、纸面石膏板、胶合板、塑铝板、纤维水泥板等轻质薄板。根据材料的不同，采用钉子、膨胀螺栓、铆钉、自攻螺母或金属夹子等来固定面板和骨架。

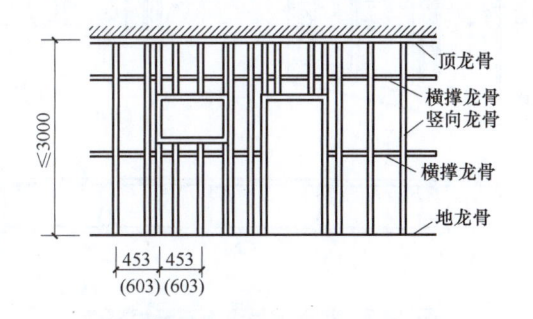

图 3-26　龙骨的排列 /mm

1. 灰板条抹灰隔墙

灰板条抹灰隔墙是一种传统的做法，它由上槛、下槛、墙筋、斜撑龙骨及横撑龙骨组成，先在木骨架的两侧钉灰板条，然后抹灰。板条横钉在墙筋上，为了便于抹灰，保证拉结，板条之间应留7～9mm的缝隙，使灰浆挤到板条缝的背面，咬住板条。为了便于制作水泥踢脚和满足防潮要求，板条隔墙的下槛下边可加砌2～3皮砖。

板条隔墙的门、窗框应固定在墙筋上。门框上须设置门头线，防止灰皮脱落影响美观。

2. 钢丝网抹灰隔墙

钢丝网抹灰隔墙做法是在骨架两侧钉钢丝网或钢板网，然后再做抹灰面层。这种隔墙强度高、抹灰层不易开裂，以便防潮、防火和节约木材。

3. 轻钢龙骨石膏板隔墙

轻钢龙骨石膏板隔墙是用轻钢龙骨做骨架，纸面石膏板做面板的隔墙。它具有刚度好、耐火、防水、质轻、便于拆装等优点。立筋时为了防潮，在楼地面上先砌2～3皮砖或在楼板垫层上浇筑混凝土墙垫。轻钢龙骨石膏板隔墙施工方便，速度快，应用广泛。为了提高隔墙的隔声能力，可在龙骨间填岩棉、泡沫塑料等弹性材料。轻钢龙骨纸面石膏板隔墙示意图如图3-27所示。

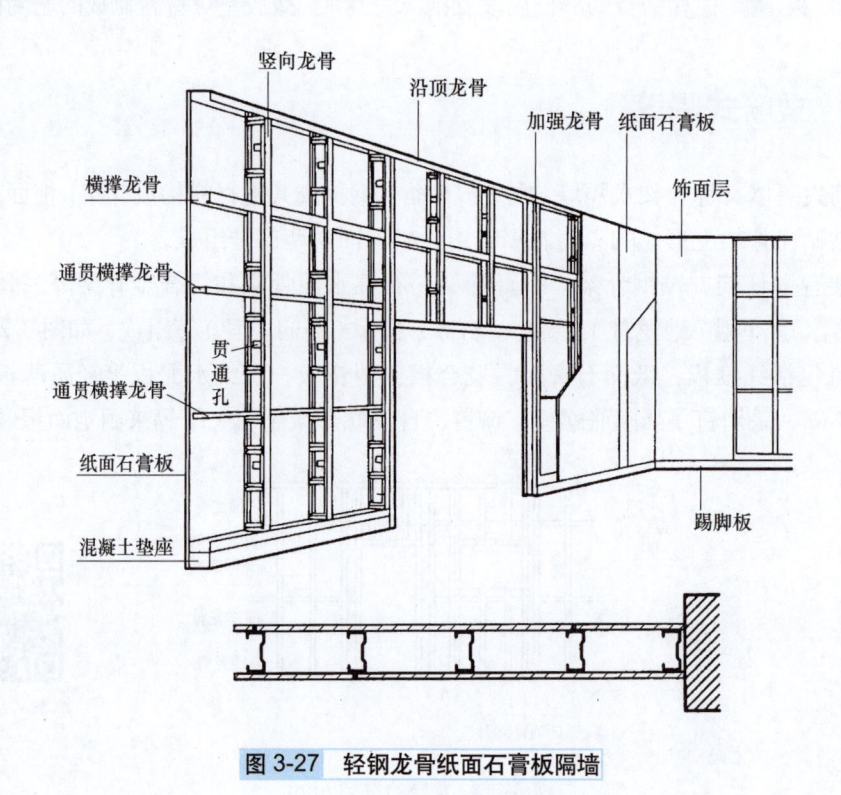

图3-27 轻钢龙骨纸面石膏板隔墙

3.4 墙面的装修构造

3.4.1 墙面装修的作用及分类

1. 墙面装修的作用

（1）保护墙体，提高墙体防潮、防风化、耐污染等能力，增强了墙体的坚固性和耐久性。

（2）装饰作用，通过墙面材料色彩、质感、纹理、线形等的处理，丰富了建筑的造型，改善了室内亮度，使室内变得更加温馨和富有一定的艺术魅力。

(3) 改善环境条件，满足使用功能的要求。可以改善室内外清洁、卫生条件，增强建筑物的采光、保温、隔热、隔声等性能。

2. 墙面装修的分类

墙面装修按所处的位置分室外装修和室内装修。按材料及施工方式分抹灰类、贴面类、涂料类、裱糊类和铺钉类。

3.4.2 墙面装修的构造

1. 抹灰类墙面装修构造

抹灰是我国传统的墙面做法，这种做法材料来源广泛、施工操作简便、造价低，但多为手工操作，工效较低，劳动强度大，且做好之后表面粗糙，易积灰。抹灰一般分底层、中层、面层三个层次，如图3-28所示。

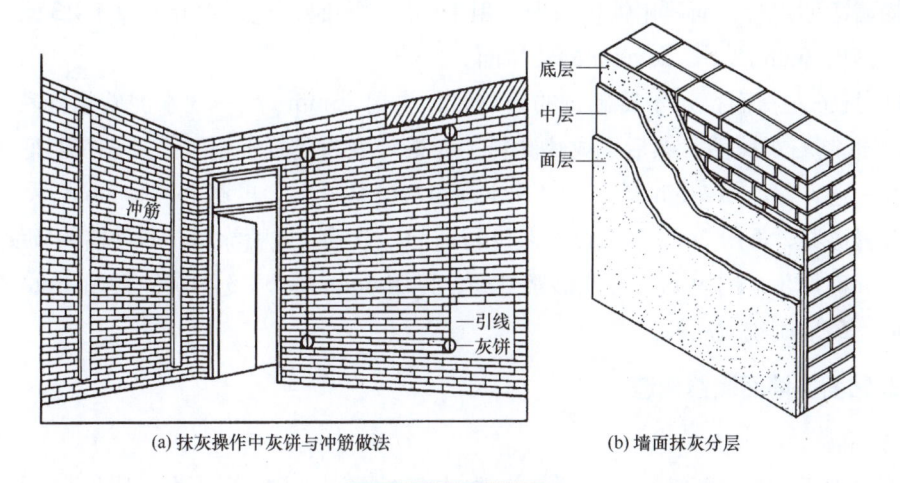

(a) 抹灰操作中灰饼与冲筋做法　　(b) 墙面抹灰分层

图3-28　墙面抹灰

底层：与基层有很好的黏结，有初步找平的作用，厚度一般为5～7mm。当墙体基层为砖、混凝土时，均可采用水泥砂浆或混合砂浆打底；当墙体基层为砌块时，应采用混合砂浆打底；当墙体基层为灰条板时，应采用石灰砂浆打底，并在石灰砂浆中掺入适量的麻刀或其他纤维。

中层：起进一步找平的作用，使物面的表面平整，弥补底层因灰浆干燥后收缩而出现的裂缝，厚度为5～9mm。

面层：主要起装饰美观的作用，厚度为2～8mm。面层不包括在面层上的刷浆、喷浆或涂料。

抹灰按质量要求和主要工序分为三种标准，如表3-3所示。

表 3-3　抹灰按质量要求和主要工序所分的标准

标准＼层次	低 灰	中 灰	面 灰	总厚度 /mm
普通抹灰	1 层	—	1 层	≤ 18
中级抹灰	1 层	1 层	1 层	≤ 20
高级抹灰	1 层	数层	1 层	≤ 25

普通抹灰适用于简易宿舍、仓库等，中级抹灰适用于住宅、办公楼、学校、旅馆等，高级抹灰适用于公共建筑、纪念性的建筑。

常用的抹灰做法如下所述。

(1) 混合砂浆抹灰：用于内墙时，先用 15mm 厚 1∶1∶6 水泥石灰砂浆打底，再用 5mm 厚 1∶0.3∶3 水泥石灰砂浆抹面；用于外墙时，先用 12mm 厚 1∶1∶6 水泥石灰砂浆打底，再用 8mm 厚 1∶1∶6 水泥石灰砂浆抹面。

(2) 水泥砂浆抹灰：用于砖砌筑的内墙时，先用 13mm 厚 1∶3 水泥砂浆打底，再用 5mm 厚 1∶2.5 水泥砂浆抹面，压实抹光，然后刷或喷涂料。在厨房、浴厕等受潮房间的墙裙使用时，面层用铁板抹光。用于外墙抹灰时，先用 12mm 厚 1∶3 水泥砂浆打底，再用 8mm 厚 1∶2.5 水泥砂浆抹面。

(3) 纸筋灰抹面：用于砖砌筑的内墙时，先用 15mm 厚 1∶3 水泥砂浆打底，再用 2mm 厚纸筋石灰抹面，然后刷或喷涂料。如果外墙为混凝土墙时，则先在基底上刷素水泥浆一道，然后用 7mm 厚 1∶3∶9 水泥石灰砂浆打底，再刷上一层 7mm 厚 1∶3 水泥石灰膏砂浆，再用 2mm 厚纸筋石灰进行抹面，最后刷或喷涂料；若外墙为砌块墙时，先用 10mm 厚 1∶3∶9 水泥石灰砂浆打底，再用 6mm 厚 1∶3 石灰砂浆和 2mm 厚纸筋灰抹面，最后刷或喷涂料。

2. 贴面类墙面装修构造

1) 面砖

面砖是用陶土或瓷土为原料，压制成型后经烧制而成。面砖质地坚固、强度高、耐磨、耐污染、装饰效果好，适用于装饰要求较高的建筑。面砖常用的规格有 150mm×150mm×10mm、75mm×150mm×10mm、113mm×77mm×10mm、145mm×113mm×10mm、233mm×113mm×10mm、265mm×113mm×10mm 等。面砖示意图如图 3-29 所示。

面砖铺贴前先将表面清洗干净，然后将面砖放入水中浸泡，贴前取出晾干或擦干。先用 1∶3 水泥砂浆打底并刮毛，再用 1∶0.3∶3 水泥石灰砂浆或掺用 108 胶的 1∶2.5 的水泥砂浆满刮于面砖背面，砂浆厚度不小于 10mm，贴于墙上后轻轻敲实，使其与底灰粘牢。面砖若被污染，可先用浓度为 10% 的盐酸洗涮，然后用清水洗净。

贴面类墙面装修构造 .ppt

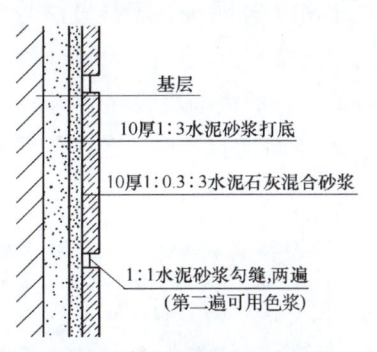

(a) 外墙面粘贴面砖构造

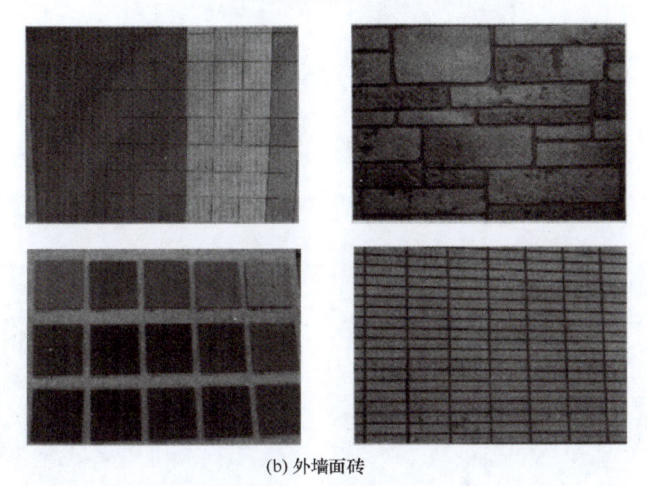

基层
10厚1:3水泥砂浆打底
10厚1:0.3:3水泥石灰混合砂浆
1:1水泥砂浆勾缝,两遍
(第二遍可用色浆)

(b) 外墙面砖

图 3-29 外墙贴面砖 /mm

2) 陶瓷锦砖

陶瓷锦砖又称马赛克,是高温烧制的小型块材,其尺寸大小一般为 18.5mm×18.5mm×5mm、39mm×39mm×5mm,或做成边长为 25mm 的六边形。其表面致密光滑、色彩艳丽、坚硬耐磨、耐酸耐碱,一般不易褪色,且其抗压力强、吸水率小。铺贴时先按设计的图案,用 10mm 厚 1:2 水泥砂浆将小块的面材贴于基底,保证每个小块的面材都牢牢地黏结在砂浆中,待砂浆凝结后将牛皮纸洗去,再用 1:1 水泥砂浆擦缝。陶瓷锦砖示意图如图 3-30 所示。

3) 花岗岩石板

花岗岩石板结构密实,强度和硬度较高,吸水率较小,抗冻性和耐磨性较好,抗酸碱和抗风化能力较强。花岗岩石板多用于宾馆、商场、银行等大型公共建筑物和柱面装饰,也适用于地面、台阶、水池等,如图 3-31 所示。

4) 大理石板

大理石又称云石,表面经磨光加工后,纹理清晰,色彩绚丽,具有很好的装饰性。由于大理石质地软,不耐酸碱,因此多用于室内装饰的建筑,如图 3-32 所示。

石板的安装构造有湿贴和干挂两种。干挂做法是先在墙面或柱子上设置钢丝网，并且将钢丝网与墙上锚固件连接牢固，然后将石板用铜丝或镀锌钢丝绑扎在钢丝网上。湿贴做法是将石板固定好后，在石板与墙或柱间用1∶3水泥砂浆或细石混凝土灌注。由于湿贴法施工的天然石板墙面具有基底透色、板缝砂浆污染等缺点，因此一般情况下常采用干挂的做法。

图 3-30　陶瓷锦砖

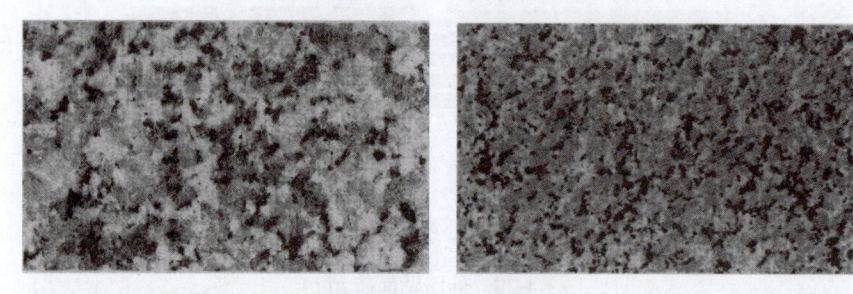

图 3-31　花岗岩石板

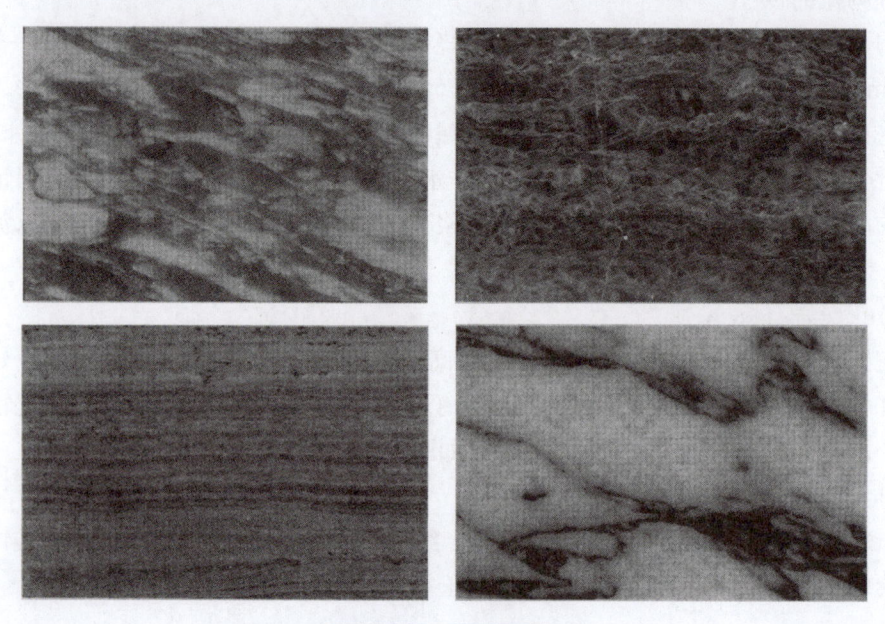

图 3-32　大理石板材

3. 涂料类墙面装修构造

涂料类饰面具有工效高、工期短、材料用量少、自重轻、造价低、维修更新方便等优点，因此在饰面装修工程中得到较为广泛的应用，墙面涂料做法如图 3-33 所示。

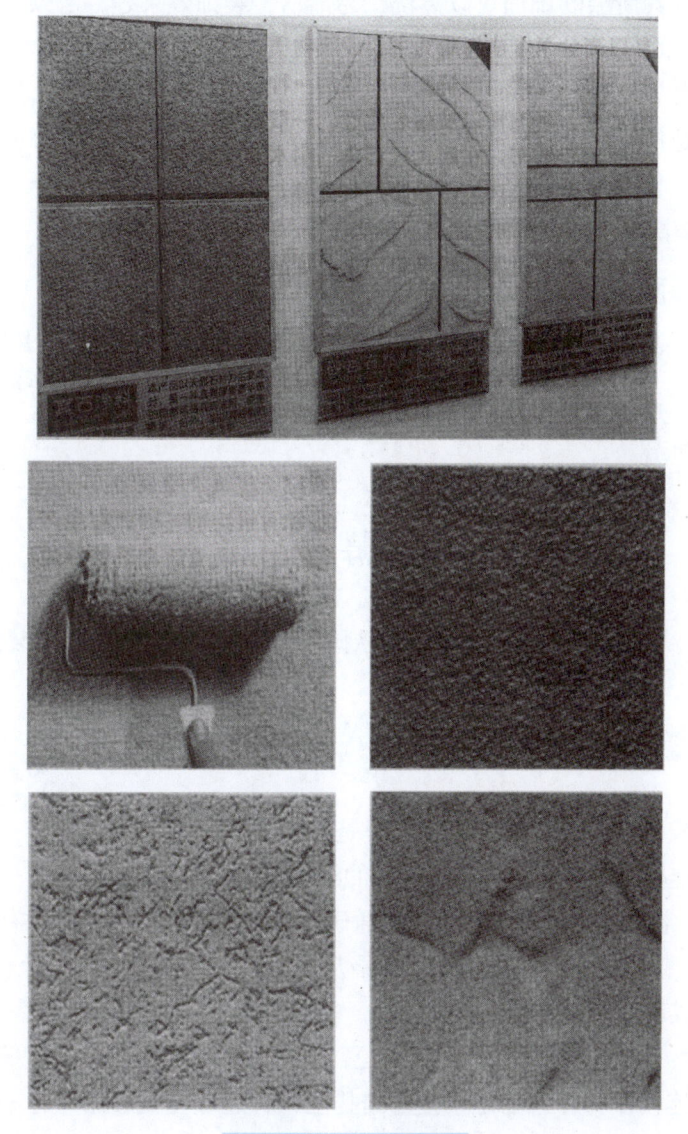

图 3-33　墙面涂料做法

涂料分为有机涂料和无机涂料两类。

1) 有机涂料

有机涂料根据主要成膜物质与稀释剂不同分为溶剂性涂料、水溶性涂料和乳胶涂料。

溶剂性涂料是以有机溶剂为分散介质而得到的涂料，有较好的硬度、光泽、耐水性、耐腐蚀性和耐老化性，但施工时污染环境，涂抹透气性差，成本比较高，主要用于外墙饰面。

水溶性涂料是以水溶性树脂为基料、水为溶剂的涂料，其优点是不掉粉、造价不高、施工方便、不污染环境、生产工艺简单、色彩丰富，多用于内、外墙饰面。

乳胶涂料是以合成树脂乳液为基料，然后加入颜料、填料及各种助剂配制而成的一类水性涂料，其所涂的饰面可以擦洗、易清洁、装饰效果好。所以乳胶涂料是住宅建筑和公共建筑的一种较好的内、外墙饰面材料。

2）无机涂料

无机涂料是指使用无机化学原料作为主要成膜物质的涂料，分普通无机涂料和无机高分子涂料。普通无机涂料多用于一般标准的室内装修，无机高分子涂料多用于外墙面装修和有擦洗要求的内墙面装修。

4. 裱糊类墙面装修构造

裱糊类墙面装修是指在建筑物内墙和顶棚表面粘贴墙纸、壁纸等，其饰面装饰性强，造价较低，施工方法简捷高效，材料更换方便，并且在曲面和墙面转折处粘贴可以顺应基层而取得连续的饰面效果。

3.5 幕　　墙

幕墙是由金属构件与各种板材组成的悬挂在建筑主体结构上的轻质装饰性外围护墙。

3.5.1 幕墙主要组成和材料

幕墙的框架材料可分为两大类，一类是构成骨架的各种型材，另一类是用于连接与固定型材的连接件和紧固件，玻璃幕墙的组成如图3-34所示。

（1）型材：常用的型材有型钢（以普通碳素钢A3为主，断面形式有角钢、槽钢、空腹方钢等）、铝型材（主要有竖梃、横挡及副框料等）和不锈钢型材（不锈钢薄板压弯或冷轧制造成钢框格或竖框）三大类。

（2）紧固件：紧固件主要包括膨胀螺栓、普通螺栓、铝拉钉、射钉等。膨胀螺栓和射钉一般通过连接件将骨架固定于主体结构上，普通螺栓一般用于骨架型材之间及骨架与连接件之间的连接，铝拉钉一般用于骨架型材之间的连接。

（3）连接件：常用的连接件多以角钢、槽钢及钢板加工而成，也有部分是特制的。幕墙铝框连接件的常见形式如图3-35所示。

1. 饰面板

（1）玻璃：主要有热反射玻璃、吸热玻璃、双层中空玻璃、夹层玻璃、夹丝玻璃及钢化玻璃等。前3种为节能玻璃，后3种为安全玻璃。

（2）铝板：常用的铝板有单层铝板、复合铝板和蜂窝复合铝板3种，复合铝板和蜂窝复合铝板的构造示意图如图 3-36、图 3-37 所示。复合铝板也称铝塑板，是由两层 0.5mm 厚的铝板内夹低密度的 2～7mm 厚的聚乙烯树脂，表面覆盖氟碳树脂涂料而成的复合板，用于幕墙的铝塑板厚度一般为 4～6mm。铝塑板的表面光洁、色彩多样、防污易洗、防火、无毒，加工、安装和保养均较方便，是金属板幕墙中采用较广泛的一种。

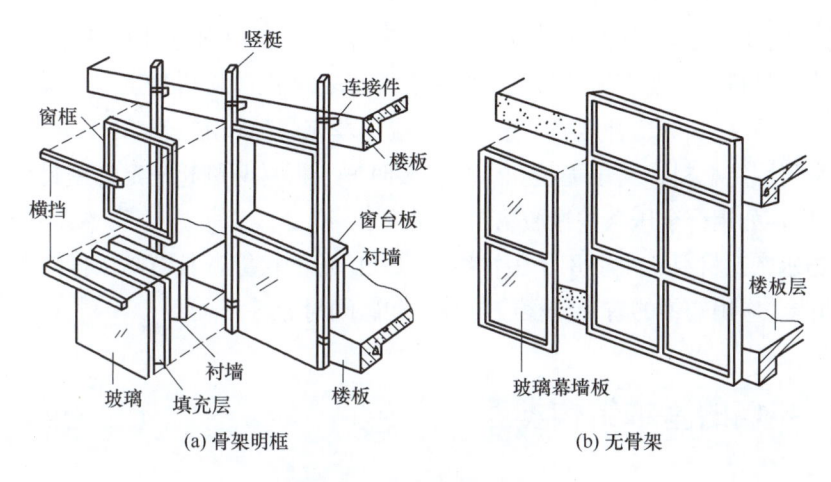

(a) 骨架明框　　　(b) 无骨架

图 3-34　玻璃幕墙的组成

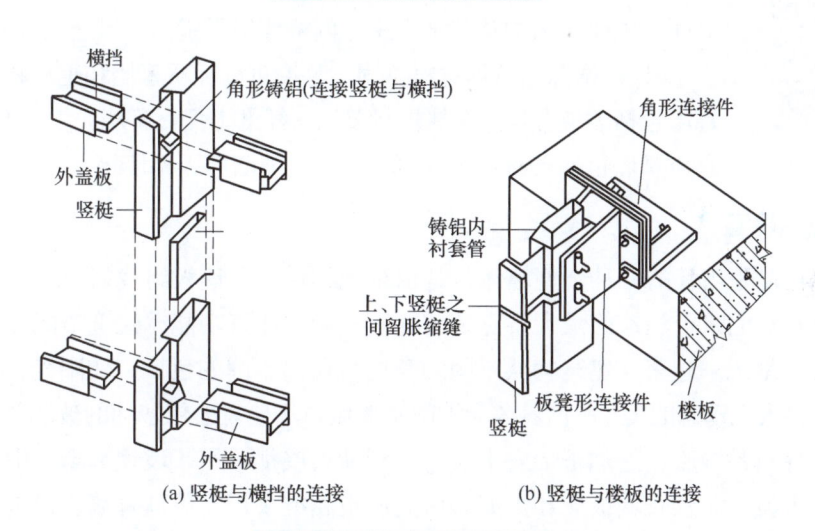

(a) 竖梃与横挡的连接　　　(b) 竖梃与楼板的连接

图 3-35　幕墙铝框连接构造

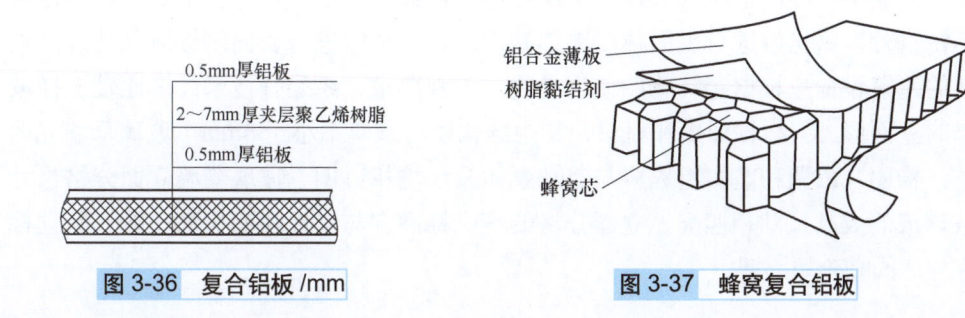

图 3-36　复合铝板 /mm

图 3-37　蜂窝复合铝板

(3) 不锈钢板：一般为 0.2～2 mm 厚不锈钢薄板冲压成槽形钢板。

(4) 石板：常用的天然石材有大理石和花岗岩。其与玻璃等饰面板组合应用，可以产生虚虚实实的装饰效果。

2. 封缝材料

封缝材料通常是填充材料、密封固定材料和防水密封材料三种材料的总称。

(1) 填充材料：主要有聚乙烯泡沫材料、聚苯乙烯泡沫材料及氯丁二烯材料等，有片状、板状、圆柱状等多种规格，主要起保温、填充间隙和定位作用。

(2) 密封固定材料：其用途是在板材安装时嵌于板材两侧起一定的密封缓冲和固定压紧的作用，如铝合金压条或橡胶密封条等。

(3) 防水密封材料：主要用于围护结构以及门窗的接缝，具有防气体渗漏、防水、防尘等功能。应用较多的有聚硫橡胶封缝料和硅酮封缝料。

3.5.2 幕墙的基本结构类型

(1) 根据用途不同，幕墙可分为外幕墙和内幕墙。外幕墙用于外墙立面，主要起围护及装饰作用；内幕墙用于室内，可起到分隔作用。

(2) 根据饰面所用材料不同，幕墙可分轻质幕墙和重质幕墙。轻质幕墙包括玻璃幕墙、金属板材幕墙、纤维水泥板幕墙、复合板幕墙等；重质幕墙包括石材幕墙及钢筋混凝土外墙挂板幕墙等。

1. 玻璃幕墙

玻璃幕墙是当代的一种新型墙体，是由金属构件与玻璃板组成的建筑外围护结构或装饰结构。它赋予建筑的最大特点是将建筑美学、建筑功能、建筑节能和建筑结构等因素有机地统一起来，建筑物从不同的角度呈现出不同的色调，随阳光、月色、灯光的变化给人以动态的美。在世界各大洲的主要城市均建有宏伟华丽的玻璃幕墙建筑，如纽约世界贸易中心、芝加哥怡安中心、威利斯大厦都采用了玻璃幕墙。中国香港的中国银行大厦、北京长城饭店和上海联谊大厦也相继采用了玻璃幕墙。但是玻璃幕墙也存在一些局限性，如光污染、能耗较大等问题。

玻璃幕墙材料应选用耐气候性、不燃烧性材料或难燃烧性材料。金属材料和零附件除不锈钢外，钢材应进行表面热浸镀锌处理，铝合金应进行表面阳极氧化处理。玻璃幕墙的建筑设计应根据建筑物的使用功能、美观要求，经综合技术经济比较选择玻璃幕墙的立面形式、结构形式和材料，其中结构型材壁厚不小于 3mm。玻璃幕墙立面的线条、构图、色调和虚实组成应与建筑整体及环境相协调。玻璃幕墙立面分格尺寸应与玻璃板的成品尺寸相匹配。立面分格的横梁标高宜与附近楼面标高一致，其立柱位置宜与房间划分相协调。

玻璃幕墙有以下几种类型。

(1) 全玻璃式幕墙：这是由玻璃面板和玻璃肋制作的玻璃幕墙。全玻璃式幕墙的面板以及与建筑物主体结构部分的连接构件全都由玻璃构成，如图 3-38 所示。因为玻璃属于脆性材料，所以用玻璃肋来支撑的全玻璃式幕墙的整体高度需要受到一定程度的限制。

图 3-38　全玻璃式幕墙

(2) 明框玻璃幕墙：是金属框架构件显露在外表面的玻璃幕墙，形成了四边有铝框的幕墙构件。明框玻璃幕墙与主体建筑之间的连接杆件系统做成框格的形式，面板安装在框格上。若框格全部暴露出来称为明框幕墙，如图 3-39 所示。明框玻璃幕墙是最传统的幕墙形式，应用最为广泛。

图 3-39　明框玻璃幕墙

(3) 半隐框玻璃幕墙：金属框架竖向或横向构件显露在外表面的玻璃幕墙，分为横隐竖不隐或竖隐横不隐两种。

(4) 隐框玻璃幕墙：金属框架构件全部不显露在外表面的玻璃幕墙。

(5) 斜玻璃幕墙：与水平面呈大于 75°、小于 90°角的玻璃幕墙。

(6) 点式幕墙：是由玻璃面板、点支承装置和支承结构构成的玻璃幕墙。点式幕墙采用在面板四角或周边穿孔的方法，用金属爪或桁架来固定幕墙面板，如图 3-40 所示。这种幕墙多用于需要大片通透效果的玻璃幕墙上。

图 3-40　点式幕墙

2. 金属薄板幕墙

幕墙的金属薄板既是建筑物的围护构件，也是墙体的装饰面层。其主要有铝合金、不锈钢、彩色钢板、铜板、铝塑板等，多用于建筑物的入口处、柱面、外墙勒脚等部位。采用有骨架幕墙体系，金属薄板与铝合金骨架采用螺钉或不锈钢螺栓连接，金属薄板幕墙示意图如图 3-41 所示。

3. 石材幕墙

石材幕墙主要采用装配式轻质混凝土板材或天然花岗石做幕墙板，骨架多为型钢骨架，骨架的分格一般不超过 900mm×1200mm，石板厚度一般为 30mm。石板与金属骨架的连接多采用金属连接件钩（或挂）接。花岗石色彩丰富、质地均匀、强度高且抗大气污染性能强，多用于高层建筑的底部，如图 3-42 所示。

图 3-41　金属薄板幕墙

图 3-42　石材幕墙

模块3 墙 体

思考题与习题

一、单选题

1．关于墙体的承重方案，下列选项不正确的是（　　）。

　　A．承重墙体由纵、横两个方向的墙体组成的方案称为纵横墙承重方案

　　B．将楼板及屋面板等水平承重构件均搁置在纵墙上，横墙只起分隔空间和连接纵墙的作用，称为纵墙承重方案

　　C．将楼板及屋面板等水平承重构件搁置在横墙上，楼面及屋面荷载依次通过楼板、横墙、基础传递给地基的承重方案称为纵横墙承重方案

　　D．房屋内部采用柱、梁组成的内框架承重，四周采用墙承重，由墙和柱共同承受水平承重构件传来的荷载，称为墙与柱混合承重

2．图3-43中砖墙的组砌方式是（　　）。

　　A．梅花丁　　　　B．一顺一丁　　　　C．全顺式　　　D．多顺一丁

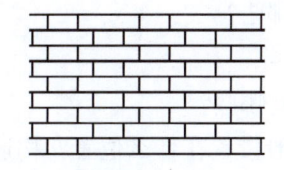

图3-43　砖墙

3．墙体勒脚部位的水平防潮层一般设于（　　）。

　　A．基础顶面

　　B．底层地坪混凝土结构层之间的砖缝中

　　C．底层地坪混凝土结构层之下60mm处

　　D．室外地坪之上60mm处

4．下列（　　）做法不是墙体的加固做法。

　　A．当墙体长度超过一定限度时，在墙体局部位置增设壁柱

　　B．设置圈梁

　　C．设置钢筋混凝土构造柱

　　D．在墙体适当位置用砌块砌筑

5．散水的构造做法，下列（　　）是不正确的。

　　A．在素土夯实上做60～100mm厚混凝土，其上再做5%的水泥砂浆抹面

　　B．散水宽度一般为600～1000mm

　　C．散水与墙体之间应整体连接，防止开裂

　　D．散水宽度比采用自由落水的屋顶檐口多出150～200mm

二、多选题

1．下列标号中（　　）是黏土砖标号。

　　A．MU25　　　　　　B．MU20　　　　　　C．MU7.5

D．MU30　　　　　E．MU35

2．砌块按构造方式不同可分为（　　）。

A．实心砌块　　　B．空心砌块　　　C．单排方孔砌块

D．保温砌块　　　E．防水砌块

3．墙面装修按所处的位置不同分为室外装修和室内装修。按材料及施工方式不同分为（　　）。

A．抹灰类　　　　B．贴面类　　　　C．涂料类

D．裱糊类　　　　E．干挂类

4．幕墙从构成及安装方式上分为（　　）。

A．单层幕墙　　　B．全玻璃式幕墙　C．有框式幕墙

D．点式幕墙　　　E．面式幕墙

三、简答题

1．墙体的类型和设计有哪些？

2．常见勒脚的构造做法有哪些？

3．隔墙的种类有哪些？

4．墙面装修的作用和类型有哪些？

5．圈梁的作用是什么？一般设置在什么位置？构造柱的作用是什么？一般设置在什么位置？

6．一般情况下抹灰分为哪几层，各层的作用是什么？

四、案例题

某施工现场在进行施工时，发现有一处门窗洞口把圈梁截断，经测量后了解到错开高度为 500mm，请利用你所学的相关知识，列出解决方案，并画出图例。

五、实训题

(1) 题目。

墙和楼地面构造设计。

(2) 设计条件。

① 某砖混结构小学教学楼的办公区层高为 3.30m，室内外地面高差为 0.45m，窗洞口尺寸为 1800mm×1800mm。

② 外墙为砖墙，厚度 240mm。

③ 楼板采用预制钢筋混凝土板。

④ 设计所需的其他条件由学生自定。

(3) 设计内容及图纸要求。

用 A3 图纸一张，比例 1∶10。按建筑制图标准规定，绘制外墙墙身三个节点详图①、②、③，如图 3-44 所示。

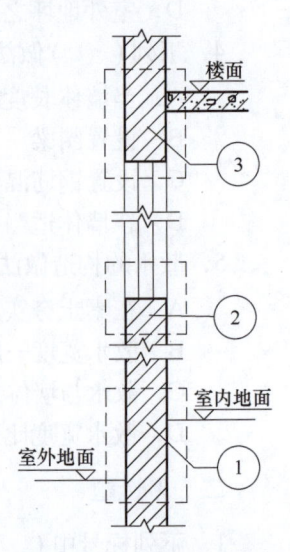

图 3-44　墙身设计示意图

要求按顺序将三个节点详图自下而上布置在同一墙身上。

① 节点详图1——墙脚和地面构造。

a. 画出墙身、勒脚、散水、防潮层、室内外地坪、踢脚板和内外墙面抹灰，剖切到的部分用材料图例表示。

b. 用引出线注明勒脚做法，标注勒脚高度。

c. 用多层构造引出线注明散水各层做法，标注散水的宽度、排水方向和坡度值。

d. 标注出防潮层的位置，注明做法。

e. 用多层构造引出线注明地面的各层做法。

f. 注明踢脚板的做法，标注踢脚板的高度等尺寸。

g. 标注定位轴线及编号圆圈，标注墙体厚度（在轴线两边分别标注）和室内外地面标高，注写图名和比例。

② 节点详图2——窗台构造。

a. 画出墙身、内外墙面抹灰、内外窗台和窗框等。

b. 用引出线注明内外窗台的饰面做法，标注细部尺寸，标注外窗台的排水方向和坡度值。

c. 按开启方式和材料表示出窗框，标注清楚窗框与窗台饰面的连接（参考门窗构造一章内容）。

d. 用多层构造引出线注明内外墙面装修做法。

e. 标注定位轴线（与节点详图1的轴线对齐），标注窗台标高（结构面标高），注写图名比例。

③ 节点详图3——过梁和楼板层构造。

a. 画出墙身、内外墙面抹灰、过梁、窗框、楼板层和踢脚板等。

b. 标注清楚过梁的断面形式，标注有关尺寸。

c. 用多层构造引出线注明楼板层做法，标注清楚楼板的形式以及板与墙的相互关系。

d. 标注踢脚板的做法和尺寸。

e. 标注定位轴线（与节点详图1、2的轴线对齐），标注过梁底面（结构面）标高和楼面标高，注写图名和比例。

模块 4　楼板层与地面

【学习目标】

- 了解楼板的类型。
- 掌握钢筋混凝土楼板的构造要求。
- 掌握楼地面的构造做法。
- 掌握顶棚的分类及构造做法。
- 理解阳台的构造。
- 了解雨篷的构造。

【核心概念】

楼板、楼地面、顶棚、阳台、雨篷。

【引子】

　　楼板和地面是建筑物中水平方向分隔空间的构件。楼板层必须具有足够的强度和刚度来承载其上面的家具、设备和人等荷载，并将荷载传递给承重构件，以保持建筑物的水平支撑。楼板层还应满足防水、防潮、防火、隔声、保温、隔热、耐腐蚀等功能要求，同时还有围护功能。

　　楼板的荷载是由楼面传来的，地面是直接承受人和设备荷载的构造层。底层地面把它承受的荷载传给下面的土——地基。

　　楼板层与地面是房屋的重要组成部分。楼板层是房屋楼层间分隔上、下空间的构件，除起水平承重作用外，还具有一定的隔声、保温、隔热等功能。地面是建筑物底层地坪，是建筑物底层与土壤相接的构件。楼板层的面层直接承受自重以及其上部的各种荷载，通过楼板传给墙或柱，最后传给基础。地面和楼板层一样，承受作用在底层地面上的全部荷载及自重，并将它们均匀地传给地基。

4.1 楼板层的组成、类型和设计要求

4.1.1 楼板层的组成

楼板层主要由面层、结构层和顶棚三部分组成，根据使用的实际需要可在楼板层中设置附加层，如图4-1所示。

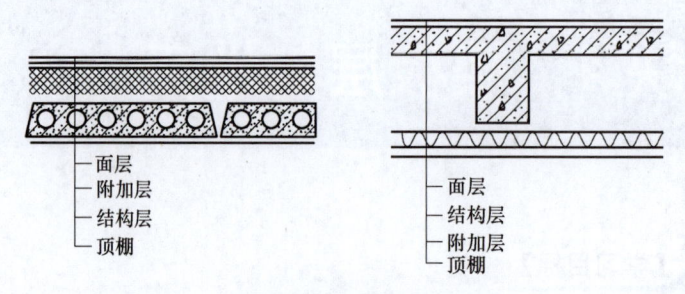

图 4-1 楼板层的组成

1. 面层

面层位于楼板层上表面，故又称为楼面。面层与人、家具设备等直接接触，起着保护楼板、承受并传递荷载的作用，同时对室内有重要的装饰作用。

2. 结构层

结构层即楼板，是楼板层的承重部分，一般由板或梁板组成。其主要功能是承受楼板层上部全部荷载，并将荷载传递给墙（梁）或柱，同时还对墙身起水平支撑作用，以加强建筑物的整体刚度。

3. 顶棚层

顶棚层位于楼板最下面，也是室内空间上部的装修层，俗称天花板。顶棚主要起到保温、隔声、装饰室内空间的作用。

4. 附加层

附加层位于面层与结构层或结构层与顶棚层之间，根据楼板层的具体功能要求而设置，故又称为功能层。其主要作用是找平、隔声、隔热、保温、防水、防潮、防腐蚀、防静电等。

4.1.2 楼板的类型

楼板按所用材料不同可分为木楼板、砖拱楼板、钢筋混凝土楼板、压型钢板组合

楼板，如图 4-2 所示。

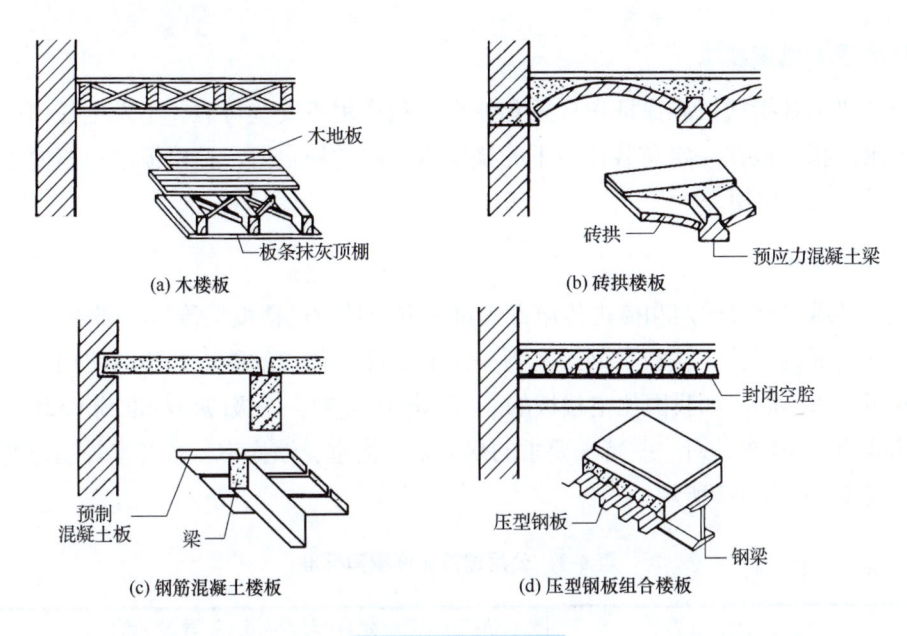

图 4-2 楼板的类型

1. 木楼板

这种楼板是在木格隔栅上下铺钉木板，并在格栅之间设置剪刀撑以加强整体性和稳定性。其具有构造简单、自重轻、施工方便、保温性能好等特点，但防水、防火、耐久性差，并且木材消耗量大，故目前应用极少，如图 4-2(a) 所示。

2. 砖拱楼板

这种楼板是通过砖砌或拱形结构来承受楼板层的荷载。这种楼板可以节约钢筋、水泥、木材，但自重大，承载能力和抗震性能差，施工较复杂，目前已基本不用，如图 4-2(b) 所示。

3. 钢筋混凝土楼板

这种楼板具有强度高、刚度大、整体性好、耐久性好、防火及可塑性能好、便于机械化施工和工业化生产等特点，是目前采用极为广泛的一种楼板，如图 4-2(c) 所示。

4. 压型钢板组合楼板

这种楼板是在钢筋混凝土楼板基础上发展起来的，利用压型钢板代替钢筋混凝土楼板中的一部分钢筋、模板而形成的一种组合楼板。其具有强度高、刚度大、施工快等优点，但钢材用量较大，是目前正大力推广的一种新型楼板，如图 4-2(d) 所示。

4.1.3 楼板的设计要求

1. 强度和刚度要求

强度要求是指楼板应保证在自重和使用荷载作用下安全可靠,不发生任何破坏。刚度要求是指楼板在一定荷载作用下的挠度值不超过规定值,且楼板本身不发生过大变形,保证正常使用。

2. 隔声要求

声音可通过空气传声和撞击传声方式将一定音量通过楼板层传到相邻的上下空间,为避免其造成的干扰,楼板层必须具备一定的隔撞击传声的能力。不同使用性质的房间对隔声要求不同,如我国住宅楼板的隔声标准中规定:一级隔声标准为65dB,二级隔声标准为75dB 等,对一些特殊要求的房间如广播室、演播室、录音室等隔声要求更高,如表4-1和表4-2所示。

表4-1 公用建筑允许噪声标准

建筑名称	允许噪声标准(A 声级)/dB		
	甲 等	乙 等	丙 等
剧场观众厅	≤ 35	≤ 40	≤ 45
影院观众厅	≤ 40	≤ 45	≤ 45
电影院、医院病房、小会议室	35 ~ 45		
教室、大会议室、电视演播室	40 ~ 45		
音乐厅、剧院	25 ~ 30		
测听室、广播室、录音室	≤ 25		

3. 热工要求

对有一定温度、湿度要求的房间,常在其中设置保温层,使楼板层的温度与室内温度趋于一致,减少因楼板层的问题造成的冷热损失。

4. 防水、防潮要求

对于厨房厕所和卫生间等易积水、潮湿的房间,须具备防潮、防水的能力,以防止水的渗漏影响使用。

5. 防火要求

楼板层应根据建筑物耐火等级,对防火要求进行设计,以满足防火安全的要求。

6. 设备管线布置要求

现代建筑中,各种功能日趋完善,同时必然有更多管线借助楼板层敷设,为使室内平面布置灵活,空间使用完整,在楼板层设计中应充分考虑各种管线布置的要求。

表 4-2　民用建筑允许噪声标准

房间名称	允许噪声标准 (A 声级)/dB			
	一级	二级	三级	四级
卧室（或卧室兼起居室）	≤ 40	≤ 45	≤ 50	—
起居室	≤ 45	≤ 50	≤ 50	—
学校教学用房	≤ 45	≤ 50	≤ 55	—
病房、医护人员休息室	≤ 40	≤ 45	≤ 50	—
门诊室	—	≤ 60	≤ 65	—
手术室	—	≤ 45	≤ 50	—
测听室	—	≤ 25	≤ 30	≤ 50
旅馆客房	≤ 35	≤ 40	≤ 45	≤ 50
会议室	≤ 45	≤ 45	≤ 50	—
多用途大厅	≤ 45	≤ 50	≤ 50	≤ 55
办公室	≤ 45	≤ 45	≤ 50	—
餐厅、宴会厅	≤ 50	≤ 55	≤ 50	—

注：① 特殊安静要求房间指语音教室、录音室、阅览室等。
　　② 一般教室指普通教室、自然教室、音乐教室、琴房、阅览室、视听教室、美术教室、舞蹈教室等。
　　③ 无特殊要求的房间指健身房、以操作为主的实验室、教室、办公室及休息室等。

7. 建筑经济的要求

多层建筑中，楼板层的造价占建筑总造价的 20%～30%。因此，楼板层的设计在保证质量标准和使用要求的前提下，要选择经济合理的结构形式和构造方案，尽量减少材料消耗和自重，并为工业化生产创造条件。

4.2　钢筋混凝土楼板

钢筋混凝土楼板按照楼板的施工方式可分为现浇钢筋混凝土楼板、装配式钢筋混凝土楼板和装配整体式钢筋混凝土楼板三种。

现浇钢筋混凝土楼板.ppt

4.2.1　现浇钢筋混凝土楼板

现浇钢筋混凝土楼板是在施工现场进行支模板、绑扎钢筋、浇筑混凝土、养护、拆模板等施工工序而制成的楼板。它具有整体性好、防火性能好、成本低、抗震性好、防水抗渗性好、便于留孔洞、布置管线方便、适应各种建筑平面形状等优点，但也有模板用量大、施工速度慢、现场湿作业量大、施工受季节影响等缺点。近年来，随着工具式模板的采用和现场机械化程度的提高，现浇钢筋混凝土楼板的应用越来越广泛。

现浇钢筋混凝土楼板按受力和传力情况可分为板式楼板、梁板式楼板、无梁楼板、压型钢板组合楼板等。

1. 板式楼板

板式楼板是楼板内不设置梁，将板直接搁置在墙上的楼板。板有单向板和双向板之分，如图4-3所示。当板的长边与短边之比大于2时，这种板称为单向板，荷载由沿短边方向布置的钢筋传递到板的长边；当板的长边与短边之比不大于2时，这种板称为双向板，荷载沿双向传递，短边方向内力较大，长边方向内力较小，受力主筋平行于短边并摆在下面。

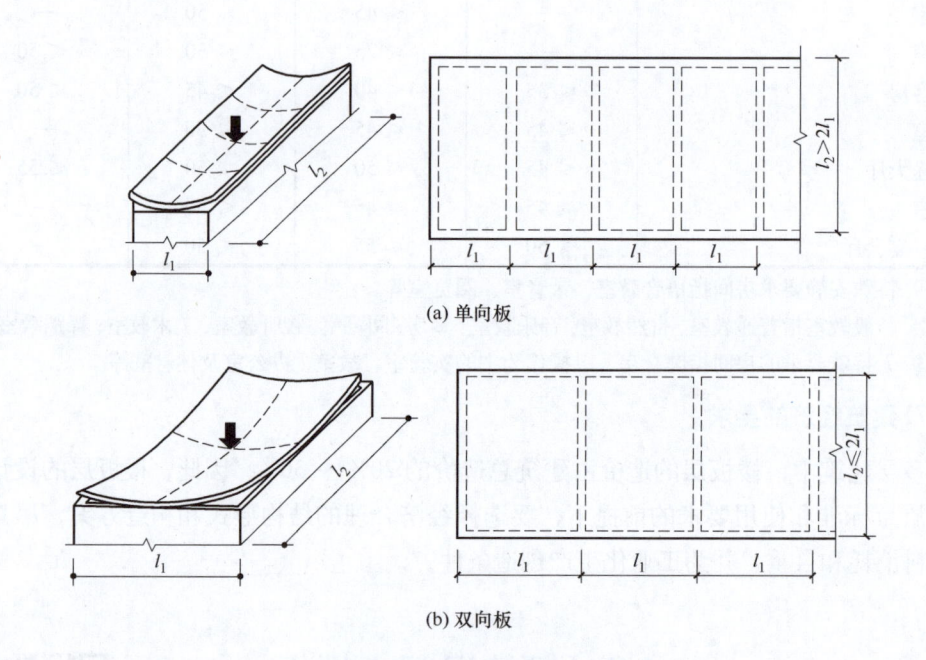

(a) 单向板

(b) 双向板

图4-3 单向板和双向板

板式楼板底面平整、美观、施工方便，适用于小跨度房间，如走廊、厕所和厨房等。板式楼板的厚度不应小于80mm，经济跨度在3000mm之内，现浇钢筋混凝土楼板或屋面板伸进纵、横墙内的长度均不应小于120mm。

2. 梁板式楼板

当房间的跨度较大时，楼板承受的弯矩也较大，如仍采用板式楼板必然需加大板的厚度和增加板内所配置的钢筋。在这种情况下，可以采用梁板式楼板，梁板式楼板示意图如图4-4所示。

梁板式楼板一般由板、次梁、主梁组成。主梁沿房间短跨布置，次梁与主梁一般垂直相交，板搁置在次梁上，次梁搁置在主梁上，主梁搁置在墙或柱上。主、次梁布置对建筑的使用、造价和美观等有很大影响。当板为单向板时，称为单向梁板式楼板；当板为双向板时，称为双向梁板式楼板。

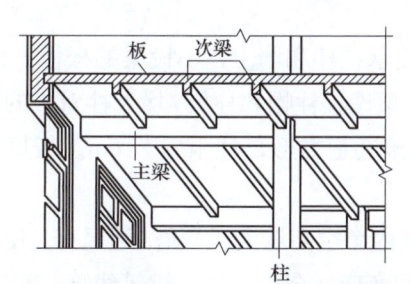

图 4-4　梁板式楼板

表 4-3 列举了梁板的经济尺度，供设计时参考。

表 4-3　梁板式楼板的经济尺度

构件名称		经济跨度 (L)	构件截面高度 (h)	构件截面宽度 (b)
主梁		5～8m	1/14～1/8L	1/3～1/2h
次梁		4～6m	1/18～1/12L	1/3～1/2h
楼板	单向板	2～3m	1/40～1/30L	
	双向板	3～6m	1/50～1/40L	

井字楼板是梁板式楼板的一种特殊形式。当房间平面形状为方形或接近方形时，常沿两个方向布置等距离、等截面高度的梁（不分主、次梁），板为双向板，形成井格形式的梁板结构。井字楼板的跨度一般为 6～10m，板厚为 70～80mm，井格边长一般在 2.5m 之内。井字楼板一般井格外露，结构独特，具有美感，房间内不设柱，适用于门厅、大厅、会议室、小型礼堂等。

3. 无梁楼板

无梁楼板是将板直接支承在柱和墙上，不设梁的楼板，如图4-5所示。为提高楼板的承载能力和刚度，须在柱顶设置柱帽和柱板，增大柱对板的支承面积和减小板的跨度。无梁楼板通常为正方形或接近正方形，柱距宜为6m。板厚不宜小于150mm，一般为160～200mm。

无梁楼板板底平整，室内净空高度大，采光、通风好，便于采用工业化的施工方式，多用于楼板上活荷载较大的商店、仓库、展览馆等建筑。

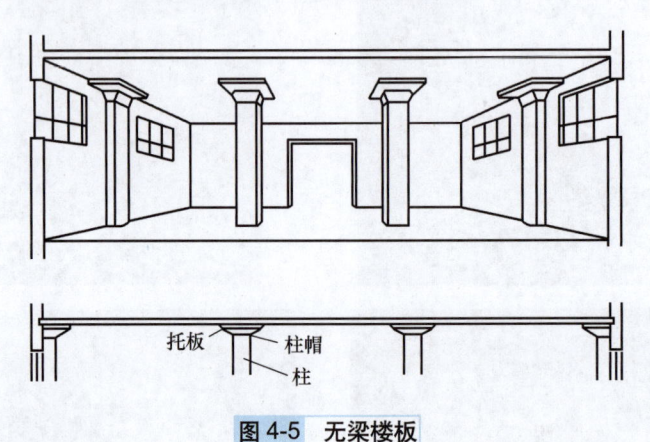

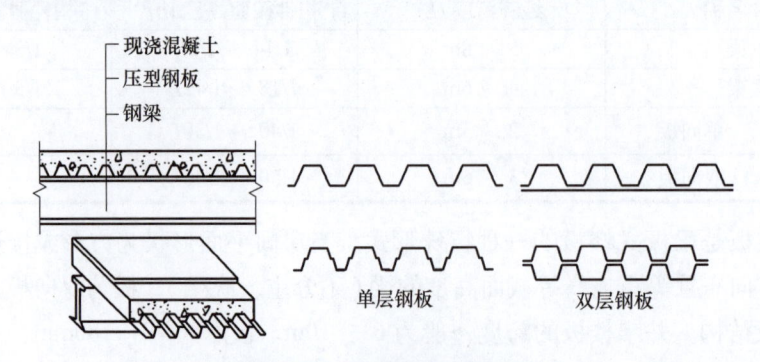

图4-5 无梁楼板

4. 压型钢板组合楼板

压型钢板组合楼板是以截面凹凸的压型钢板做衬板与现浇混凝土浇筑在一起构成的楼板结构。在施工阶段，压型钢板起到现浇混凝土的永久性模板的作用，同时板上的肋条能与混凝土共同工作，可以简化施工程序，加快施工进度；并且其具有刚度大、整体性好的优点。压型钢板的肋部空间可用于电力管线的穿设，还可以在钢衬板底部焊接架设悬吊管道、吊顶的支托等，从而充分利用楼板结构所形成的空间。此种楼板适用于需要较大空间的高（多）层民用建筑及大跨度工业厂房，目前在我国较少采用。压型钢板组合楼板示意图如图4-6所示。

图4-6 压型钢板组合楼板

压型钢板组合楼板由楼面层、组合板和钢梁三部分组成。其构造形式有单层压型钢板和双层压型钢板两种，压型钢板之间和压型钢板与钢梁之间的连接一般采用焊接、螺栓连接、铆钉连接等方法。

压型钢板组合楼板应避免在腐蚀的环境中使用，且应避免长期暴露，以防钢板和梁内钢筋生锈，从而破坏结构的连接性能。在动荷载作用下，应仔细考虑其细部设计，并注意结构组合作用的完整性和共振问题。

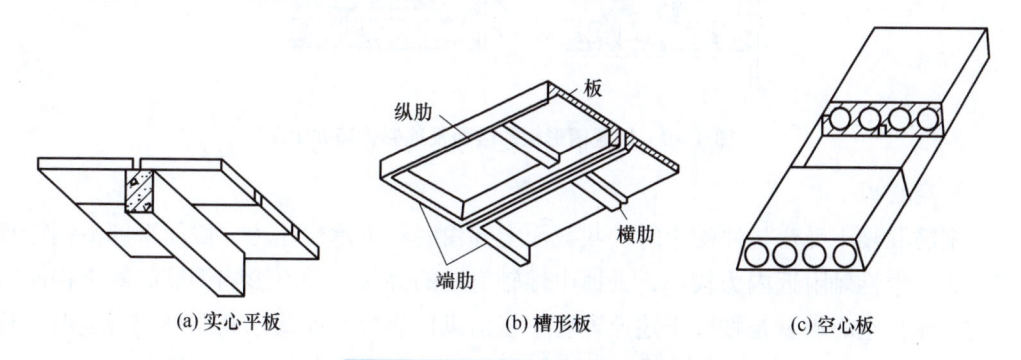

4.2.2 装配式钢筋混凝土楼板

装配式钢筋混凝土楼板是指在预制厂或施工现场制作，然后在施工现场装配而成的楼板。这种楼板可提高工业化的施工水平，节约模板，缩短工期，减少施工现场的湿作业，但楼板的整体性差，板缝嵌固不好时容易出现通长裂缝，更不宜在楼板上穿洞，故近几年在抗震区的应用受到很大限制。

1. 装配式钢筋混凝土楼板的类型

常用的装配式钢筋混凝土楼板根据其截面形式可分为实心平板、槽形板、空心板三种，如图4-7所示。

1) 实心平板

实心平板上、下板面平整，制作简单，安装方便，造价低，但隔声效果不好。实心平板跨度一般不超过2.4m，预应力实心平板跨度可达到2.7m；板厚应不小于跨度的1/30，一般为50～100mm，板宽为600mm或900mm。

预制实心板由于跨度较小，故常用于房屋的走廊、厨房、厕所等处。实心板尺寸不大，重量较小，可以采用简易吊装设备或人工安装。

(a) 实心平板　　(b) 槽形板　　(c) 空心板

图4-7　装配式钢筋混凝土楼板

2) 槽形板

在实心平板的两侧或四周设边肋而形成的槽形板如图4-8所示。板肋相当于小梁，故属于梁、板组合构件。槽形板由于带有纵肋，其经济跨度比实心板大，一般跨度为2.1～3.9m，最大可达7.2m；板宽有600mm、900mm、1200mm等；肋部高度为板跨的1/25～1/20，通常为150～300mm；板厚为25～40mm。

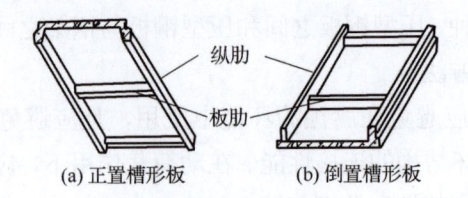

图 4-8 槽形板

(a) 正置槽形板　(b) 倒置槽形板

槽形板以搁置方式不同可分为正置槽形板（板肋朝下）和倒置槽形板（板肋朝上）。正置槽形板由于板底不平整，通常须做吊顶；为避免板端肋被压坏，可在板端伸入墙内部分堵砖填实，如图 4-9 所示。倒置槽形板受力不如正置槽形板合理，但可在槽内填充轻质材料，以解决板的隔声和保温隔热问题，而且容易保持顶棚的平整，如图 4-10 所示。

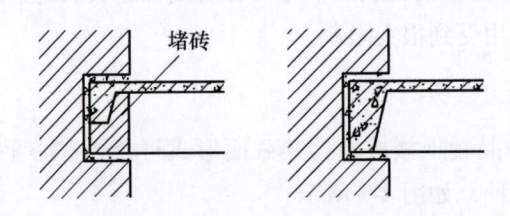

图 4-9 正置槽形板板端支撑在墙上

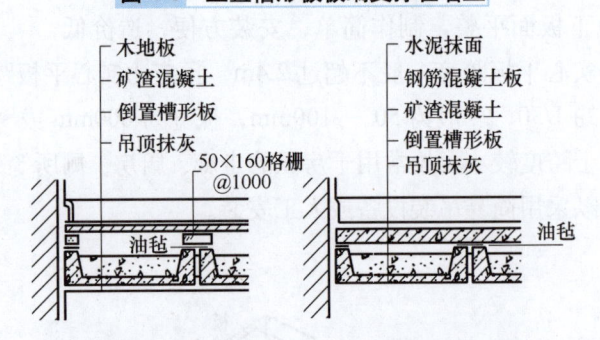

图 4-10 倒置槽形板的楼面及顶棚构造 /mm

3) 空心板

钢筋混凝土受弯构件受力时，其截面上部由混凝土承受压力，截面下部由钢筋承担拉力，中性轴附近内力较小，去掉中性轴附近的混凝土并不影响钢筋混凝土构件的正常工作。空心板就是按照上述原理将平板沿纵向轴抽空而成，孔洞形状有圆形、长方圆形和矩形等，如图 4-11 所示，其中以圆孔板的制作最为方便，应用最广。

空心板也是一种梁、板结合的预制构件，其结构计算理论与槽形板相似，但其上、下板面平整，用料少，强度高，自重小，隔热、隔声效果优于槽形板，因此是目前广泛采用的一种形式。

非预应力空心板的长度为 2.1～4.2m，板厚有 120mm、150mm、180mm 等；预应力空心板长度为 4.5～6m，板厚有 180mm、200mm 等，板宽有 600mm、900mm、

1200mm 等。

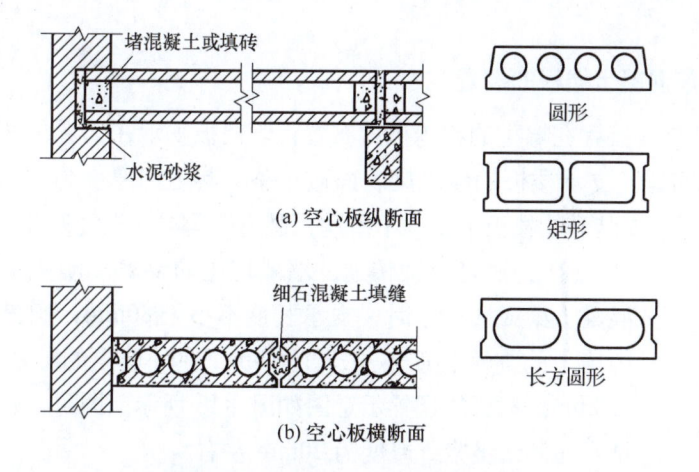

图 4-11 空心板的纵断面与横断面图

空心板在安装前，孔的两端应用混凝土预制块和砂浆堵严，这样不仅能避免板端被上部墙体压坏，还能避免传声、传热以及灌缝材料流入孔内。空心板板面不能随意开洞，如需开孔洞，应在板制作时就预先留孔洞位置。空心板安装后，应将四周的缝隙用细石混凝土灌注，以增强楼板的整体性、增加房屋的整体刚度和避免从缝隙漏水。

2. 装配式钢筋混凝土楼板的结构布置

在进行楼板结构布置时，应先根据房间的开间和进深尺寸确定构件的支承方式，然后选择板的规格，以此进行合理的安排。结构布置时应注意以下 5 点。

(1) 尽量使用宽板，减少板的规格、类型。板的规格过多，不仅会给板的制作增加麻烦，而且施工也较复杂，容易搞错。

(2) 为减少板缝的现浇混凝土量，应优先选用宽板，窄板可作为调剂使用。

(3) 板的布置应避免出现三面支承情况，即楼板的长边不得搁置在梁或砖墙内，否则，在荷载作用下板会产生裂缝，如图 4-12 所示。

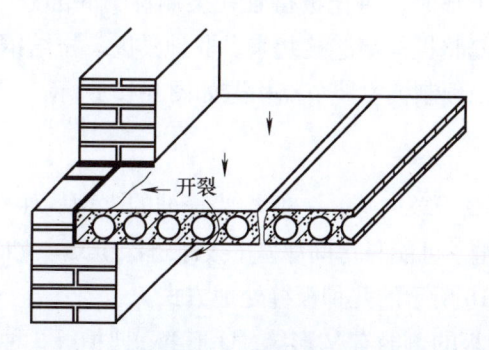

图 4-12 三面支撑的板

(4) 按支承楼板的墙或梁的净尺寸计算楼板的块数，不够整块数的尺寸可通过调整板缝、于墙边挑砖或增加局部现浇板等办法来解决。

(5) 遇有上下管线、烟道、通风道穿过楼板时，为防止圆孔板开洞过多，应尽量将该处楼板现浇。

3. 预制钢筋混凝土楼板的搁置

(1) 预制板直接搁置在墙上的称为板式布置；若楼板支承在梁上，梁再搁置在墙上的称为梁板式布置。支承楼板的墙或梁表面应平整，其上用厚度为 20mm 的 M5 水泥砂浆坐浆，以保证安装后的楼板平整、不错动，避免楼面层在板缝处开裂。

(2) 为满足荷载传递、墙体抗压的要求，预制楼板搁置在钢筋混凝土梁或圈梁上时，支承长度不小于 80mm；搁置在墙上时，在内墙上的支承长度不小于 100mm，在外墙上的支承长度不应小于 120mm。楼板的搁置示意图如图 4-13 所示。同时，必须在墙或梁上铺水泥砂浆坐浆，厚度为 20mm 左右。

装配式钢筋混凝土楼板的搁置 .mp4

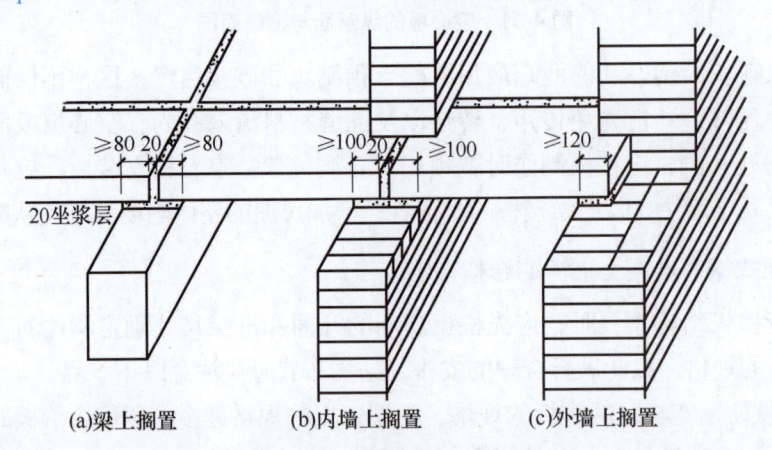

(a) 梁上搁置　　(b) 内墙上搁置　　(c) 外墙上搁置

图 4-13　楼板的搁置 /mm

板搁置在梁上，因梁的断面形状不同有板搁置在矩形梁上、板搁置在花篮梁上和板搁置在 T 形梁上三种情况，如图 4-14 所示。板搁置在梁顶，梁板占空间较大，当梁的截面形状为花篮形、T 形时，可把板搁置在梁侧挑出的部分，板不占用高度。板搁置在墙上，应用拉结钢筋将板与墙连接起来。非地震区，拉结钢筋间距不超过 4m；地震区依设防要求而减小。预制板安装节点构造如图 4-15 所示。

4. 板缝构造

预制钢筋混凝土板属于单向板，一般均为标准的定型构件，在具体布置时几块板的宽度尺寸之和（含板缝）可能与房间净宽（或净进深）尺寸之间出现一个小于板宽的空隙。此时可采取图 4-16 所示的几种板缝处理方式。

(1) 调整板缝宽度：板的侧缝有 V 形缝、U 形缝、凹槽缝 3 种形式，如图 4-17 所示。缝宽为 10mm 左右，必要时可将板缝加大至 20mm 或更宽。

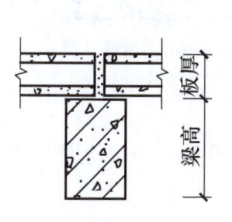

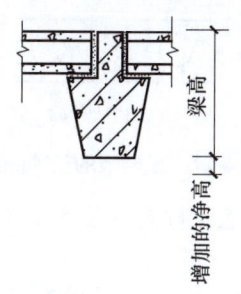

(a) 板搁置在矩形梁上　　(b) 板搁置在花篮梁上　　(c) 板搁置在T形梁上

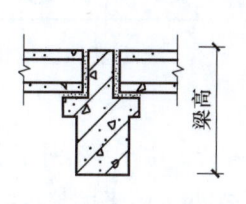

图 4-14　板在梁上的搁置

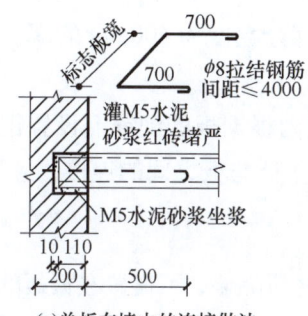

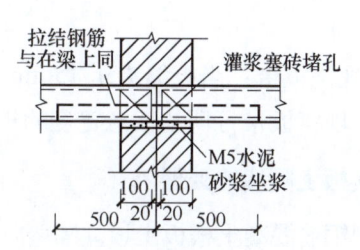

(a) 单板在墙中的连接做法　　(b) 双板在墙中的连接做法

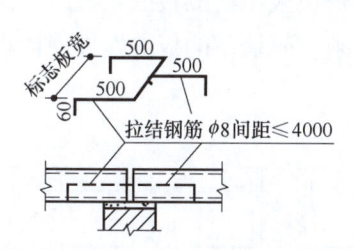

(c) 双板在墙顶部的连接做法（一）　　(d) 双板在墙顶部的连接做法（二）

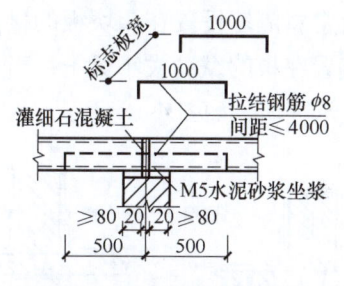

图 4-15　预制板安装节点构造 /mm

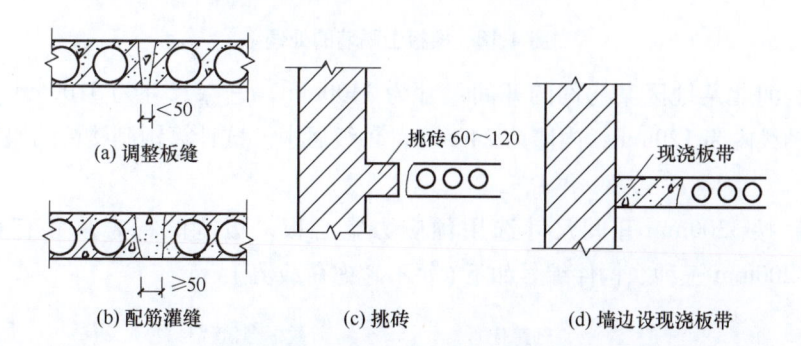

(a) 调整板缝　　(b) 配筋灌缝　　(c) 挑砖　　(d) 墙边设现浇板带

图 4-16　板缝的几种处理方式 /mm

(a) V形缝　　　　　(b) U形缝　　　　　(c) 凹槽缝

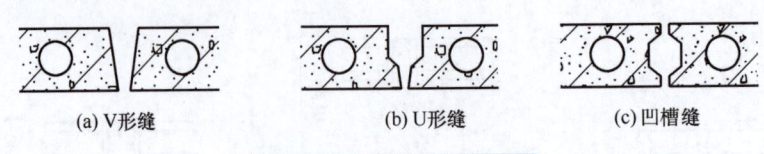

图 4-17　预制板的三种侧缝

(2) 挑砖：由于平行于板边的墙砌挑砖，长度不超过 120mm，所以用与板上、下表面平齐的挑两皮砖来调整板缝。

(3) 交替采用不同宽度的板：例如，在采用 600mm 宽的板时，换用一块宽度为 900mm 的板，宽度增加 300mm，相当于半块 600mm 宽的板，可以用以填充 ≥ 300mm 的空隙。

(4) 采用调缝板：在生产预制板时，生产一部分宽度为 400mm 的调缝板，用以调整板间空隙。

(5) 现浇板带：当板缝大于 150mm 时，板缝内根据板的配筋而设置钢筋，做成现浇板带，现浇板带可调整任意宽度的板缝，加强了板与板之间的连接，应用较多。

5. 楼板上隔墙的处理

预制钢筋混凝土楼板上设立隔墙时，宜采用轻质隔墙，可搁置在楼板的任何位置。若隔墙自重较大时，如采用砖隔墙、砌块隔墙等，应避免将隔墙整体搁置在一块板上，此时通常将隔墙设置在两块板的接缝处。当采用槽形板或小梁隔板的楼板时，隔墙可直接搁置在板的纵肋或小梁上；当采用空心板时，须在隔墙下的板缝处设现浇板带或梁来支承隔墙，如图 4-18 所示。

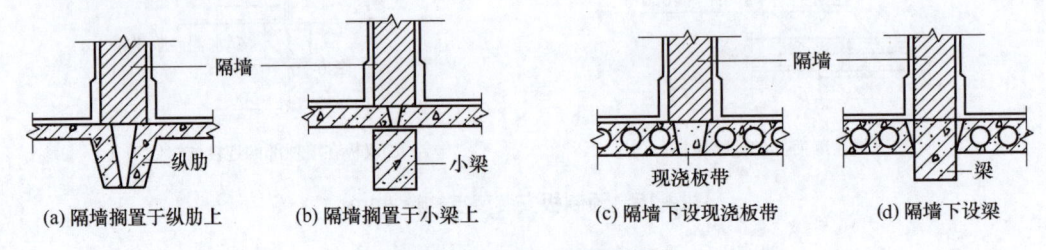

(a) 隔墙搁置于纵肋上　　(b) 隔墙搁置于小梁上　　(c) 隔墙下设现浇板带　　(d) 隔墙下设梁

图 4-18　楼板上隔墙的处理

【例】河北某地区某房间的开间尺寸为 3300mm，进深尺寸为 5100mm。外墙厚 370mm，轴线内为 120mm；内墙为 240mm，轴线居中。试计算预制楼板的块数并画板的布置图。

【解】按 3300mm 开间尺寸选用预应力空心板，板宽的标志尺寸有 600mm、900mm、1200mm 三种。构件编号如下（暂不考虑荷载值）：

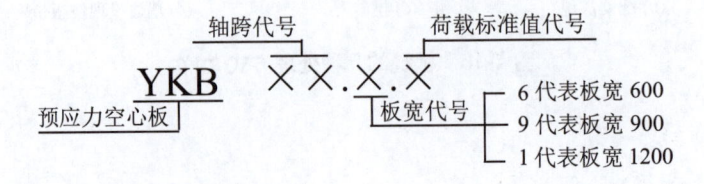

YKB ×× . ×
- 预应力空心板
- 轴跨代号
- 板宽代号
- 荷载标准值代号
- 6 代表板宽 600
- 9 代表板宽 900
- 1 代表板宽 1200

方案1：选用板宽1200mm，板号为YKB33.1（"33"表示板的标志长度为3300mm，"1"表示板宽为1200mm），板宽构造尺寸为1180mm。按5100mm进深尺寸的净长度计算板的块数。

净长度为5100-2×120=4860mm。

选4块板所占尺寸为1180×4=4720mm。

板缝尺寸为4860-4720=140mm。

4块板有5个板缝，每个板缝为140÷5=28mm，缝内灌C20细石混凝土。

方案2：选用板宽900mm，板号为YKB33.9，板宽构造尺寸为880mm。

同方案1，5100mm进深尺寸的净长度为4860mm。

选5块板所占尺寸为880×5=4400mm。

板缝尺寸为4860–4400=460mm。

5块板有6个板缝，其中5个30mm，缝内灌C20细石混凝土；靠外墙留460-30×5=310mm宽现浇板带，内部配筋按计算确定。

排板方案还有多种，方案1和方案2的布板图如图4-19所示。

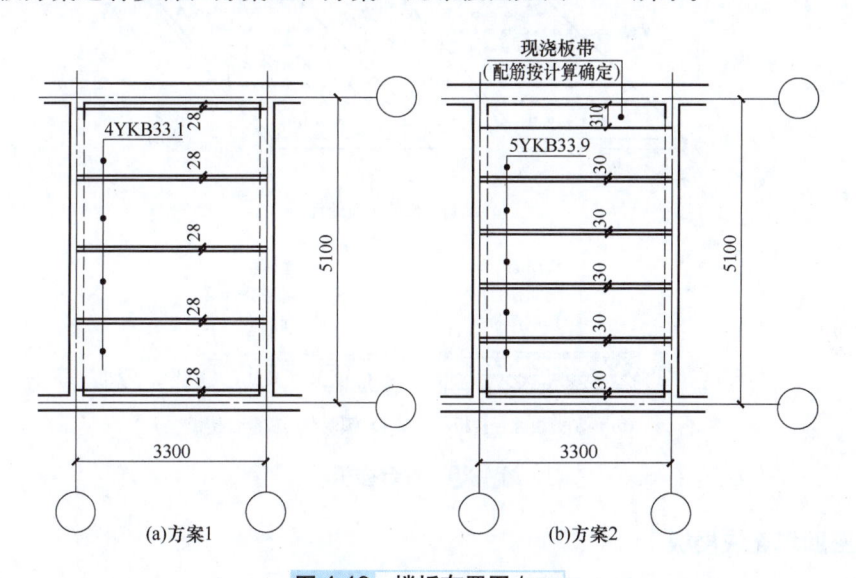

图4-19 楼板布置图 /mm

4.2.3 装配整体式钢筋混凝土楼板

装配整体式钢筋混凝土楼板是先预制部分构件，然后在现场进行安装，再以整体浇筑的方法将其连成一体的楼板。它具有整体性好、施工简单、工期较短等优点，同时也避免了现浇钢筋混凝土楼板湿作业量大、施工复杂和装配式楼板整体性较差的缺点。常用的装配整体式楼板有叠合式楼板和密肋楼板两种。

1. 预制薄板叠合楼板

预制薄板叠合楼板是由预制薄板和现浇钢筋混凝土层叠合而成的装配整体式楼板。预制薄板既是楼板结构的组成部分之一，又是现浇钢筋混凝土叠合层的永久性模板。在现浇叠合层内可敷设水平设备管线。预制薄板底面平整，可直接喷浆或贴其他装饰材料作为顶棚。

叠合楼板的预制板部分通常采用预应力或非预应力薄板。为了保证预制薄板与叠合层有较好的连接，薄板上表面需作处理，如将薄板表面作刻槽处理、板面露出较规则的三角形结合钢筋等，如图4-20(a)所示。预制薄板跨度一般为4～6m，最大可达到9m，板宽为1.1～1.8m，板厚不应小于50mm。现浇叠合层厚度一般为100～120mm，以大于或等于薄板厚度的两倍为宜。叠合楼板的总厚度一般为150～250mm，如图4-20(b)所示。

叠合楼板的预制板部分也可采用普通的钢筋混凝土空心板，此时现浇叠合层的厚度较小，一般为30～50mm，如图4-20(c)所示。

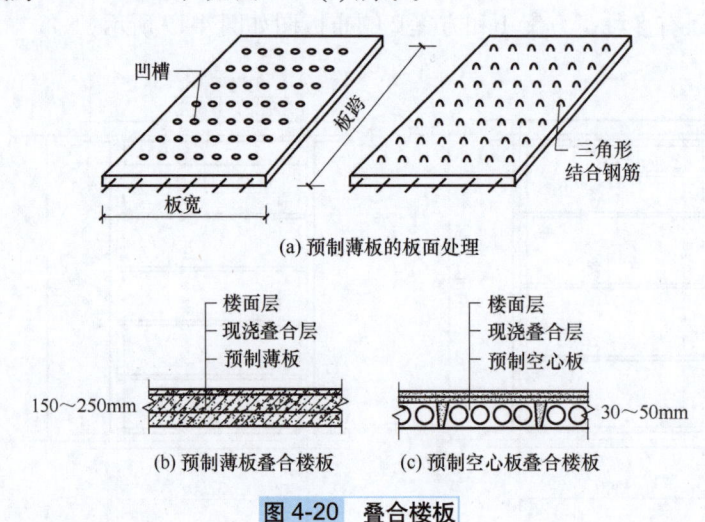

图4-20 叠合楼板

2. 密肋填充块楼板

密肋填充块楼板的密肋小梁有现浇和预制两种。现浇密肋填充块楼板是以陶土空心砖、矿渣混凝土实心块等作为肋间填充块来现浇密肋和面板而成。预制小梁填充块楼板是在预制小梁之间填充陶土空心砖、矿渣混凝土实心块、煤渣空心块等，然后在上面现浇面层而成。密肋填充块楼板示意图如图4-21所示。密肋填充块楼板板底平整，有较好的隔声、保温、隔热效果，在施工中空心砖还可起到模板作用，也有利于管道的敷设。此种楼板常用于学校、住宅、医院等建筑中。

模块 4　楼板层与地面

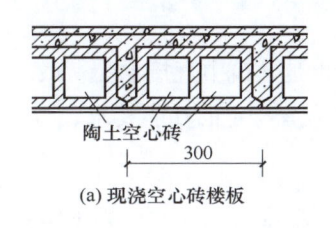

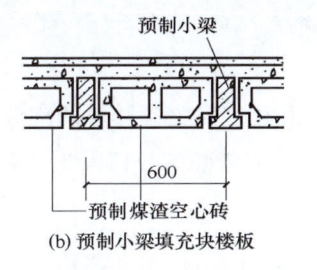

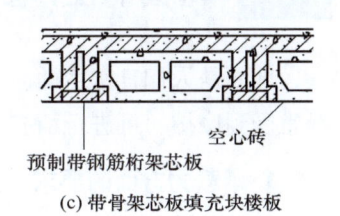

(a) 现浇空心砖楼板　　(b) 预制小梁填充块楼板　　(c) 带骨架芯板填充块楼板

图 4-21　密肋填充块楼板 /mm

4.3 地　　面

4.3.1 地面的组成

地面是指建筑物底层与土壤相交接的水平部分，承受其上的荷载，并将荷载均匀地传给其下的地基。地面主要由面层、垫层和基层三部分组成，有些有特殊要求的地面，只有基本层次不能满足使用要求，需要增设相应的附加层（如找平层、防水层、防潮层、保温层等），如图 4-22 所示。

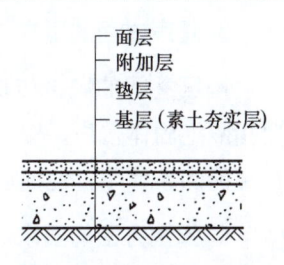

图 4-22　地面的构造组成

1. 面层

面层是人们生活、工作、学习时直接接触的地面层，是地面直接经受摩擦、洗刷和承受各种物理、化学作用的表面层。依照不同的使用要求，面层应具有耐磨、不起尘、平整、防水、有弹性、吸热少等性能。

2. 垫层

垫层是指面层和基层之间的填充层，起承上启下的作用，即承受面层传来的荷载和自重并将其均匀地传给下部的基层。垫层一般采用 60～100mm 的 C20 素混凝土，有时也可采用柔性垫层，如砂、粉煤灰垫层等。

3. 基层

基层为地面的承重层，一般为土壤。当土壤条件较好、地层上荷载不大时，一般采用原土夯实或填土分层夯实；当地层上荷载较大时，则需对土壤进行换土或夯入碎砖、砾石等，如100～150mm厚2∶8灰土，100～150mm厚碎砖，道砟和三合土等。

4. 附加层

附加层是为满足某些特殊使用功能要求而设置的，一般位于面层与垫层之间，如防潮层、保温层、防水层、隔声层、管道敷设层等。

4.3.2 地面的设计要求

地面是人们日常生活、工作和生产时必须接触的部分，也是建筑中直接承受荷载、经常受到摩擦、可进行清扫和冲洗的装修部分，因此，对它应有一定的功能要求。

1. 承载力方面的要求

地面要有足够的强度，以便能够承受人、家具、设备等荷载而不破坏。在人进行走动和家具、设备移动时会对地面产生摩擦，所以地面应当具有耐磨性。不耐磨的地面在使用时易产生粉尘，影响室内卫生与人的健康。

2. 热工方面的要求

作为人们经常接触的地面，应给人们以温暖舒适的感觉，保证寒冷季节人体脚部的舒适度。所以，应尽量采用导热系数小的材料做地面，使地面具有较低的吸热指数。

3. 隔声方面的要求

楼层之间的噪声传播，主要通过空气传声和固体传声两个途径。楼层地面隔声主要指隔绝固体传声。楼层的固体声源，多数是由于人或家具与地面撞击产生的。因此，在可能的条件下，地面应采用能较大衰减撞击能量的材料及构造。

4. 弹性方面的要求

在弹性方面，要求当人们行走时脚下不致有过硬的感觉，同时有弹性的地面对减弱撞击声也有利。

5. 防水和耐腐蚀方面的要求

地面应不透水，特别是有水源和潮湿的房间如厕所、厨房、盥洗室等更应注意。厕所、实验室等房间的地面除了应不透水外，还应耐酸、碱的腐蚀。

6. 经济方面的要求

设计地面时，在满足使用要求的前提下，要选择经济的材料和构造方案，尽量就地取材。

4.3.3 楼地面的装修构造

1. 构造做法

按楼地面所用材料和施工方式的不同，楼地面可分为整体类楼地面、块材类楼地面、卷材类楼地面、涂料类楼地面等。

1) 整体类楼地面

(1) 水泥砂浆楼地面是普遍使用的一种地面，其构造简单、坚固，能防潮防水且造价又低。但水泥砂浆地面蓄热系数大，冬天感觉冷，空气湿度大时易产生凝结水，而且表面起灰，不易清洁。其做法是：先将基层用清水洗干净，然后在基层上用 15 ~ 20mm 厚的 1∶3 水泥砂浆打底找平，再用 5 ~ 10mm 厚的 1∶2 或 1∶1.5 水泥砂浆抹面、压光。若基层较平整，也可以在基层上抹一道素水泥浆结合层，然后直接抹 20mm 厚的 1∶2.5 或 1∶2 水泥砂浆抹面，待水泥砂浆终凝前进行至少二次压光，在常温湿润条件下养护。水泥砂浆楼地面构造图如图 4-23 所示。

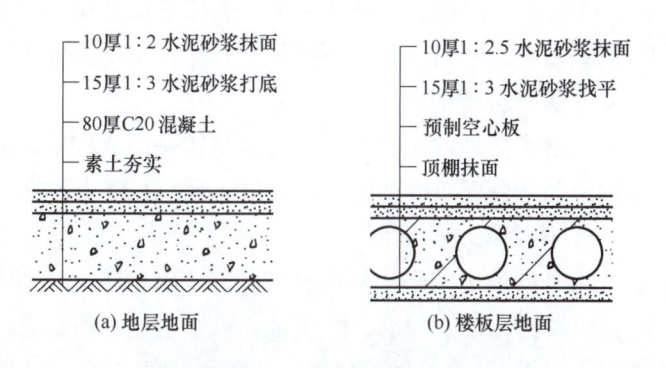

图 4-23　水泥砂浆楼地面 /mm

(2) 水磨石楼地面是用水泥做胶结材料，大理石或白云石等中等硬度石料的石屑做骨料，混合铺设，经磨光打蜡而成。其性能与水泥砂浆楼地面相似，但耐磨性更好，表面光洁，不易起灰。由于造价较高，水磨石楼地面常用于卫生间和公共建筑的门厅、走廊、楼梯间以及标准要求较高的房间。

其做法是在基层上做 15mm 厚 1∶3 水泥砂浆结合层，用 1∶1 水泥砂浆嵌固 10 ~ 15mm 高的分隔条 (玻璃条、铜条或铝条等)，再用按设计配制好的 1∶1.25 ~ 1∶1.5 各种颜色 (经调制样品选择最后的配合比) 的水泥石渣浆注入预设的分格内，水泥石渣浆厚度为 12 ~ 15mm(高于分格条 1 ~ 2mm)，并均匀撒一层石渣，用滚筒压实，直至水泥浆被压出为止。待浇水养护完毕后，经过三次打磨，在最后一次打磨前酸洗，修补并抛光，最后打蜡保护。其构造做法如图 4-24 所示。

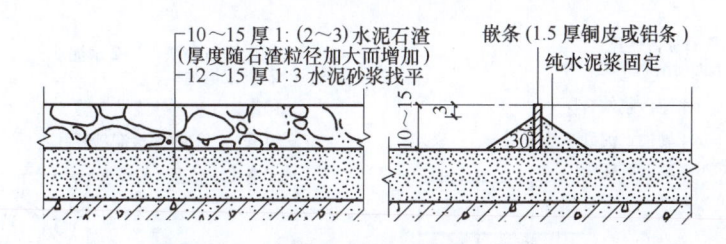

图 4-24　现浇水磨石楼地面构造做法 /mm

(3) 细石混凝土楼地面是用水泥、砂和小石子级配而成的细石混凝土做面层的楼地面。细石混凝土楼地面可以克服水泥砂浆楼地面干缩性大的缺点，这种地面强度高，干缩性小，耐磨，耐久性和防水性好，不易开裂翻砂；但厚度较大，一般为 35mm。因此要视建筑物的用途而定，一般住宅和办公楼设置该种楼面的厚度为30～50mm，厂房车间设置该种楼面的厚度为50～80mm。混凝土的配合比水泥:砂:石子=1:2:4，混凝土强度等级不低于C20，混凝土采用425号普通硅酸盐水泥、中砂或粗砂、5～15mm的碎石或卵石配制而成。

施工之前，在地坪四周的墙上弹出水平线，以控制其厚度，为了使混凝土铺筑后表面平整，不露石子，操作时采用小辊子来回交叉滚轧3～5遍，直至表面泛浆为止，然后用木抹子压实，待混凝土初凝后、终凝前再用铁抹子反复抹压收光，抹光时不得撒干水泥。施工后一昼夜内要进行覆盖，并进行不少于7天的浇水养护。

2) 块材类楼地面

块材类楼地面是指利用各种块材铺贴而成的楼地面，按面层材料不同分为陶瓷板块楼地面、石板楼地面、木楼地面等。

(1) 陶瓷板块楼地面。

用于楼地面的陶瓷板块有缸砖、陶瓷锦砖、釉面陶瓷块砖等。这类楼地面的特点是表面致密光洁、耐磨、耐腐蚀、吸水率低、不变色，但造价偏高，一般适用于用水较多的房间以及有腐蚀的房间，如厕所、盥洗室、浴室和实验室等。

其做法是在基层上用15～20mm厚1:3水泥砂浆打底、找平；再用5mm厚的1:1水泥砂浆（掺适量108胶）粘贴楼地面砖、缸砖、陶瓷锦砖等，用橡胶锤锤击，以保证黏结牢固，避免空鼓；最后用素水泥擦缝。

(2) 石板楼地面。

石板楼地面包括天然石楼地面和人造石楼地面。

天然石有大理石和花岗石等，人造石有预制水磨石板、人造大理石板等。

这些石板尺寸较大，一般为500mm×500mm以上，铺设时需预先试铺，合适后再正式粘贴，粘贴表面的平整度要求高。其构造做法是在混凝土垫层上先用20～30mm厚1:3～1:4干硬性水泥砂浆找平，再用5～10mm厚1:1水泥砂浆铺粘石板，最后用水泥浆灌缝（板缝应不大于1mm），待能上人后擦净。石板楼地面构造形式如图4-25所示。

(a) 方石板楼地面

铺20厚石板，缝宽≤1，撒干水泥粉浇水扫缝
10厚1:1水泥砂浆结合层
30厚1:3干硬性水泥砂浆找平层
60厚C20混凝土或楼板

(b) 碎石板楼地面

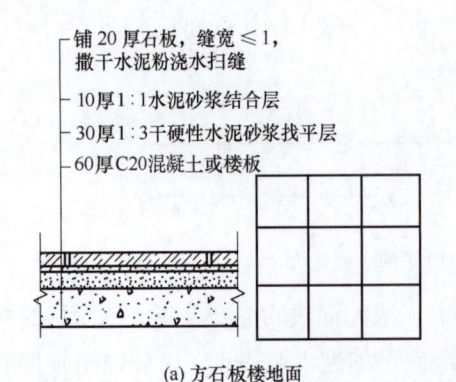

铺大理石碎块，1:2水泥石屑浆嵌缝
10厚1:1水泥砂浆结合层
30厚1:3干硬性水泥砂浆找平层
60厚C20混凝土或楼板

图4-25 石板楼地面构造形式 /mm

(3) 木楼地面。

木楼地面的主要特点是有弹性、不起灰、不返潮、易清洁、保温性好，但耐火性差，保养不善时易腐朽，且造价较高，一般用于装修标准较高的住宅、宾馆、体育馆、健身房、剧院舞台等建筑。

木楼地面按构造方式有空铺式和实铺式两种。

空铺式木楼地面常用于底层楼地面，其做法是将木地板架空，使地板下有足够的空间通风，以防木地板受潮腐烂，如图4-26所示。空铺式木楼地面由于构造复杂，耗费木材较多，因而采用较少。

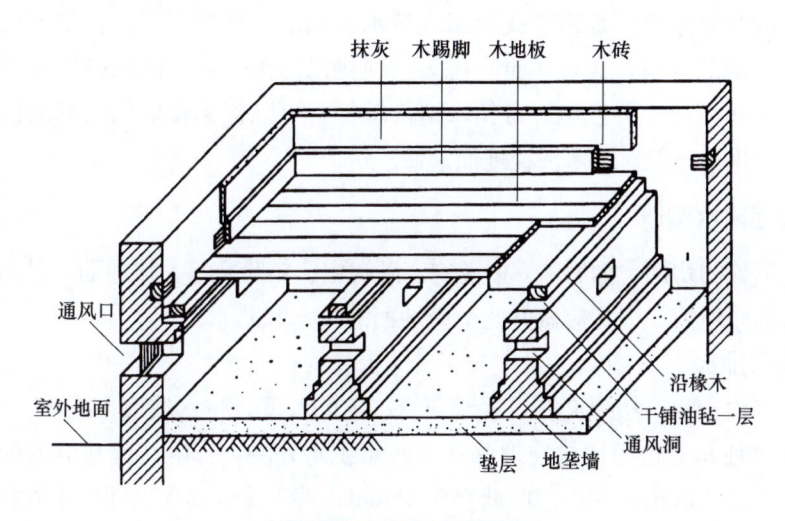

图 4-26 空铺式木楼地面

粘贴式实铺木楼地面是将木楼地面用黏结材料直接粘贴在钢筋混凝土楼板或混凝土垫层上的砂浆找平层上。其做法是先在钢筋混凝土基层上用20mm厚1∶2.5水泥砂浆找平，然后刷冷底子油和热沥青各一道作为防潮层，再用胶粘剂随涂随铺20mm厚硬木长条地板。当面层为小细纹拼花木地板时，可直接用胶粘剂刷在水泥砂浆找平层上进行粘贴。木地板做好后应刷油漆并打蜡，以保护楼地面。实铺式木楼地面构造做法如图4-27所示。

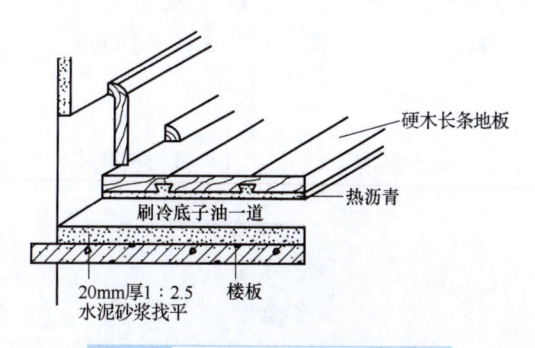

图 4-27 实铺式木楼地面构造做法

3) 卷材楼地面

卷材楼地面指将卷材如塑料地毡、橡胶地毡、化纤地毯、纯羊毛地毯、麻纤维地毯等直接铺在平整的基层上的楼地面。铺贴卷材时可满铺、局部铺，也可干铺、粘贴等。

4) 涂料楼地面

涂料楼地面是利用涂料涂刷或涂刮而成。它是水泥砂浆楼地面的一种表面处理形式，用以改善水泥砂浆楼地面在使用和装饰方面的缺陷。

地板漆是传统的楼地面涂料，它与水泥砂浆楼地面黏结性差，易磨损、脱落，目前已逐步被人工合成高分子材料所取代。

人工合成高分子涂料是由合成树脂代替水泥或部分代替水泥，再加入填料、颜料等搅拌混合而成的材料，经现场涂布施工，硬化以后形成整体的涂料楼地面。它的特点是无缝，易于清洁，并且施工方便，造价较低，可以提高楼地面的耐磨性、韧性和不透水性，适用于一般建筑水泥楼地面装修。

2. 楼地面防水构造

在用水频繁的房间，如厕所、盥洗室、淋浴室、实验室等，楼地面容易出现积水，且易发生渗漏水现象，因此应做好此类楼地面的排水和防水。

1) 楼地面排水

为排除室内积水，楼地面在设置时应有一定的坡度，排水坡度不应小于1%；同时应设置地漏，使水有组织地排向地漏。为防止积水外溢，影响其他房间的使用，有水房间楼地面应比相邻房间的楼地面低至少15mm；若不设此高差，即两房间楼地面等高时，则应在门口做至少15mm高的门槛。有水房间的排水与防水如图4-28所示。

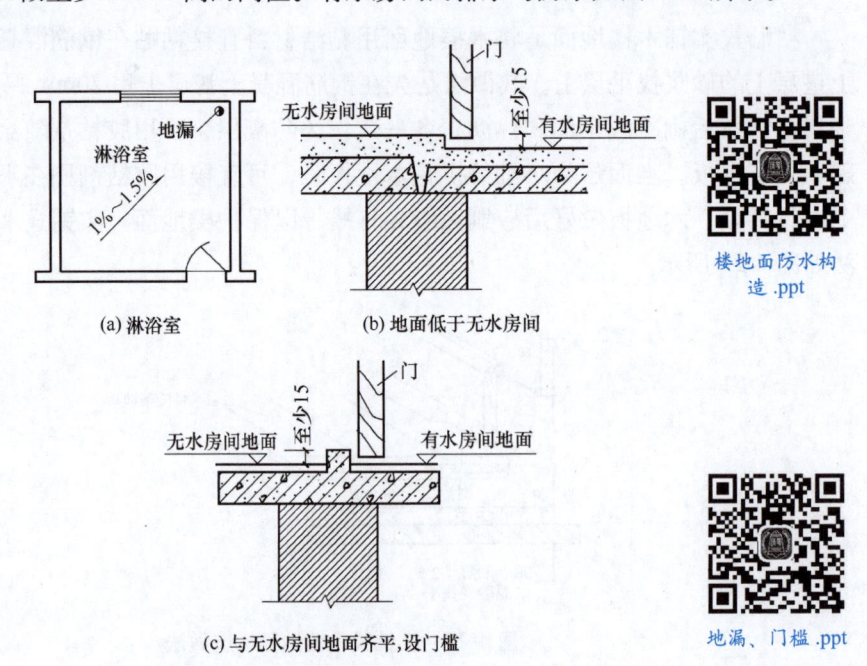

(a) 淋浴室

(b) 地面低于无水房间

(c) 与无水房间地面齐平，设门槛

图 4-28 有水房间的排水与防水 /mm

2) 楼地面防水

有水房间楼板以现浇钢筋混凝土楼板为佳，面层材料通常为整体现浇水泥砂浆、水磨石或瓷砖等防水性较好的材料。对于防水要求较高的房间，还应在楼板与面层之间设置防水层。常见的防水材料有防水卷材、防水砂浆和防水涂料。为防止房间四周墙脚受水，应将防水层沿周边墙体向上泛起至少 250mm，如图 4-29(a) 所示；当遇到门洞时，应将防水层向外延伸 500mm 以上，如图 4-29(b) 所示。

当竖向管道穿越楼地面时，也容易产生渗透，处理方法一般有两种：对于冷水管道，可在竖管穿越的四周用 C20 干硬性细石混凝土填实，再以卷材或涂料做密封处理，如图 4-29(c) 所示；对于热水管道，为防止温度变化引起热胀冷缩现象，常在穿管位置预埋比竖管管径稍大的套管，高出楼地面不应小于 20mm，并在缝隙内填塞弹性防水材料，如图 4-29(d)、(e) 所示。

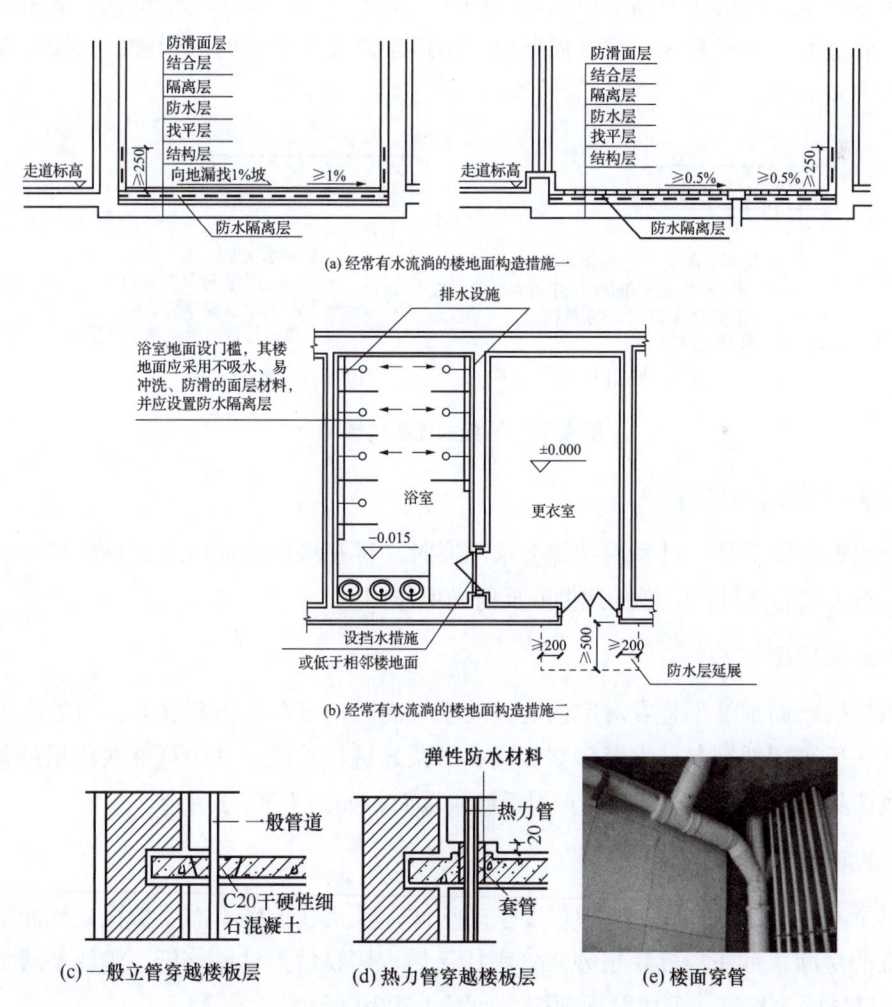

图 4-29 楼地面的防水构造 /mm

4.4 顶　　棚

顶棚是楼板层下面的装修层。对顶棚的基本要求是光洁、美观，能通过反射光照来改善室内采光和卫生状况，对特殊房间还要求具有防水、隔声、保温、隐蔽管线等功能。

顶棚按构造做法可分为直接式顶棚和吊式顶棚两种。

4.4.1 直接式顶棚

直接式顶棚是指直接在钢筋混凝土楼板下表面喷刷涂料、抹灰或粘贴装修材料的一种构造形式。直接式顶棚不占据房间的净空高度，构造简单、造价低、效果好，适用于多数房间，但易剥落、维修周期短，不适于需要布置管网的顶棚。直接式顶棚构造如图 4-30 所示。

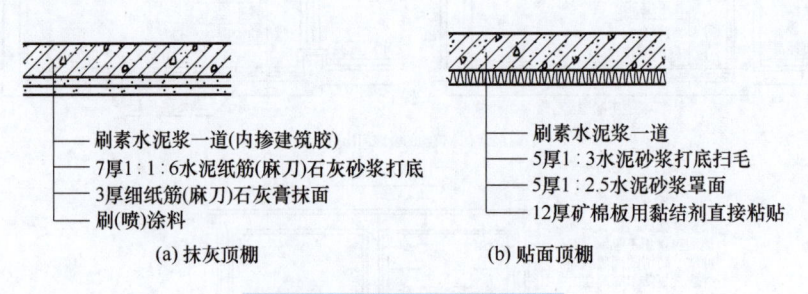

（a）抹灰顶棚
— 刷素水泥浆一道（内掺建筑胶）
— 7 厚 1∶1∶6 水泥纸筋（麻刀）石灰砂浆打底
— 3 厚细纸筋（麻刀）石灰膏抹面
— 刷（喷）涂料

（b）贴面顶棚
— 刷素水泥浆一道
— 5 厚 1∶3 水泥砂浆打底扫毛
— 5 厚 1∶2.5 水泥砂浆罩面
— 12 厚矿棉板用黏结剂直接粘贴

图 4-30　直接式顶棚构造 /mm

1. 直接喷刷涂料顶棚

当楼板底面平整，对室内装饰要求不高时，可在楼板底面填缝刮平后直接喷刷大白浆、石灰浆等涂料，以增加顶棚的反射光照作用。

2. 抹灰顶棚

当楼板底面不够平整或对室内装修要求较高时，可在楼板底抹灰后再喷刷涂料。顶棚抹灰后可用纸筋灰、水泥砂浆和混合砂浆等进行打底，其中纸筋灰应用最普遍，纸筋灰抹灰先用混合砂浆打底，再用纸筋灰罩面，如图 4-30(a) 所示。

3. 贴面顶棚

对于某些有保温、隔热、吸声要求的房间，以及楼板底不需要敷设管线而装修要求又高的房间，可在楼板底用砂浆打底找平后，用黏结剂粘贴墙纸、泡沫塑料板、铝塑板或装饰吸声板等，形成贴面顶棚，如图 4-30(b) 所示。

模块 4　楼板层与地面

4.4.2　吊式顶棚

吊式顶棚是指当房间顶部不平整或楼板底不需要敷设导线、管线、其他设备或建筑本身要求平整、美观时，在屋面板（楼板）下，通过设吊筋将主、次龙骨所形成的骨架固定，在骨架下固定各类装饰板组成的顶棚。

吊式顶棚.ppt

1. 吊顶的设计要求

(1) 吊顶应具有足够的净空高度，以便进行各种设备管线的敷设。
(2) 合理地安排灯具、通风口的位置，以符合照明、通风的要求。
(3) 选择合适的材料和构造做法，使其燃烧性能和耐火极限满足防火规范的规定。
(4) 吊顶应便于制作、安装和维修。
(5) 对于特殊房间，吊顶棚应满足隔声、保温等特殊要求。
(6) 应满足美观和经济等方面的要求。

2. 吊顶的构造

吊顶由龙骨和面板组成。吊顶龙骨用来固定面板并承受其重力，一般由主龙骨和次龙骨两部分组成。主龙骨通过吊顶与楼板相连，其布置方式一般为单向布置；次龙骨固定在主龙骨上，其布置方式和间距视面层材料和顶棚外形而定。主龙骨按所用材料不同可分为金属龙骨和木龙骨两种。为节约木材、减小自重以及提高防火性能，现在多采用薄钢带或铝合金制作的轻型金属龙骨。面板有木质板、石膏板和铝合金板等。

4.5　阳台与雨篷

4.5.1　阳台

阳台是楼房建筑中与房间相连的室外平台，它提供了一个室外活动的小空间，人们可以在阳台上晒衣、休息、瞭望或从事家务活动，同时对建筑物的外部形象也起一定的装饰作用，如图 4-31 所示。

1. 阳台的分类

阳台由阳台板和栏板组成。按阳台与外墙的相对位置可分为凸阳台、半凸阳台和凹阳台三类。凸阳台是指全部阳台挑出墙外；凹阳台是指整个阳台凹入墙内；半凸阳台是指阳台部分挑出墙外，部分凹入墙内，如图 4-32 所示。

阳台按施工方法可以分为现浇式钢筋混凝土阳台和预制装配式钢筋混凝土阳台。现浇式钢筋混凝土阳台具有结构布置简单、整体刚度好、抗震性好、防水性能好等优点，其缺点是模板用量较多、现场工作量大。预制装配式钢筋混凝土阳台便于工业化生产，但其整体性、抗震性较差。

图 4-31　各式各样的阳台

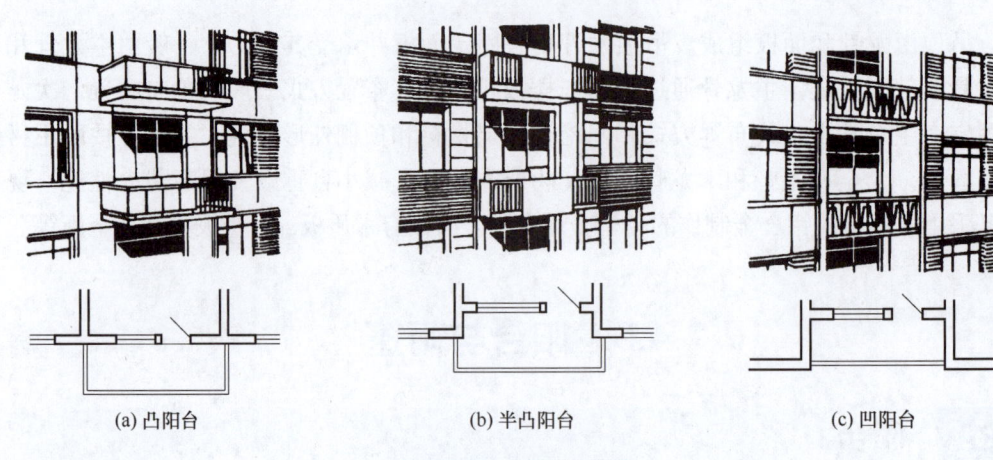

(a) 凸阳台　　　　(b) 半凸阳台　　　　(c) 凹阳台

图 4-32　阳台的类型

按阳台是否封闭可分为封闭阳台和非封闭阳台。

2. 阳台的结构布置

阳台作为水平承重构件，其结构形式及布置方式应与楼板结构统一考虑。阳台板是阳台的承重构件。凹阳台多采用墙承式，即将阳台板直接搁置在墙上。凸阳台阳台板的承重方式主要有墙承式、挑板式、挑梁式、压梁式四种。

阳台的构造.mp4

1) 墙承式

墙承式阳台适合于凹阳台，它是将阳台板简支于两侧凸出的墙上，阳台板可以现浇也可以预制，一般与楼板施工方法一致。阳台的跨度同对应房间的开间相同。阳板型和尺寸同房间楼板一致，这种方式施工方便，在寒冷的地区采用搁板式阳台可以避免热桥，节约能源。

2) 挑板式

挑板式阳台的一种做法是利用预制楼板延伸外挑作阳台板，如图4-33所示，这种承重方式构造简单，施工方便，但预制板较长，板型增多，且对寒冷地区保温不利。有的地区采用变截面板，即在室内部分为空心板，挑出部分为实心板。阳台上有楼板接缝，接缝处理要求平整、不漏水。

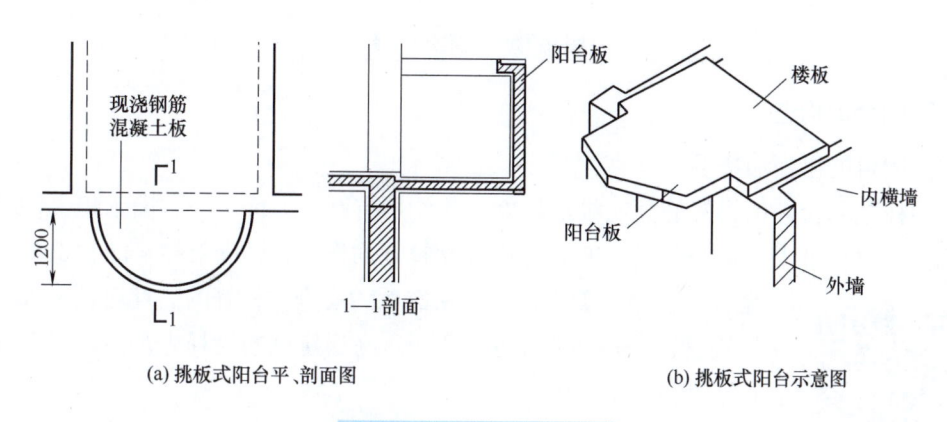

图 4-33 挑板式阳台 /mm

3) 挑梁式

当楼板为预制楼板，结构布置为横墙承重时，可选择挑梁式。即从横墙内向外伸挑梁，其上搁置预制板。阳台荷载通过挑梁传给纵、横墙，由压在挑梁上的墙体和楼板来抵抗阳台的倾覆力矩。阳台悬挑长度一般为1.0～1.5m，以1.2m左右最常见，挑梁压在墙中的长度应不小于1.5倍的挑出长度。为美观起见，可在挑梁断头设置边梁，这样既可以遮挡挑梁头，承受阳台栏杆重力，还可以加强阳台的整体性。挑梁式阳台示意图如图4-34所示。

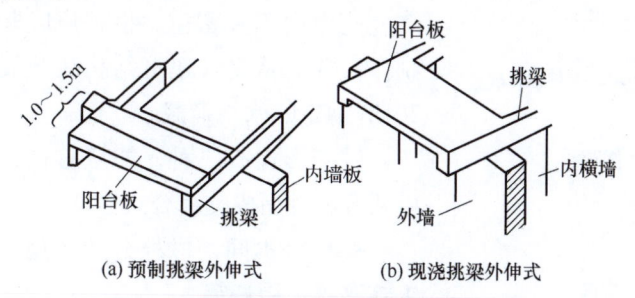

图 4-34 挑梁式阳台

4) 压梁式

压梁式阳台是指阳台板与墙梁浇筑在一起，阳台悬挑长度一般为1.2m以内，如图4-35所示。

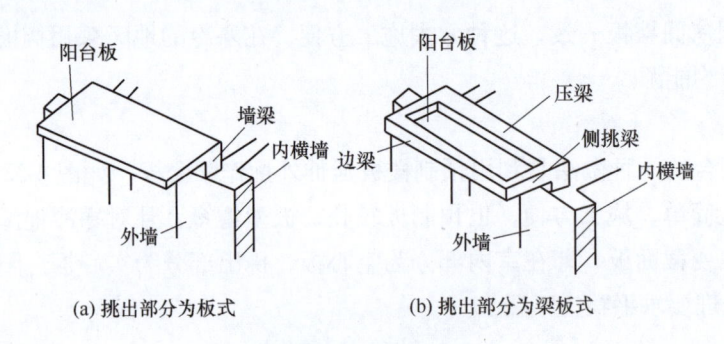

(a) 挑出部分为板式　　(b) 挑出部分为梁板式

图 4-35　压梁式阳台

3. 阳台的构造

1) 阳台的栏杆和扶手

栏杆是阳台外围设置的竖向维护构件，其作用有两个方面：一方面承担人们推倚的侧推力以保证人的安全，另一方面对建筑物起装饰作用。因而对栏杆的构造要求是坚固、安全、美观。为倚扶舒适和安全，栏杆的高度应大于人体重心高度，一般不宜小于1.05m，高层建筑的栏杆应加高，但不宜超过1.20m。

《民用建筑设计统一标准》（GB 50352—2019）中规定，阳台、外廊、室内回廊、内天井、上人屋面及室外楼梯等临空处应设置防护栏杆（栏板），并应符合下列规定。

当临空高度在24m以下时，栏杆高度不应低于1.05m；当临空高度在24m及以上时，栏杆高度不应低于1.10m。上人屋面和交通、商业、旅馆、医院、学校等建筑临开敞中庭的栏杆高度不应小于1.20m。栏杆高度应从所在楼地面或屋面至栏杆扶手顶面的垂直高度计算，当底面有宽度大于或等于0.22m，且高度不大于0.45m的可踏部位时，应从可踏部位顶面起算。公共场所栏杆离地面0.10m高度范围内不宜留空。栏杆应以坚固、耐久的材料制作，并能承受《建筑结构荷载规范》（GB50009—2012）规定的水平荷载。

栏杆形式有三种，即空心栏杆、实心栏杆以及由两者组合而成的组合式栏杆。

按材料不同，栏杆分为金属栏杆、砖砌栏杆、钢筋混凝土栏杆等。

金属栏杆可由不锈钢钢管、铸铁花饰（铁艺）方钢和扁钢等钢材制作，图案依建筑设计需要来确定，如图 4-36 所示。不锈钢栏杆美观，但造价高，一般用于公共建筑的阳台。金属栏杆与阳台板的连接一般有两种方法，一是在阳台板上预留孔槽，将栏杆

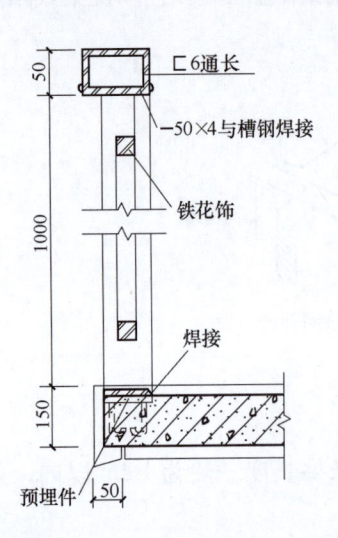

图 4-36　金属栏杆的形式和构造 /mm

立柱插入，用细石混凝土浇灌；二是在阳台板上预制钢筋，将栏杆与钢筋焊接在一起。

钢筋混凝土栏杆按施工方式不同分为预制和现浇两种，为方便施工，一般采用预制钢筋混凝土栏杆。钢筋混凝土栏杆造型丰富，可虚可实，耐久性和整体性好，自重比砖栏杆小，因此，钢筋混凝土栏杆应用较为广泛。

扶手有金属扶手和钢筋混凝土扶手、木扶手等。金属扶手一般为 $\phi 50mm$ 钢管与金属栏杆焊接。钢筋混凝土扶手形式多样，一般直接用作栏杆压顶，宽度有 80mm、120mm、160mm 等。木扶手常以木螺丝固定于立杆顶端的通长扁铁条上（木立杆时为榫接），一般常用于园林构造中。

2）阳台的排水

为防止雨水进入室内，要求阳台地面低于室内地面 30mm 以上。阳台排水有外排水和内排水两种，但以有组织排水为宜。外排水是在阳台外侧设置排水管将水排出。泄水管为 $\phi 40 \sim \phi 50mm$ 镀锌铁管或塑料管，外挑长度不小于 80mm，以防雨水溅到下层阳台。内排水适用于高层和高标准建筑，即在阳台内侧设置排水立管和地漏，将雨水直接排入地下管网，以保证建筑物立面美观。阳台排水构造如图 4-37 所示。

(a) 外排水　　(b) 内排水　　(c) 断面图

图 4-37 阳台排水构造 /mm

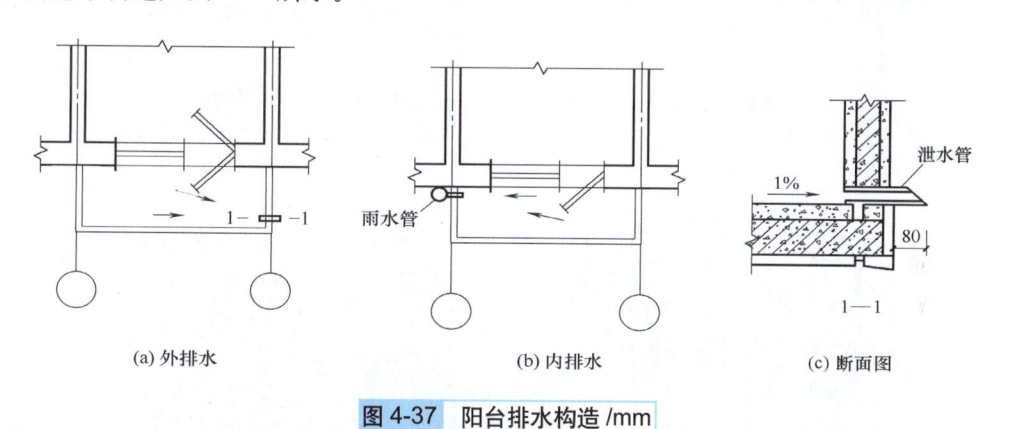

4.5.2 雨篷

雨篷是建筑物入口处和顶层阳台上部用以遮挡雨水，保护外门免受雨水侵蚀而设的水平构件。雨篷多为钢筋混凝土悬挑构件，大型雨篷下常加立柱形成门廊。

雨篷的受力作用与阳台相似，均为悬臂构件，但雨篷仅承担雪荷载、自重及检修荷载，承担的荷载比阳台小，故雨篷的截面高度较小。一般把雨篷板与入口过梁浇筑在一起，形成有过梁挑出的板，出挑长度一般以 1～1.5m 较为经济。挑出长度较大时，一般做成挑梁式，为使底板平整，可将挑梁底板上翻，梁端留出泄水孔。雨篷的构造如图 4-38 所示。

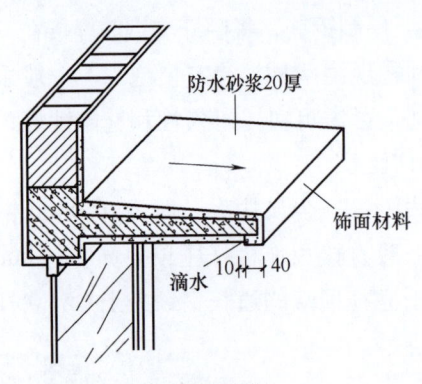

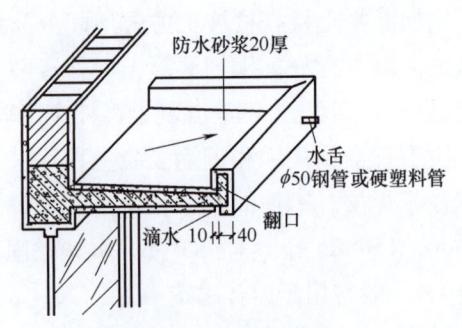

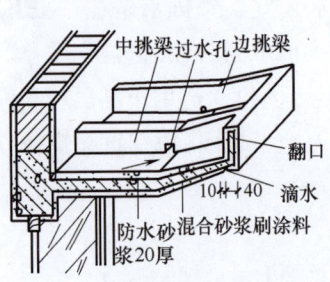

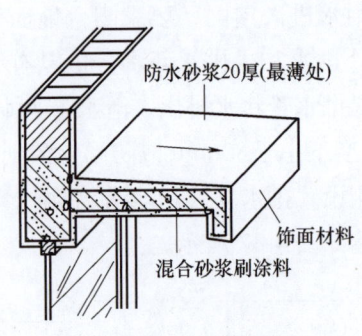

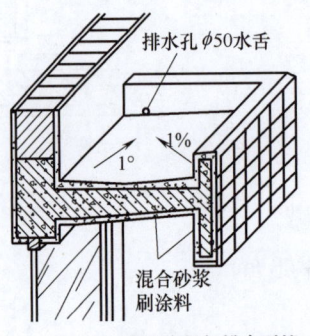

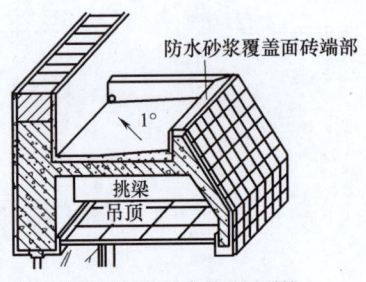

图 4-38 雨篷构造 /mm

雨篷在构造上需解决好两个问题：一是防倾覆，保证雨篷梁上有足够的压重；二是板面上要做好排水和防水。通常沿板四周用砖砌或现浇混凝土做凸檐挡水板，板面用防水砂浆抹面，并向排水口做不应小于1%的坡度。防水砂浆应顺墙上卷至少300mm。

模块 4　楼板层与地面

思考题与习题

一、单选题

1．某建筑物大厅采用现浇钢筋混凝土楼板，那么采用（　　）最为合理。
　　A．板式楼板　　　　　　　　　　B．梁板式楼板
　　C．无梁楼板　　　　　　　　　　D．压型钢板组合楼板

2．某住宅采用现浇钢筋混凝土楼板，下列选项不是现浇钢筋混凝土楼板特点的是（　　）。
　　A．施工速度快、节约模板、缩短工期、减少施工现场的湿作业
　　B．整体性好、抗震性强、防水抗渗性好
　　C．便于留孔洞、布置管线、适应各种建筑平面形状
　　D．模板用量大、施工速度慢、现场湿作业量大、施工受季节影响

3．按楼地面所用材料和施工方式的不同分类，下列不是楼地面类别的是（　　）。
　　A．整体类楼地面　　　　　　　　B．块材类楼地面
　　C．涂料类楼地面　　　　　　　　D．大理石楼地面

4．水磨石楼地面是用水泥做胶结材料，大理石或白云石等中等硬度石料的石屑做骨料混合铺设，经磨光打蜡而成。下列选项不适用水磨石楼地面的是（　　）。
　　A．卫生间　　B．办公室　　　　C．走廊　　　　D．楼梯间

5．细石混凝土楼地面是用水泥、砂和小石子级配而成的细石混凝土做面层，其混凝土强度等级不应低于（　　）。
　　A．C25　　　　B．C35　　　　　C．C30　　　　D．C20

6．块材类楼地面是指利用各种块材铺贴而成的楼地面，按面层材料不同下列选项不是其分类的是（　　）。
　　A．陶瓷板块楼地面　　　　　　　B．石板楼地面
　　C．水泥地面　　　　　　　　　　D．木楼地面

7．关于木楼板下列说法不正确的是（　　）。
　　A．木楼地面按构造方式只有实铺式一种
　　B．一般用于装修标准较高的住宅、宾馆、体育馆、健身房、剧院舞台等建筑中
　　C．木楼地面的主要特点是有弹性、不起灰、不返潮、易清洁、保温性好，但耐火性差，保养不善时易腐朽，且造价较高
　　D．木地板做好后应刷油漆并打蜡，以保护楼地面

8．楼地面为防止房间四周墙脚受水，应将防水层沿周边向上泛起至少（　　）。
　　A．200mm　　B．250mm　　　　C．150mm　　　D．300mm

9．直接式顶棚是指直接在钢筋混凝土楼板下表面喷刷涂料、抹灰或粘贴装修材料的一种构造形式。下列选项不属于直接式顶棚的是（　　）。

  A．直接喷刷涂料顶棚　　　　　　B．抹灰顶棚

  C．开敞式吊顶　　　　　　　　　D．粘贴顶棚

10．阳台作为水平承重构件，其结构形式及布置方式应与楼板结构统一考虑。阳台板是阳台的承重构件。下列选项不是阳台板搁置方案的是（　　）。

  A．搁板式　　B．挑板式　　　　C．搁梁式　　　　D．挑梁式

11．为倚扶舒适和安全，栏杆的高度应大于人体重心高度，一般不易小于（　　），高层建筑的栏杆应加高，但不宜超过（　　）。

  A．1.10m　　B．1.20m　　　　C．1.05m　　　　D．1.25m

二、多选题

1．现浇钢筋混凝土楼板的种类很多，如按受力及传力情况下列选项不正确的是（　　）。

  A．压型钢板组合楼板　　　　　　B．实心平板

  C．空心板　　　　D．梁板式楼板　　　　E．单向板

2．下列建筑部位，可以使用板式楼板的有（　　）。

  A．厕所　　　　　B．走廊　　　　　C．客厅

  D．厨房　　　　　E．楼梯

3．某工程如采用预制钢筋混凝土楼板施工，那么有哪几种楼板形式可供选择（　　）。

  A．槽形板　　　　B．空心板　　　　C．压型钢板组合楼板

  D．实心平板　　　E．无梁楼板

4．关于预制钢筋混凝土，下列说法正确的是（　　）。

  A．直接搁置在墙上的称为板式布置

  B．搁置在钢筋混凝土梁上时，搁置长度不小于60mm

  C．若楼板支承在梁上，梁再搁置在墙上的称为梁板式布置

  D．预制楼板搁置在墙上时，搁置长度不小于100mm

  E．预制楼板搁置在四周柱子上，搁置长度不应小于80mm

5．装配整体式钢筋混凝土楼板是先预制部分构件，然后在现场安装，再以整体浇筑的方法将其连成一体的楼板。下列选项（　　）是它的特点。

  A．整体性好、施工简单、工期较短

  B．避免了现浇钢筋混凝土楼板湿作业量大

  C．施工简便　　　　D．整体性好　　　　E．灵活性较好

6．顶棚按构造做法可分为（　　）两种。

  A．直接式顶棚　　　B．木格栅吊顶　　　C．悬式顶棚

  D．铝合金格栅吊顶　E．平整式顶棚

三、简答题

1. 楼板有哪些类型？其基本组成是什么？各组成部分有何作用？
2. 简述楼板的设计使用要求有哪些。
3. 空心板在安装前应进行什么工序？这样做的目的是什么？
4. 地面由哪几部分组成？各层的作用是什么？设计时应该满足哪些方面的要求？
5. 楼地面在构造上应采取哪些防水措施？
6. 阳台有哪些类型？
7. 雨篷的构造要点有哪些？
8. 如何处理阳台的防水？

四、实训题

(1) 题目：预应力空心板的布置。

(2) 目的要求。

通过对预应力空心板的布置，掌握布板方案的选择，了解预应力空心板的安装节点构造；同时掌握板缝的调节及处理方式，训练绘制知识和识读施工图的能力。

(3) 设计条件。

① 某砖混住宅建筑的底层平面（局部）如图 4-39 所示。

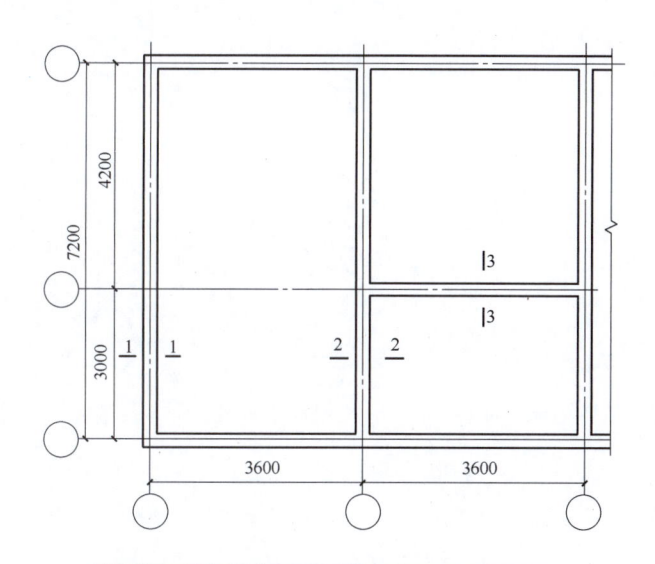

图 4-39　某砖混住宅建筑的底层平面（局部）

② 采用砖墙承重，内墙厚度 240mm，外墙厚度由学生按当地习惯做法自定，如 240mm、370mm、490mm 等。

③ 钢筋混凝土预应力空心板的类型可在设计参考资料（标准图集）中选定。

④ 室内楼地面做法由学生按当地习惯自行确定。

(4) 设计内容要求。

① 设计内容。按给定的住宅平面图选择承重方案，要求：

a. 绘制楼层平面板安装布置平面图 (比例为 1∶100)。

b. 结合当地情况，参考预应力空心板通用图集，绘制 1—1、2—2、3—3 剖面节点构造详图 (比例均为 1∶10)。

② 绘图要求：

a. 用 3 号图纸绘图 (禁用扫描图纸)，用铅笔绘制。图中线条、材料符号等要求符合建筑制图标准。

b. 要求字体工整，线条粗细分明。

模块 5　楼　　梯

【学习目标】

- 掌握楼梯的分类。
- 掌握楼梯的尺度。
- 掌握钢筋混凝土楼梯的构造。
- 了解楼梯细部构造的一般知识。
- 掌握台阶和坡道的构造做法。
- 了解电梯和自动扶梯的形式和构造要求。

【核心概念】

楼梯的分类、楼梯的尺度、楼梯的构造、台阶、散水。

【引子】

　　楼梯成为现代住宅中复式、错层和别墅以及多层建筑物的垂直交通工具。但在当今装饰风格越来越受人们所重视的同时,楼梯也成为建筑空间艺术的点睛之笔。时尚、精致、典雅、气派的楼梯已不再单纯是上下空间的交通工具,而是融洽了家居的血脉,成为家居装饰中的一道亮丽的风景,也成为家居的一件灵动的艺术品。设计楼梯时合理利用空间,巧妙地选择装饰,可使居室产生最佳装饰艺术效果,既满足人们使用功能的要求,又可以给人以美的享受。接下来,让我们带着鉴赏的眼光来学习本章的内容。

5.1 楼梯的类型及设计要求

5.1.1 楼梯的类型

1. 按楼梯的材料分

楼梯按材料分为木楼梯、钢筋混凝土楼梯、钢楼梯、组合材料楼梯等，如图5-1所示。

（1）木楼梯的防火性能较差，施工中需做防火处理，表面需要用涂料防腐，目前很少采用。

（2）钢筋混凝土楼梯有现浇和装配式两种，它的强度高，耐久，防火性能好，可塑性强，可满足各种建筑使用要求，目前被普遍采用。

（3）钢楼梯的强度大，有独特的美感，但防火性能差，噪声较大，主要用于厂房和仓库。

（4）组合材料楼梯由两种或多种材料组成，如钢木楼梯等，它可兼有各种楼梯的优点。

按楼梯的材料分.ppt

(a) 木楼梯　　(b) 钢筋混凝土楼梯　　(c) 金属楼梯

(d) 混合式钢玻璃楼梯　　(e) 混合式钢木楼梯　　(f) 混合式钢木悬挂楼梯

图 5-1　各种结构材料的楼梯

2. 按楼梯的位置分

楼梯按位置分为室内楼梯和室外楼梯。

3. 按楼梯的使用性质分

楼梯按使用性质分为主要楼梯、辅助楼梯、疏散楼梯、消防楼梯。

4. 按楼梯间的平面形式分

楼梯按楼梯间的平面形式分为开敞楼梯间、封闭楼梯间、防烟楼梯间，如图 5-2 所示。

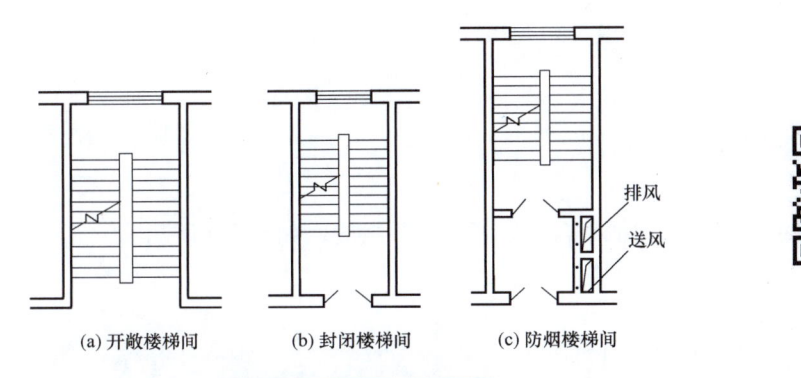

(a) 开敞楼梯间　(b) 封闭楼梯间　(c) 防烟楼梯间

图 5-2　楼梯间的平面形式

5. 按楼梯的平面形式分

楼梯按平面形式分为单跑楼梯、双跑直楼梯、三跑楼梯、双跑平行楼梯、双分平行楼梯、双合平行楼梯、转角楼梯、双分转角楼梯、弧线楼梯、螺旋楼梯、交叉楼梯、剪刀楼梯等，楼梯的部分平面形式如图 5-3 所示。

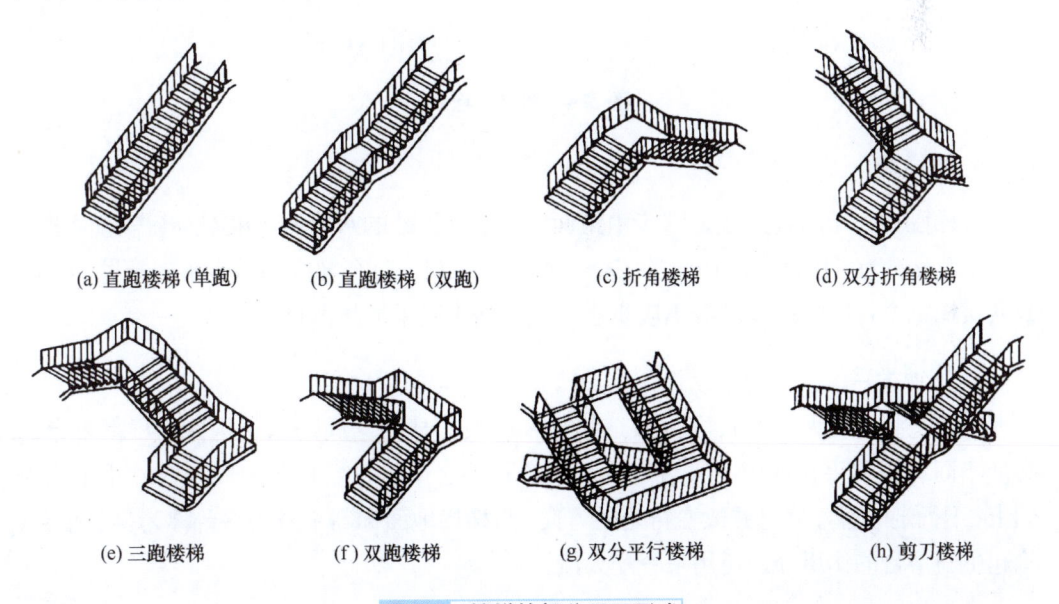

(a) 直跑楼梯（单跑）　(b) 直跑楼梯（双跑）　(c) 折角楼梯　(d) 双分折角楼梯

(e) 三跑楼梯　(f) 双跑楼梯　(g) 双分平行楼梯　(h) 剪刀楼梯

图 5-3　楼梯的部分平面形式

(i) 圆形楼梯　　　　　　(j) 螺旋楼梯

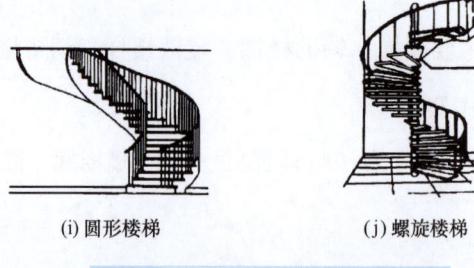

图 5-3　楼梯的部分平面形式（续）

5.1.2 楼梯的组成

楼梯一般由楼梯段、楼梯平台、栏杆和扶手组成，如图 5-4 所示。

(a) 楼梯的组成剖面图　　　　(b) 楼梯的组成细部图

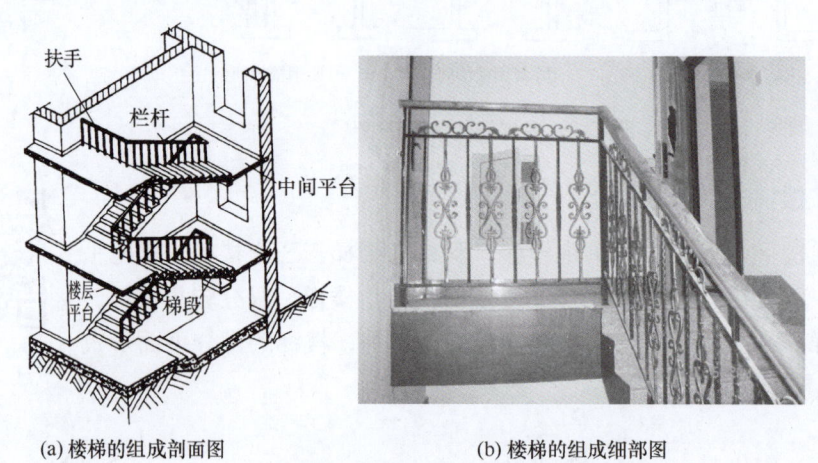

图 5-4　楼梯的组成

1. 楼梯段

楼梯段由若干踏步组成，踏步由踏面（行走时脚踏的水平面）和踢面（与踏面垂直的面）组成。为了保证人流通行的安全、舒适和美观，每个梯段的踏步不应超过 18 级，公共楼梯每个梯段的踏步级数不应少于 2 级，踏步应采取防滑措施。

2. 楼梯平台

平台是指连接两个梯段之间或连接楼梯梯段与楼面之间的水平构件，根据平台的高度不同有楼层平台和中间平台之分。两个楼层之间的平台称为中间平台，用来供人们上、下行走时暂停休息并改变行走的方向。与楼层地面标高平齐的平台称为楼层平台，除起中间平台的作用外，还用来分配人流。

3. 栏杆与扶手

为了保证楼梯上、下行人的安全，公共楼梯应至少于单侧设置扶手，梯段净宽达 3 股人流的宽度时应两侧设置扶手，达 4 股人流时宜加设中间扶手。

5.1.3 楼梯的设计要求

楼梯的数量、平面形式、踏步尺寸、栏杆细部做法等均应能保证满足交通和疏散方面的要求，避免交通拥挤和堵塞。

1. 楼梯的使用功能要求

楼梯设计应满足使用功能和安全疏散的要求。根据楼层中使用人数最多的楼层人数计算楼梯梯段所需的宽度，并按使用功能要求和疏散距离设计楼梯。

2. 楼梯的结构、构造、防火要求

楼梯间应在各层的同一位置，包括地下室、半地下室的楼梯间。在首层应采用耐火极限不低于 2.00h 的隔墙将楼梯间与其他部位隔开并直通室外，当必须在隔墙上开门时，应采用防火等级不低于乙级的防火门。地下室或半地下室与地上层不应共用楼梯间，当必须共用楼梯间时，应在首层与地下或半地下层的出入口处，设置耐火极限不低于 2.00h 的隔墙和防火等级不低于乙级的防火门隔开，并应有明显标志。

5.1.4 楼梯的尺度

1. 楼梯的坡度

楼梯的坡度是指梯段沿水平面倾斜的角度，根据建筑物的使用性质和层高确定。楼梯的坡度越小越平缓，行走也越舒适，但同时扩大了楼梯间的进深，增加了建筑物的面积和造价。因此，在选择楼梯坡度时应根据具体情况，合理地选择并使其满足使用性和经济性要求。

楼梯的坡度一般在 20°～45°，30°是楼梯最适宜的坡度，梯段的最大坡度不宜超过 38°，即踏步高度：宽度不大于 0.7813。爬梯的范围在 45°以上，一般在建筑物中通往屋顶、电梯机房等处采用。当坡度在 10°～20°时称为台阶，坡度小于 10°时称为坡道，过去为了方便运送病人，在医院中采用坡道，现在电梯在建筑物中被大量采用，坡道只在室外使用。坡道的坡度在 1∶12 以下的属于平缓坡道；坡道的坡度在 1∶10 以上时，应设防滑措施。

楼梯的坡度有两种表示方法，一种是用楼梯段和水平面的夹角表示，另一种是用踏面和踢面的投影长度之比表示。

楼梯、爬梯及坡道的坡度范围如图 5-5 所示。

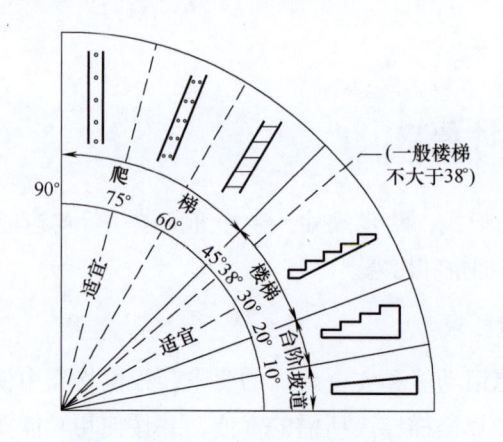

图 5-5　楼梯、爬梯、坡道的坡度范围

2. 踏步尺度

踏步尺度是指踏步的宽度和踏步的高度，踏步的高宽比根据人流行走的舒适度、安全性、楼梯间的尺度和面积等因素决定。根据建筑楼梯模数协调标准，楼梯踏步的高度不宜大于 210mm，且不宜小于 140mm；楼梯踏步的宽度应采用 220mm、240mm、260mm、280mm、300mm、320mm，必要时可采用 250mm。每个梯段的踏步宽度、高度应一致，相邻梯段踏步高度差不应大于 0.01mm，且踏步面应采取防滑措施。

踏步的宽度和高度可按经验公式求得

$$b+2h=600 \sim 620mm \text{ 或者 } b+h=450mm$$

式中，b 为踏步的宽度；h 为踏步的高度。

楼梯踏步的尺度一般根据经验数据确定，如表 5-1 所示。

表 5-1　楼梯踏步最小宽度和最大高度 (m)

楼梯类别	最小宽度	最大高度
以楼梯作为主要垂直交通的公共建筑、非住宅类居住建筑的楼梯	0.26	0.165
住宅建筑公共楼梯、以电梯作为主要垂直交通的多层公共建筑和高层建筑裙房的楼梯	0.26	0.175
以电梯作为主要垂直交通的高层和超高层建筑楼梯	0.25	0.180

注：表中公共建筑及非住宅类居住建筑不包括托儿所、幼儿园、中小学及老年人照料设施。

楼梯踏步的宽度受到楼梯间进深的限制时，可将踏步挑出 20 ~ 30mm，使踏步实际宽度大于其水平投影宽度，但挑出尺寸过大会给行走带来不便，踏步细部尺寸如图 5-6 所示。

(a) 踏步　　　　　(b) 加做踏口　　　　　(c) 踢面倾斜

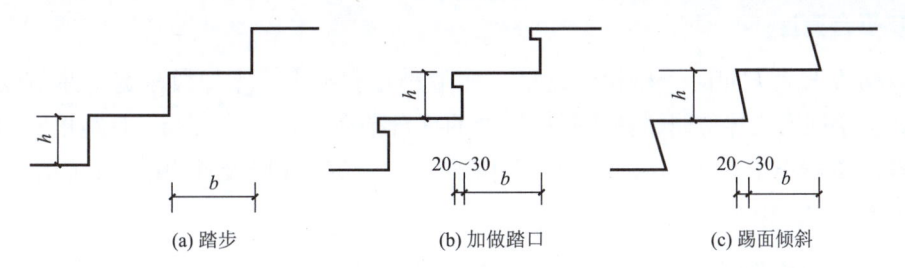

图 5-6　踏步细部尺寸 /mm

主要疏散楼梯和疏散通道的台阶不宜采用螺旋楼梯和扇形踏步，当采用螺旋楼梯和扇形踏步时，踏步上、下两级所形成的平面角度不应大于 10°，并且每级距内侧扶手中心 250mm 处的踏步宽度不小于 220mm 时才可以用于疏散，螺旋楼梯的踏步尺寸如图 5-7 所示。

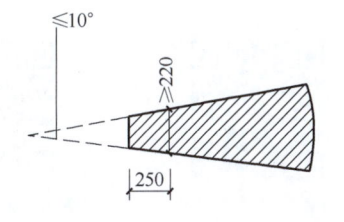

图 5-7　螺旋楼梯的踏步尺寸 /mm

3. 楼梯段宽度

楼梯段宽度根据建筑的类型和层数、通行人数的多少和建筑防火的要求确定。当公共楼梯单侧有扶手时，梯段净宽应按墙体装饰面至扶手中心线的水平距离计算；当公共楼梯两侧有扶手时，梯段净宽应按两侧扶手中心线之间的水平距离计算。除应符合防火规范的规定外，供日常主要交通用的公共楼梯的梯段最小净宽应根据建筑物使用特征，按人流股数和每股人流宽度为 0.55m 确定，并不应少于 2 股人流的宽度。0 ~ 0.15m 为人流在行进中人体的摆幅，公共建筑中人流众多的场所应取上限值。靠墙扶手边缘距墙面完成面净距不应小于 40mm。楼梯段的宽度和梯段与平台的尺寸关系如图 5-8 所示。

梯段尺寸 .mp4

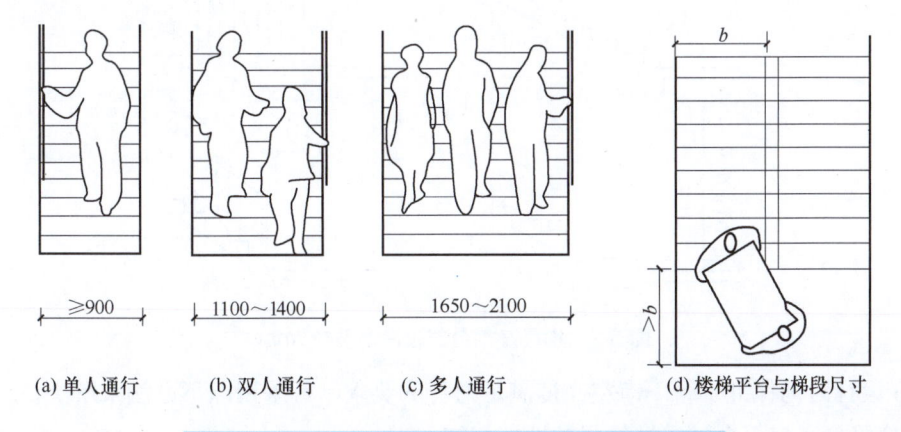

(a) 单人通行　　(b) 双人通行　　(c) 多人通行　　(d) 楼梯平台与梯段尺寸

图 5-8　楼梯段的宽度和梯段与平台的尺寸关系 /mm

4. 平台宽度

当梯段改变方向时，楼梯休息平台的最小宽度不应小于梯段净宽，并不应小于 1.2m；当中间有实体墙时，扶手转向端处的平台净宽不应小于 1.3m。直跑楼梯的中间平台宽度不应小于 0.9m。公共楼梯正对（向上、向下）梯段设置的楼梯间门距踏步边缘的距离不应小于 0.6m。

5. 楼梯井的宽度

两楼梯段之间的空隙称为楼梯井。其一般是为了楼梯施工方便而设置的，宽度为 60～200mm。公共建筑的楼梯井净宽一般大于 150mm；当少年儿童专用活动场所的公共楼梯井净宽大于 0.2m 时，应采取防止少年儿童坠落的措施。

楼梯井的宽度 .ppt

梯井、楼梯扶手 .mp4

6. 栏杆扶手的高度

扶手的高度是指从踏步前缘线到扶手表面的垂直高度。其高度一般根据人体重心的高度和楼梯坡度的大小等因素确定。室内楼梯栏杆扶手高度不应小于 900mm；室外楼梯栏杆扶手高度不应小于 1100mm。儿童使用的楼梯栏杆扶手一般在 500～600mm 处设置。

7. 楼梯的净空高度

楼梯净高度 .mp4

楼梯的净空高度包括楼梯段间的净高和平台过道处的净空高度。我国规定，楼梯段间的净高不应小于 2.2m，平台过道处的净空高度不应小于 2.0m，起止踏步前缘与顶部凸出物内边缘线的水平距离不应小于 0.3m，如图 5-9 所示。

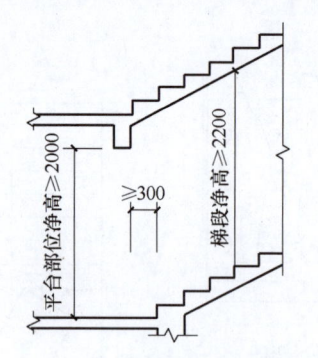

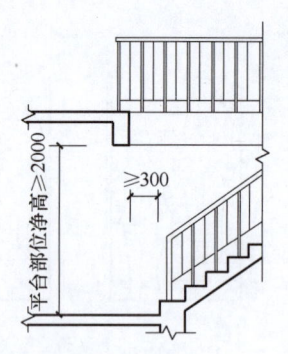

图 5-9　梯段及平台部位净高要求 /mm

在设计时为保证平台下净空高度满足通行的要求，可采用以下办法来解决。

(1) 降低入口平台过道处的局部地坪标高。

(2) 提高底层中间平台的高度，增加第一段楼梯的踏步数，形成长短跑梯段。

(3) 以上两种方法结合使用。

(4) 底层采用直跑梯段直接从室外上至二层。楼梯间入口处净空尺寸的调整方法示意图如图 5-10 所示。

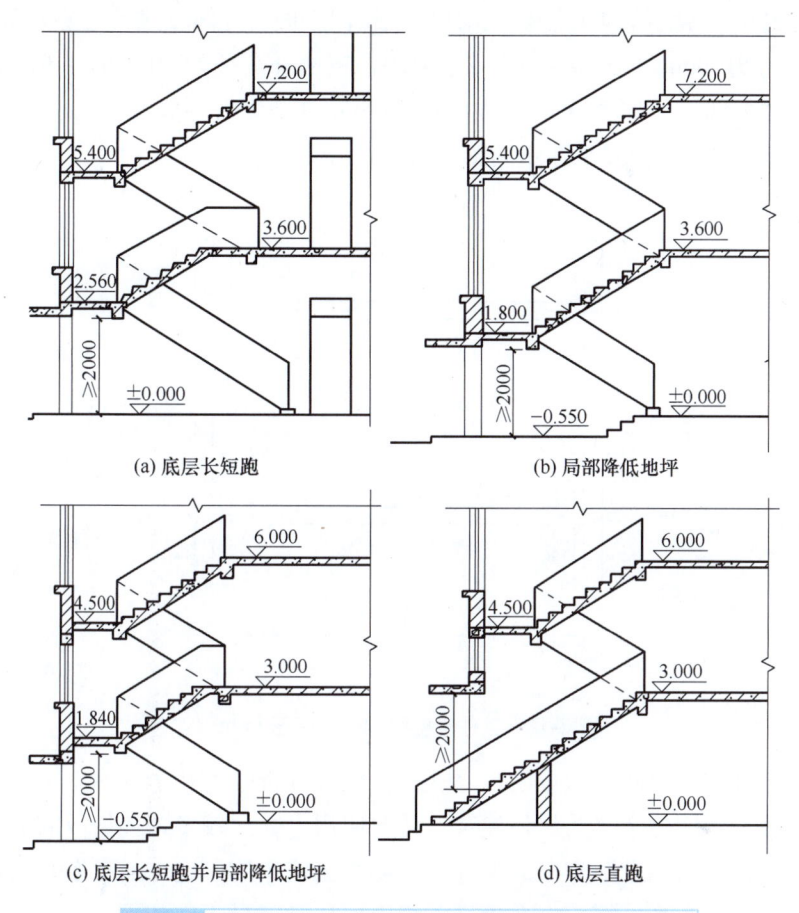

(a) 底层长短跑

(b) 局部降低地坪

(c) 底层长短跑并局部降低地坪

(d) 底层直跑

图 5-10　楼梯间入口处净空尺寸的调整方法示意图 /mm

8. 楼梯设计步骤和方法

掌握了楼梯的一般尺度及设计要求之后，便可以着手进行楼梯设计。

楼梯设计工作就是要根据建筑物的用途和使用功能以及建筑物等级的不同，在一个特定的空间（楼梯间的开间、进深、层高尺寸所限定的空间）内，合理地设计出楼梯的平面形式、楼梯段的坡度、踏步的级数、踏面和踢面的尺寸、楼梯段的宽度和长度、楼梯休息平台的宽度、楼梯井的宽度以及楼梯各部位的通行净高等。在建筑初步设计阶段，以上设计工作也会反过来进行，也就是说，首先根据建筑物的用途和使用功能以及建筑物等级的不同，来确定楼梯的平面形式、坡度以及所有部位的尺寸，然后由此而确定该楼梯间的开间、进深、层高的合理尺寸。需要注意的是，在这种情况下，楼梯间的开间、进深、层高尺寸一般都不能单独地确定下来，而要兼顾除建筑物楼梯间以外的其他空间的开间、进深、层高的要求而综合起来予以确定。

下面将通过具体的实例来讨论和介绍楼梯的设计步骤和方法。

某单元式 6 层砖混结构住宅楼，封闭式楼梯间平面。开间轴线尺寸为 2700mm，进深轴线尺寸为 5100mm，层高尺寸为 2700mm，室内外高差为 800mm，楼梯间首层设疏散外门。楼梯间外墙厚 360mm，内墙厚 240mm，轴线内侧墙厚均为 120mm。试设计此楼梯。该住宅楼楼梯间平面示意图如图 5-11 所示。

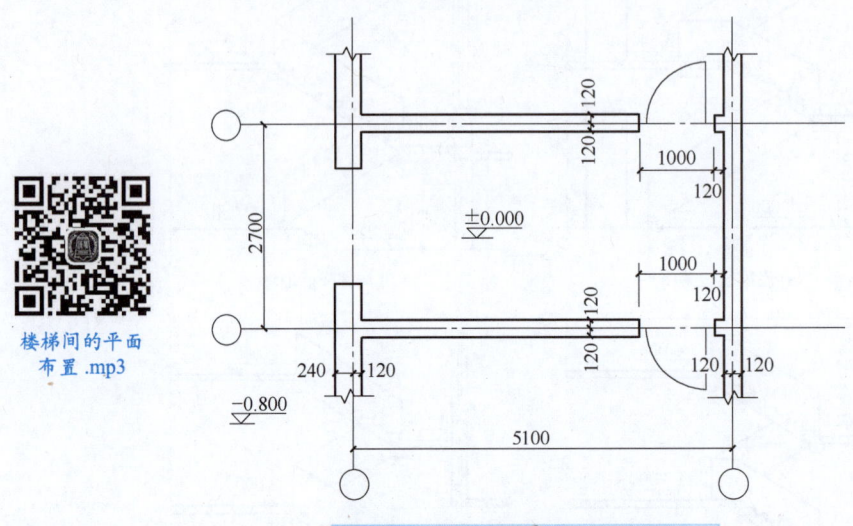

图 5-11 某住宅楼楼梯间平面图 /mm

在具体地确定楼梯间各部位的尺寸之前，先来分析以下几个问题。第一，楼梯段的坡度要合理，本例住宅楼为居住建筑，楼梯使用人数比较多，楼梯段的坡度不宜取得过小；第二，开间和进深方向的尺寸计算要减去墙体的厚度，通行净高的尺寸计算则要扣除平台梁的高度；第三，在满足首层中间休息平台下部的通行要求时，首先可采用降低室内地坪的办法，但要特别注意的是，应至少在室外保留一步高度不低于 100 mm 的台阶，以避免地面雨水倒灌室内；第四，注意楼层平台和休息平台宽度取值的差别。开敞式平面的楼梯间与封闭式平面的楼梯间，由于在能否借用走廊的宽度来满足通行要求上的不同，其楼层平台和休息平台宽度的取值标准也不一样。

为了使楼梯设计工作既快捷又合理，这里介绍一种设计方法，可以概括为"七步骤设计法"。七步骤设计法又可分为两个阶段，第一个阶段为前四个步骤，主要是根据设计要求和以往的经验，事先确定（假定）一些楼梯的基本数据，为下一阶段的设计做准备工作；第二个阶段为后三个步骤，主要是在前四步设计的基础上，分别对楼梯间开间、进深、层高（通行净高）三个方向的布置进行验算，以检验第一个阶段所假定的基本数据是否合理。验算结果合理，楼梯设计就此结束；如果验算结果不合理，就要重新调整前面所假定的基本数据，再按同样的设计步骤进行验算，直到出现合理的结果为止。

下面是按"七步骤设计法"进行设计的实例。

(1) 确定(假定)楼梯段踏步尺寸 b、h。

参照表 5-1 中的住宅建筑类型的数据，取踏面宽 b=280mm，踢面高 h=170mm。此时
$$h/b=170/280=0.607$$

此坡度值换算成角度即为 31°16′，对于居住建筑的楼梯段来说，是一个比较适宜的坡度值。

(2) 计算每个楼层的踏步数 N。
$$N=2700/170=15.88 \text{ 步}$$

由于楼梯段的踏步数必须是整数值，否则，会出现每个踏步踢面高 h 不等值的不合理现象，因此，取每楼层的踏步数 N=16 步，并依此重新计算踢面高 h' 的数值以及楼梯段的坡度值。

计算结果如下：
$$h'=H/N=2700/16=168.75\text{mm}$$
$$h'/b=168.75/280=0.603$$

此坡度值换算成角度即为 31°05′，仍在合理值范围之内。

(3) 确定楼梯的平面形式并计算每跑楼梯段的踏步数 n。

本例仍采用双跑平行式的楼梯平面形式。因此，每跑楼梯段的踏步数
$$n=N/2=16/2=8 \text{ 级}$$

每跑楼梯段 8 级踏步，小于 18 级，大于 3 级，符合基本要求。

(4) 计算楼梯间平面净尺寸。

根据所列的已知条件，参照图 5-11 的平面尺寸关系，可以得到如下尺寸。

开间方向的平面净尺寸
$$2700-120\times 2=2460\text{mm}$$

进深方向的平面净尺寸
$$5100-120\times 2=4860\text{mm}$$

(5) 开间方向的验算。

取楼梯井宽度 B_1=60mm，则楼梯段的宽度尺寸
$$B=(2460-60)/2=1200\text{mm}$$

楼梯段 1200mm 的宽度满足居住建筑楼梯段最小宽度限制的要求。

(6) 通行净高的验算。

根据所列的已知条件，按半层高度计算，首层中间休息平台的标高为 1.350m，考虑平台梁的结构高度为 220mm(按其跨度的 1/12 左右并依据模数要求确定)后，平台梁下部的通行净高只有 1.130m。为满足通行净高 2.000m 的要求，首先将室外部分台阶移入室内，即在室外保留 100mm 高的一步台阶，其余 700mm 设成四步台阶并移入室内以降低室内地坪，这样，平台梁下部的通行净高达到 1.130+0.700=1.830m。再将首

层高度内的双跑楼梯段的踏步数由原来的 8+8 步调整为 9+7 步,第一跑楼梯段增加的一步踏步使平台梁下部的通行净高又增加了 0.170m,达到 1.830+0.170=2.000m,符合通行净高的标准。将以上设计结果列成计算式,则有

$$168.75 \times 9+175 \times 4–220=1998.75 \sim 2000mm$$

对二层中间休息平台下部的通行净高的验算式列出如下:

$$168.75 \times 8+168.75 \times 7–220=2311.25mm$$

计算结果表明,该处的通行净高仍满足要求。

(7) 进深方向的验算。

考虑到住宅楼建筑的楼梯通行宽度较窄和楼梯休息平台处搬运家具转弯等因素的需要,取中间休息平台的宽度 D=1350 mm,略大于楼梯段的宽度 B=1200 mm,则三种不同长度的楼梯段(9 级、8 级、7 级)在楼层休息平台处的通行宽度 D 可由下列计算式分别得出。

首层平台处(9 级楼梯段)

$$D_1=4860 –280 \times (9 –1) –1350=1270mm$$

二层及以上各层楼层平台处(8 级楼梯段)

$$D_1=4860 –280 \times (8 –1) –1350=1550mm$$

二层楼层平台处(7 级楼梯段)

$$D_1=4860 –280 \times (7 –1) –1350=1830mm$$

以上三种情况的计算结果表明,楼层休息平台的通行宽度(计算结果最小值为 1270mm)既能满足不小于楼梯段通行宽度的要求,又能满足此处宽度为 1000mm 的住户门及门两侧 120mm 长的门垛和一定的缓冲距离设置的需要。

以上全部验算结果均符合要求,楼梯设计完成。

图 5-12 所示为本例设计结果的平面图和剖面图。

知识拓展

楼梯是建筑物上、下层之间联系的垂直交通设施,所以楼梯的数量、位置等要求应满足消防规范要求,即使在设有电梯和自动扶梯的情况下,也必须同时设置疏散楼梯。

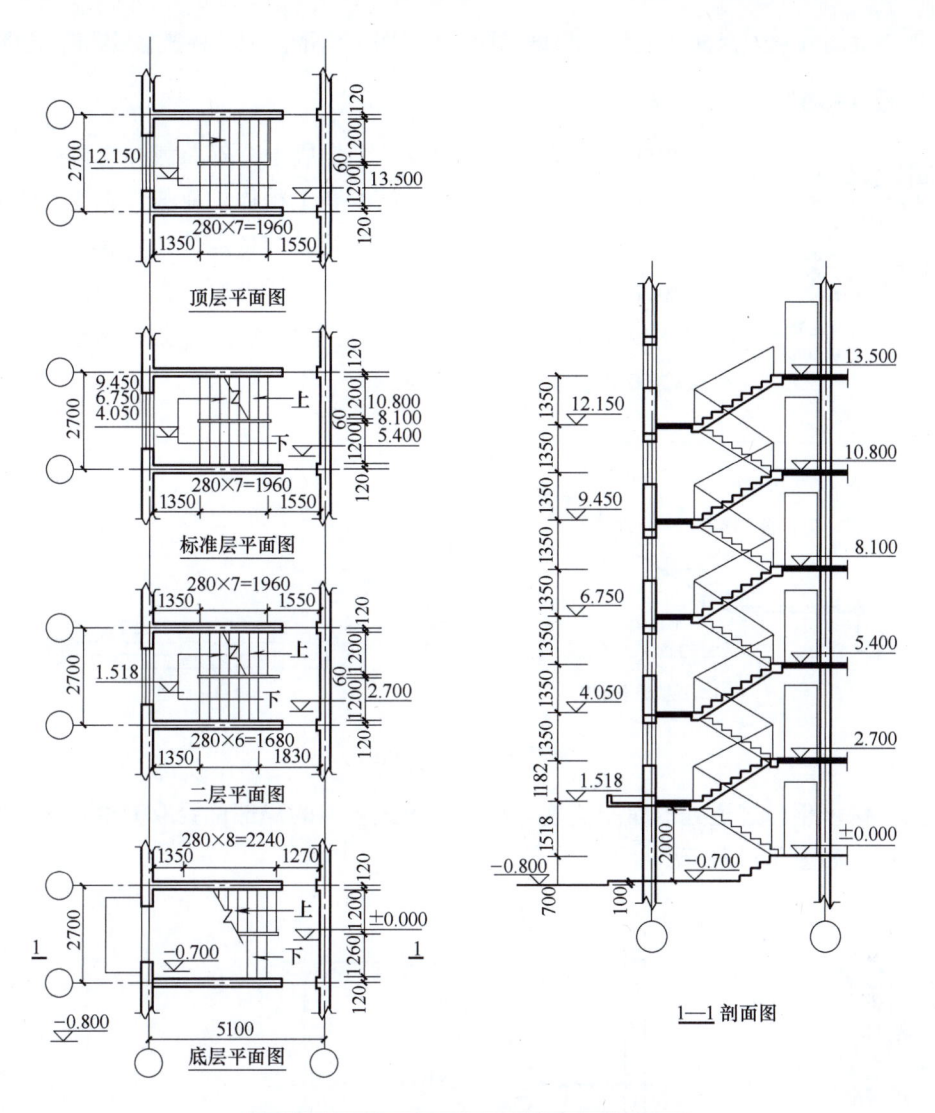

图 5-12 设计结果的平面图和剖面图 /mm

5.2 钢筋混凝土楼梯构造

5.2.1 现浇钢筋混凝土楼梯构造

现浇钢筋混凝土楼梯结构整体性好，能适应各种楼梯间平面和楼梯形式，充分发挥钢筋混凝土的可塑性；但在施工时需要现场支模、绑扎钢筋，具有模板耗费较大、施工进度慢、自重大等缺点。

现浇钢筋混凝土楼梯构造形式根据梯段的传力路径不同,分为板式楼梯和梁式楼梯。

1. 板式楼梯

板式楼梯是指由楼梯段承受梯段上全部荷载并将荷载传递至两端的平台梁上的现浇式钢筋混凝土楼梯。荷载传递方式为荷载→踏步→梯段板→平台梁→墙或柱。其特点是结构简单,受力简单,施工方便,底面平整。但板式楼梯板厚、自重大,用于跨度在3000mm以内时较经济。其适用于荷载较小、层高较小的建筑。板式楼梯示意图如图5-13所示。

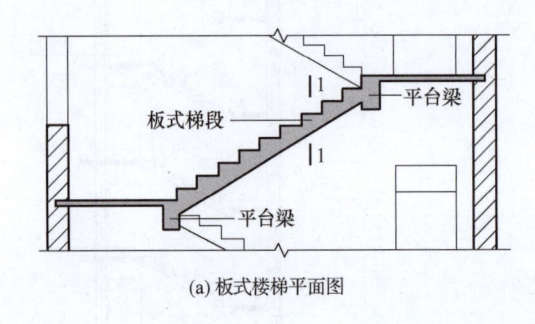

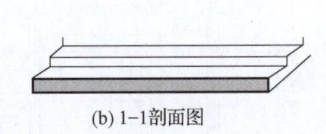

图 5-13 板式楼梯

为了保证平台过道处的净空高度,可以在板式楼梯的局部位置取消平台梁,称为折板楼梯,如图5-14所示。

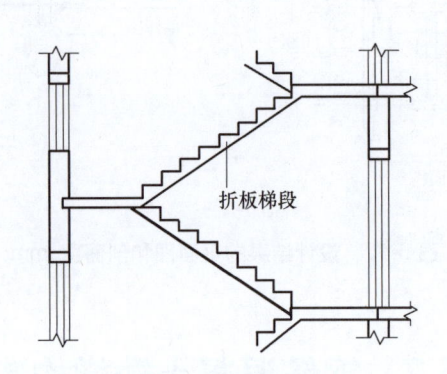

图 5-14 折板楼梯

2. 梁式楼梯

梁式楼梯是由斜梁承受梯段上全部荷载的楼梯。荷载传递方式为荷载→踏步→斜梁→平台梁→墙或柱,梁式楼梯适用于荷载较大、层高较大的建筑,其构造示意图如图5-15所示。

梁式楼梯的斜梁一般设置在踏步板的下方,从梯段侧面就能看见踏步,俗称明步楼梯,如图5-16(a)所示。这种楼梯在梯段下部形成梁的暗角,容易积灰,梯段侧面经常被清洗地面的脏水污染，影响美观。也可把斜梁设置在踏步板上面的两侧，形成暗步楼梯，如图 5-16(b) 所示。这种楼梯弥补了明步楼梯的缺陷，梯段板下面平整，但由于斜梁宽度要满足结构要求，宽度较大，从而使梯段净宽变小。

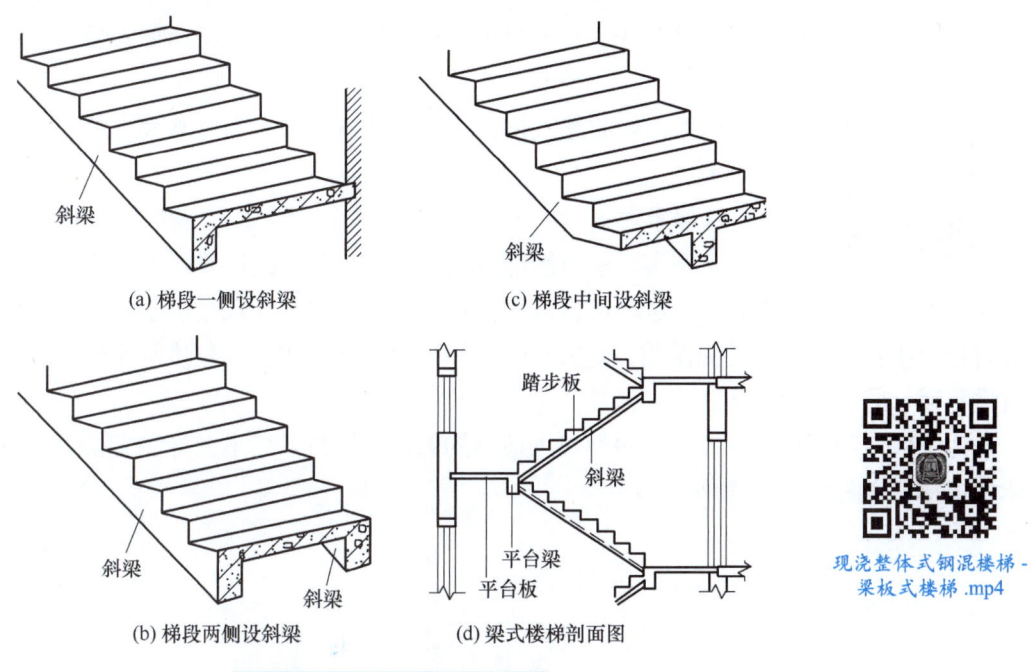

图 5-15 梁式楼梯构造示意图

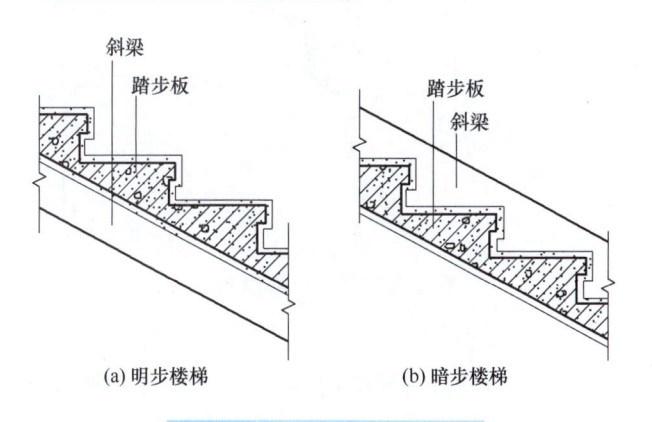

图 5-16 明步楼梯和暗步楼梯

5.2.2 装配式钢筋混凝土楼梯构造

装配式钢筋混凝土楼梯是在预制厂或施工现场进行预制的，施工时将预制构件进行焊接、装配。与现浇钢筋混凝土楼梯相比，其施工速度快，有利于节约模板，提高施工速度，减少现场湿作业，并且还有利于建筑工业化，但其刚度和稳定性较差，在抗震设防地区少用。

装配式钢筋混凝土楼梯根据施工现场吊装设备的能力分为小型构件装配式楼梯和大中型构件装配式楼梯。

1. 小型构件装配式楼梯

小型构件装配式楼梯的构件小，便于制作、运输和安装，但施工速度较慢，适用于施工条件较差的地区。

小型构件装配式楼梯按其构造方式可分为墙承式、梁承式和悬臂式。

1) 墙承式

墙承式是指预制钢筋混凝土踏步板直接搁置在墙上的一种楼梯形式，这种楼梯由于在梯段之间有墙，导致搬运家具不方便，同时也使得视线、光线受到阻挡，让人感到空间狭窄。墙承式楼梯整体刚度较差，对抗震不利，施工也较麻烦。

为了采光和扩大视野，可在中间墙上适当的部位留洞口，墙上最好装有扶手。墙承式楼梯示意图如图 5-17 所示。

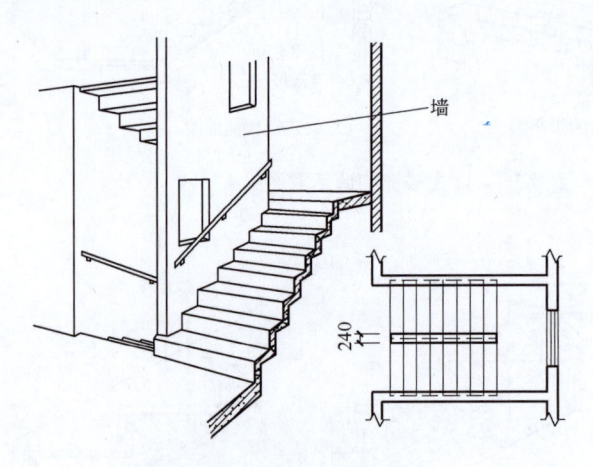

图 5-17　墙承式楼梯 /mm

2) 梁承式

梁承式是指梯段有平台梁支承的楼梯构造方式，一般在大量性民用建筑中较为常用。安装时将平台梁搁置在两边的墙和柱上，斜梁搁在平台梁上，斜梁上搁置踏步。斜梁做成锯齿形截面和矩形截面两种，斜梁与平台用钢板焊接牢固，如图 5-18 所示。

3) 悬臂式

悬臂式是指预制钢筋混凝土踏步板一端嵌固于楼梯间侧墙上，另一端悬挑的楼梯形式，悬臂式楼梯的踏步板构造如图 5-19 所示。

悬臂式钢筋混凝土楼梯无平台梁和梯段斜梁，也无中间墙，楼梯间空间较通透，结构占空间少，但楼梯间整体刚度较差，不能用于有抗震设防要求的地区，并且其施工较麻烦，现已很少采用。

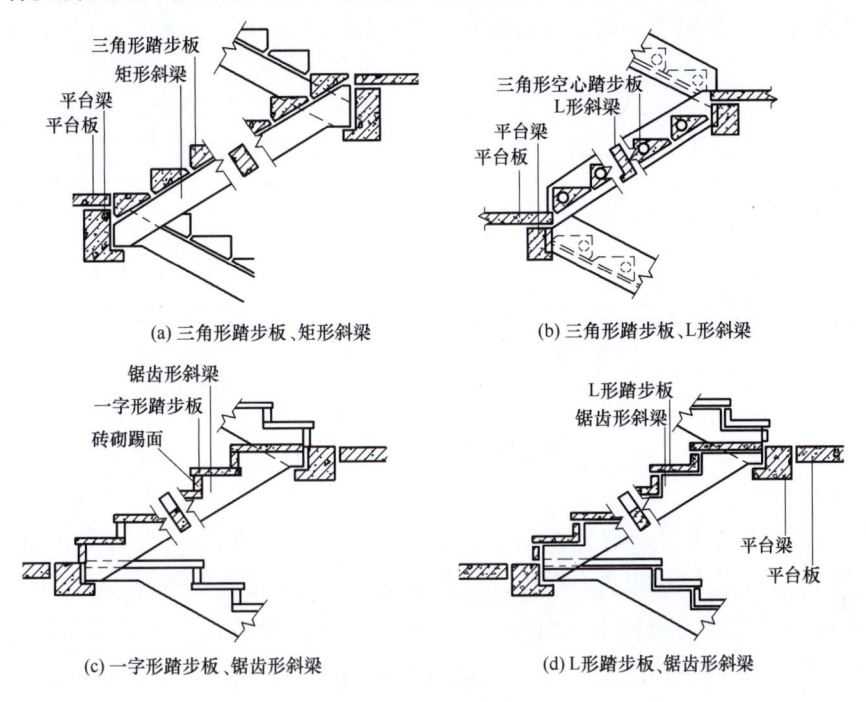

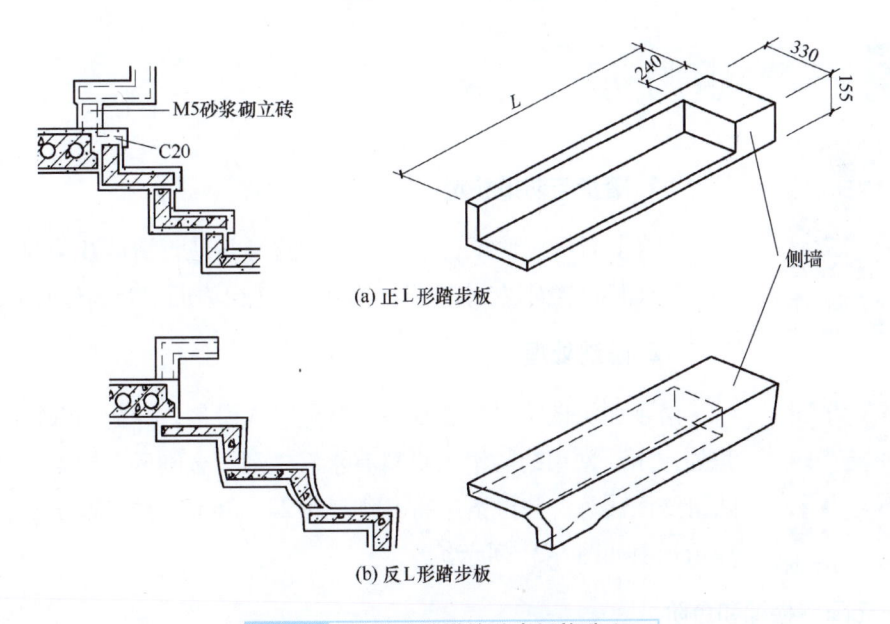

图 5-18 梁承式楼梯
(a) 三角形踏步板、矩形斜梁
(b) 三角形踏步板、L形斜梁
(c) 一字形踏步板、锯齿形斜梁
(d) L形踏步板、锯齿形斜梁

图 5-19 悬臂式楼梯的踏步板构造 /mm
(a) 正L形踏步板
(b) 反L形踏步板

2. 中型、大型构件装配式楼梯

1）平台板

平台板根据需要采用钢筋混凝土空心板、槽板和平台板。平台上有管道井的地方，不应布置空心板。平台板平行于平台梁布置时,有利于加强楼梯间的整体刚度;垂直于平台梁布置时,常用小平板,平台板布置方式如图5-20所示。

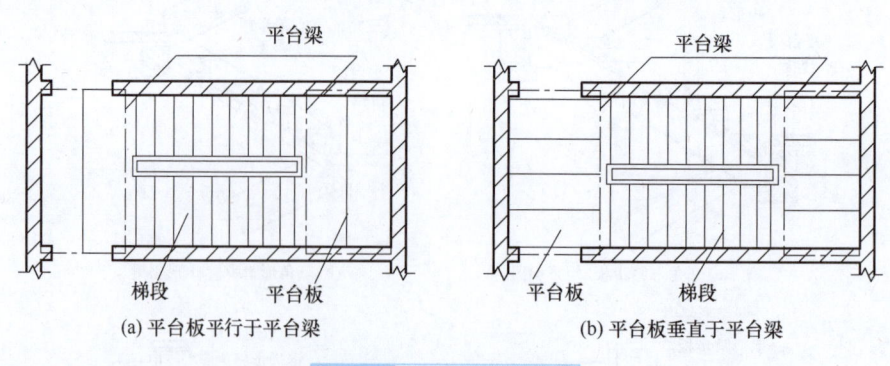

图 5-20 平台板布置方式

(a) 平台板平行于平台梁　　(b) 平台板垂直于平台梁

2) 梯段

板式梯段有空心和实心之分,实心梯段加工简单,但自重较大;空心梯段自重较小,多为横向留孔。板式梯段的底面平整,适合在住宅、宿舍建筑中使用。

梁式梯段是把踏步板和边梁组合成一个构件,多为槽板式。为了节约材料、减小其自重,对踏步截面进行改造,主要采取踏步板内留孔,把踏步板踏面和踢面相交处的凹角处理成小斜面,做成折板式踏步。

5.2.3　楼梯的细部构造

1. 踏步与防滑构造

踏步面层应便于行走、耐磨、防滑并易于清洁及美观,常见的有水泥砂浆面层、水磨石砂浆面层、花岗岩面层及大理石面层等。

2. 防滑处理

踏步面层做防滑处理是为了避免行人滑倒,并起到保护踏步阳角的作用。常用的防滑条材料有水泥铁屑、金刚砂、铝条、铜条及防滑踏面砖等。防滑条应高出踏步面2~3mm,踏步面层及防滑处理示意图如图5-21所示。

3. 无障碍楼梯和台阶

(1) 无障碍楼梯应考虑残疾者和行动不便的老年人的使用要求,楼梯与台阶的设置形式应采用有休息平台的双跑平行式或三跑式,并在距离踏步起点和终点250~300mm处设置盲道提示,如图5-22所示。梯段的设计应充分考虑拄杖者及视力残疾者使用时的舒适感及安全感,其坡度宜控制在35°以下,公共建筑梯段宽度不应小于

1500mm，居住建筑梯段宽度不应小于1200mm，每梯段踏步数应在3～18级范围，且保持相同的步高，梯段两侧均设置扶手，做法同坡道扶手。

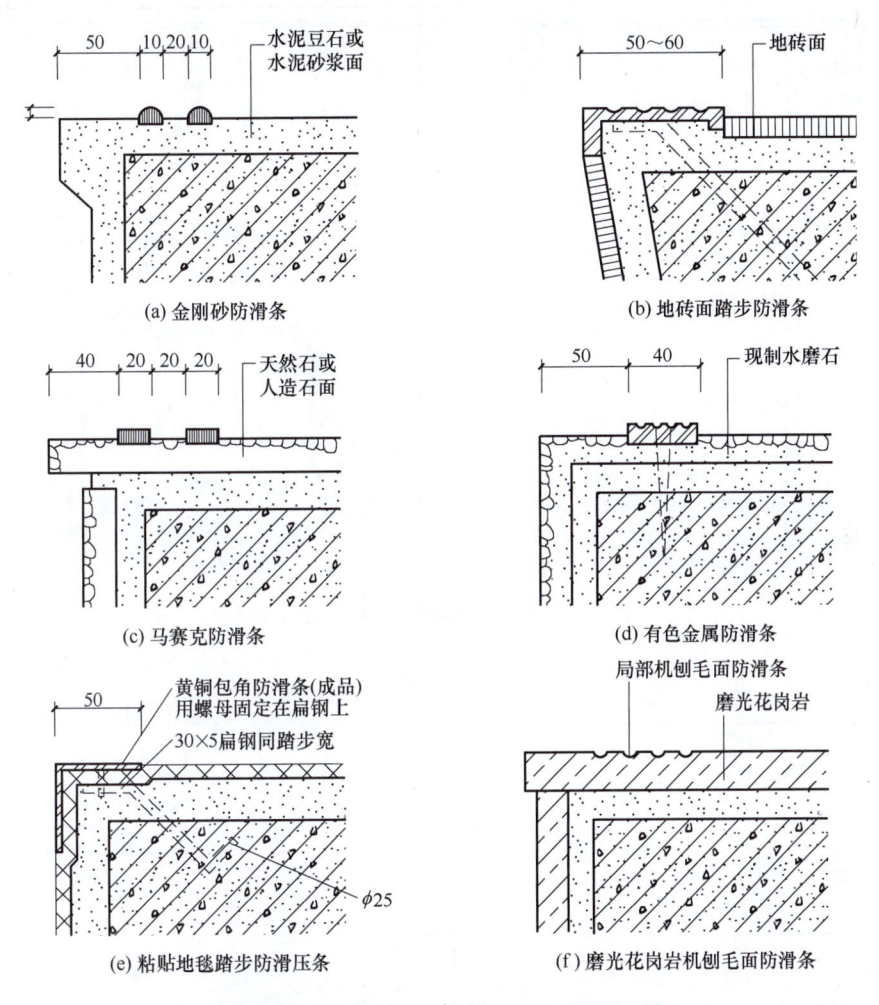

图 5-21　踏步面层及防滑处理示意图 /mm

（2）踏步形状应为无直角突出，踢面完整，左右等宽，临空一侧设立缘、踢脚板或栏板，踏面不应积水并做防滑处理，防滑条突出向上不大于5mm，踏步的安全措施如图 5-23 所示。

（3）上、下平台的宽度除满足公共楼梯的要求外，其宽度还不应小于1500mm（不含导盲石宽），导盲石内侧距起止步距离为300mm或不小于踏面宽。

4. 栏杆与扶手构造

1）栏杆的形式和材料

栏杆的形式可分为空花式、栏板式、混合式等类型。空花式栏杆具有质量小、空透轻巧的特点，一般用于室内楼梯，如图 5-24 所示。栏板是实心的，有钢筋混凝土预制板或现浇板、钢丝抹灰栏板、砖砌栏板，常用于室外楼梯。混合式是空花式和栏板式两种栏杆形式的组合。

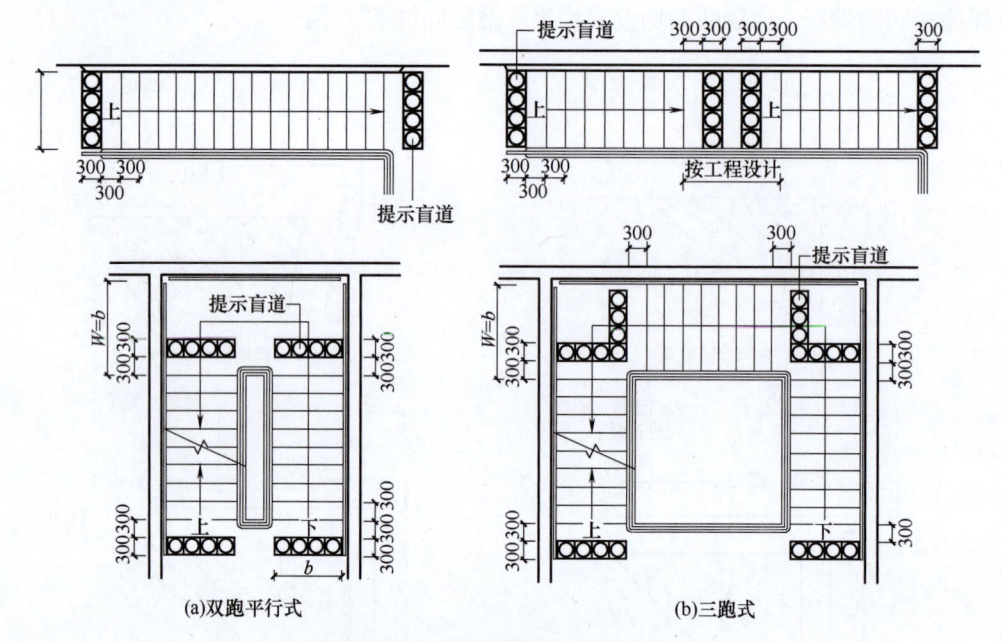

(a)双跑平行式　　(b)三跑式

图 5-22　无障碍楼梯和台阶形式 /mm

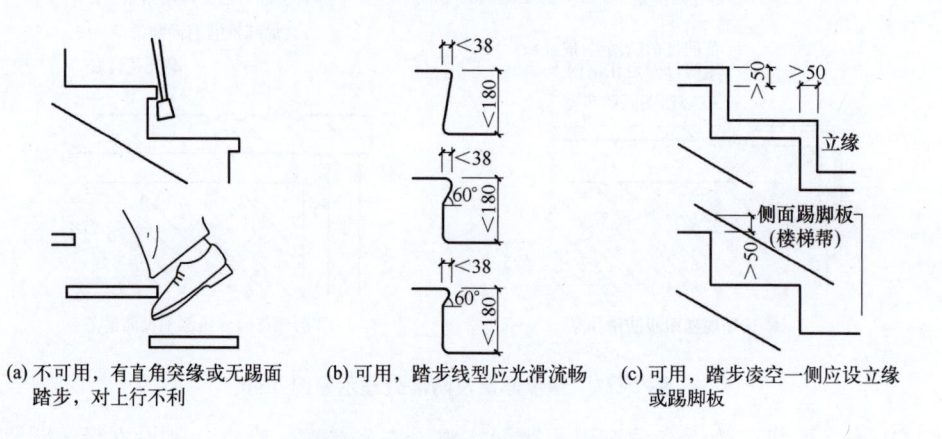

(a) 不可用，有直角突缘或无踢面踏步，对上行不利
(b) 可用，踏步线型应光滑流畅
(c) 可用，踏步凌空一侧应设立缘或踢脚板

图 5-23　踏步的安全措施 /mm

2) 栏杆和踏步的连接

(1) 锚固连接：把栏杆端部做成开脚插入踏步预留孔中，然后用水泥砂浆或细石混凝土嵌牢，如图 5-25(a)、(b) 所示。

(2) 焊接：栏杆焊接在踏步的预埋钢板上，如图 5-25(c)、(e)、(g) 所示。

(3) 栓接：栏板靠螺栓刚接在踏步板上，如图 5-25(d)、(f) 所示。

3) 扶手的构造

(1) 扶手与栏杆的连接：空花式和混合式栏杆采用木材或塑料扶手时，一般在栏杆竖杆顶部设通长扁钢并与扶手底面或侧面槽口进行榫接，然后用木螺钉固定。金属管材扶手与栏杆竖杆进行连接时，一般采用焊接或铆接，采用焊接时需注意扶手与栏板竖杆用材一致。

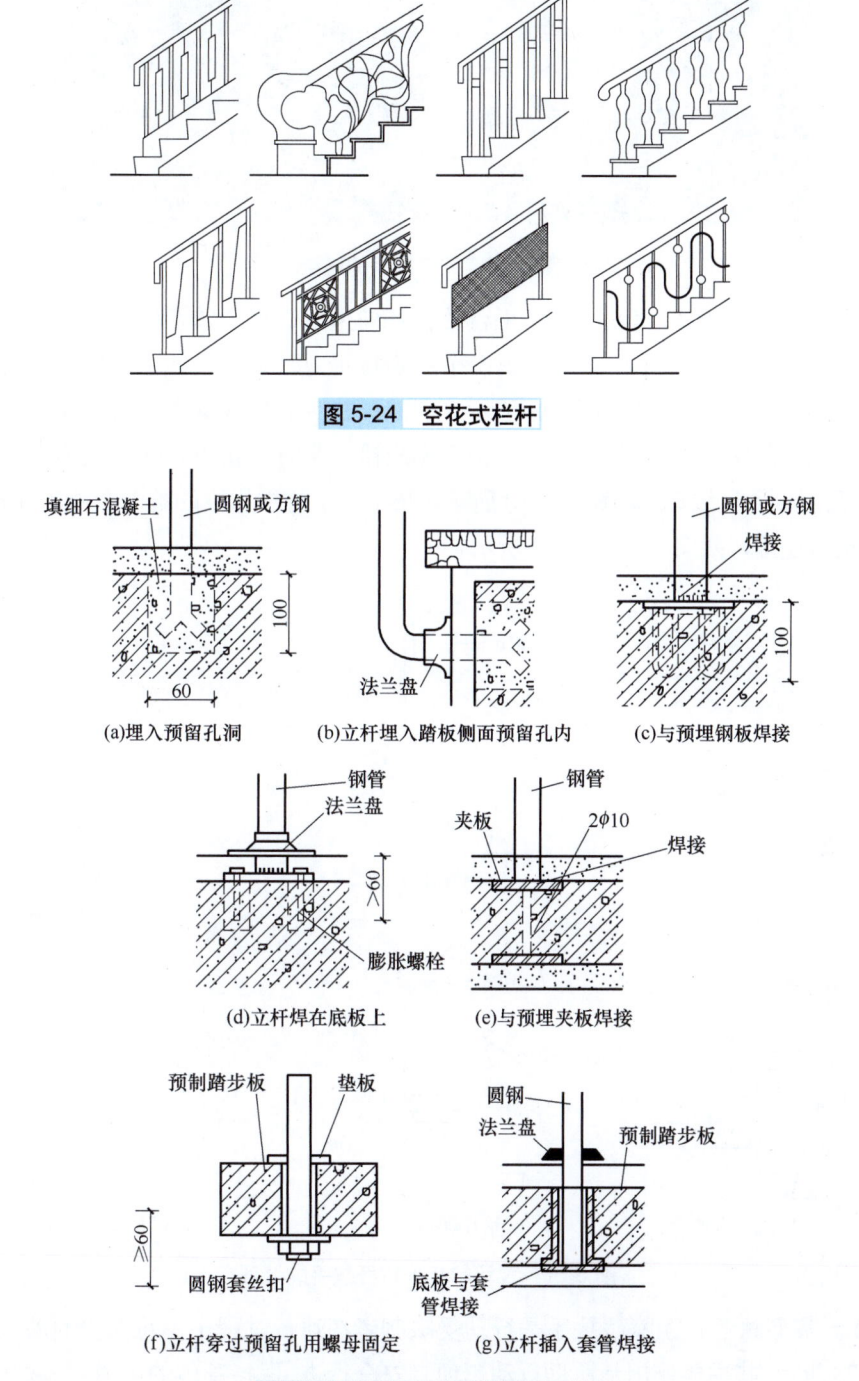

图 5-24 空花式栏杆

图 5-25 栏杆与踏步的连接 /mm

(2) 扶手与墙面的连接：靠墙扶手与墙的刚接是预先在墙上留洞口，然后再安装开脚螺栓，并用细石混凝土填实，或在混凝土墙中预埋扁钢，用锚杆固定，如图5-26所示。

图 5-26　靠墙扶手的连接

(3) 栏杆、扶手的转弯处理：将平台处栏杆向里缩进半个踏步距离，可顺当连接，如图5-27(a)所示；上、下行楼梯的第一个踏步口平齐时，两段扶手需延伸一段再连接或做成"鹤颈"扶手，如图5-27(b)所示；因鹤颈扶手制作较麻烦，也可改用直线转折的硬接方式，如图5-27(c)所示；当上、下梯段错一步时，扶手在转折处不需要向平台延伸即可自然断开连接，如图5-27(d)所示；将上、下行楼梯段的第一个踏步互相错开，扶手可顺当连接，如图5-27(e)、(f)所示。

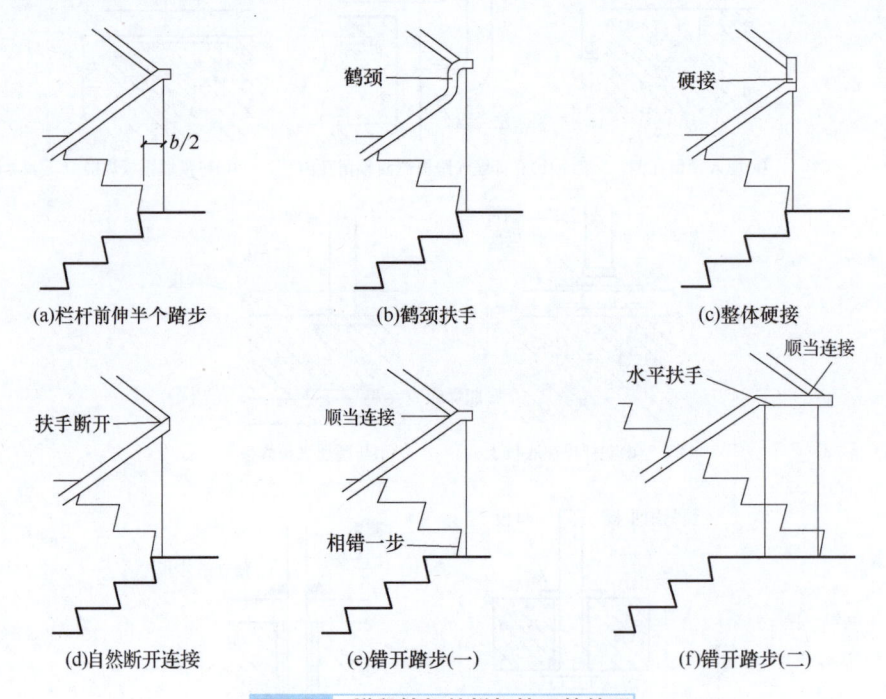

(a) 栏杆前伸半个踏步　　(b) 鹤颈扶手　　(c) 整体硬接

(d) 自然断开连接　　(e) 错开踏步(一)　　(f) 错开踏步(二)

图 5-27　梯段转折处栏杆扶手的处理

(4) 无障碍扶手：无障碍扶手是行动受限制者在通行过程中不可缺少的助行设施，如图5-28所示。其主要作用是协助行动不便者安全行进，保持身体的平衡。在坡道、台阶、楼梯的两边应设置扶手，并保持连贯。扶手安装的高度为850mm，公共楼梯应设置上、下两层扶手，下层扶手高度为650mm。为了确保通行安全和平稳，扶手在楼梯的起步和终止处应向外延伸300mm，在扶手靠近末端处设置盲文标志牌，告知视残者楼层和目前所在位置的信息。

图 5-28 无障碍扶手

5.3 台阶和坡道

5.3.1 台阶

台阶是在室外或室内的地坪或楼层不同位置设置的供人行走的阶梯。其位置明显，人流较大，在设计时既要满足使用要求，又要考虑它的安全性和舒适性。

室外台阶 .mp4　　台阶 .ppt

台阶的踏步比室内楼梯踏步坡度小，踏步的高度为 100～150mm，宽度为 300～350mm。在台阶与建筑物出入口大门之间，需设一缓冲平台，作为室内外空间的过渡。缓冲平台的深度一般不应小于 1000mm，缓冲平台需设排水坡度，以利于雨水的排除，缓冲平台的设置及台阶尺度如图 5-29 所示。考虑有无障碍设计坡道时，出入口平台的深度一般不应小于 1500mm。台阶踏步数不应少于 2 级，当踏步数不足 2 级时，应按人行坡道设置。室外台阶的设置要满足防水、防冻、防滑的要求，可用天然石材、混凝土等作为台阶原料，面层材料应根据建筑设计决定。

混凝土台阶由面层、结构层和垫层三部分组成。面层材料应选择防滑和耐久的材料，可采用水泥砂浆、细石混凝土、水磨石等材料，也可采用缸砖和石材贴面。垫层的做法与地面垫层做法相似，一般采用灰土、三合土或碎石、碎砖以及混凝土等。

室外台阶高度超过 1m 时，需要设置栏杆、花池等防护措施。在人流密集的场所，当台阶高度超过 0.70m 并侧面临空时，应设置防护设施。

严寒地区的台阶还需考虑地基土冻胀因素，可用含水率低的砂石垫层换土至冰冻线以下。台阶的分类及构造示意图如图 5-30 所示。

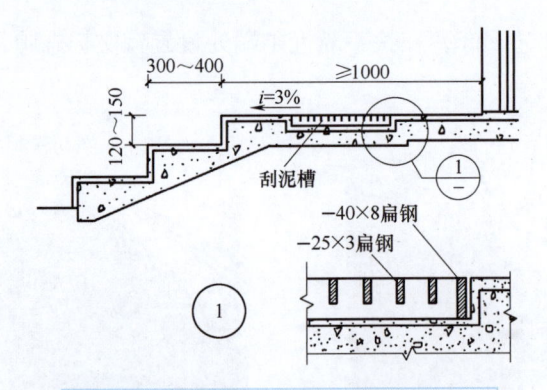

图 5-29 缓冲平台的设置及台阶尺度 /mm

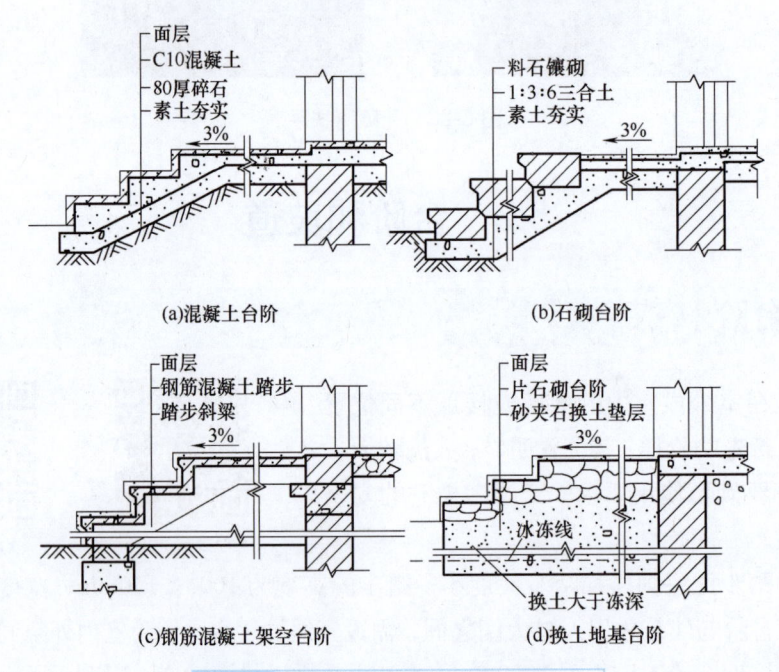

图 5-30 台阶的分类及构造示意图 /mm

5.3.2 坡道

坡道是连接不同标高的楼面、地面,供人行或车行的斜坡式交通道。坡道按其用途不同分为行车坡道和轮椅坡道两类。坡道地面构造做法如图 5-31 所示。

坡道的坡度用高度与长度之比来表示,一般为 1:8～1:12。室内坡道坡度不宜大于 1:8,室外坡道坡度不宜大于 1:10。坡道的坡度、坡段高度和水平长度的最大容许值,如表 5-2 所示。

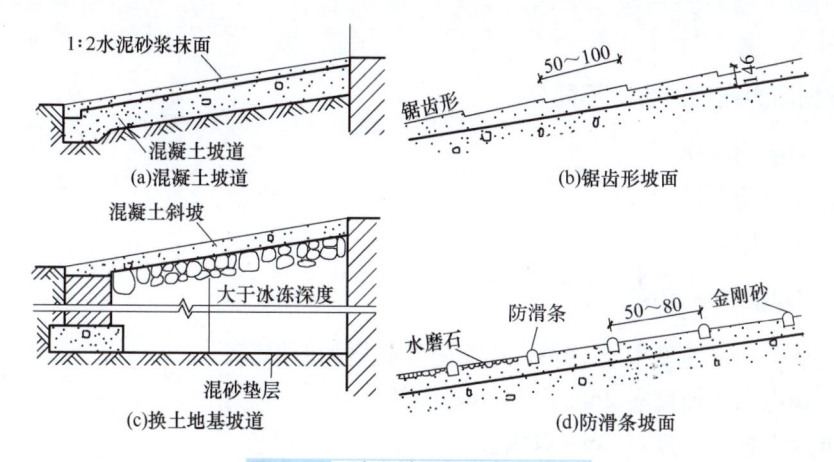

图 5-31 坡道地面构造做法 /mm

表 5-2 坡道的坡度、坡段高度和水平长度的最大容许值 (mm)

坡度	1/20	1/16	1/12	1/10	1/8	1/6
坡段最大高度	1500	1000	750	600	350	200
坡段水平长度	30 000	16 000	9000	6000	2800	1200

坡道面在设置时要考虑防滑，当坡度较大时，坡道面每隔一段距离设防滑条或做成锯齿形，以达到防滑的效果。

为方便残疾人通行而设置的坡道类型，根据场地条件的不同可分为一字形、L 形、U 形、一字多段式坡道等。每段坡道的坡度、坡段高度和水平长度以方便通行为准则。为保证安全及方便残疾人上、下坡道，应在坡道两侧增设扶手，起步应设 300mm 长水平扶手。为避免轮椅撞击墙面及栏杆，应在扶手下设置护堤，坡道面层应进行防滑处理。

5.4 电梯及自动扶梯

电梯一般适用于高层建筑中，但由于建筑级别较高或使用的特殊需要，多层建筑往往也需要设置电梯，电梯不得作为安全出口。

5.4.1 电梯的类型

1. 根据电梯的使用性质分

(1) 客梯：用于人们在建筑物中上、下楼层的联系。
(2) 货梯：用于运送货物及设备。
(3) 消防电梯：用于在发生火灾、爆炸等紧急情况下消防人员紧急救援。

2. 根据动力拖动的方式不同分

(1) 交流拖动电梯。
(2) 直流拖动电梯。
(3) 液压电梯。

3. 根据电梯行驶速度分

(1) 高速电梯：速度大于 2m/s，梯速随层数增加而提高。
(2) 中速电梯：速度在 2m/s 以下，1m/s 以上。
(3) 低速电梯：速度在 1m/s 以内。

4. 其他特殊类型

(1) 观景电梯具有垂直运输和观景双重功能，适用于高层宾馆、商业建筑等公共建筑，观景电梯在建筑物中的设置应选择使乘客获得最佳观赏角度的位置。
(2) 无机房电梯无须设置专用机房，将驱动主机安装在井道或轿厢上，控制柜安装在维修人员能接近的位置。
(3) 液压电梯适用于行程高度小、机房不设在顶部的建筑物。

5.4.2 电梯的设计要求

客梯的位置应该设置在主要入口和明显的位置，且不应在转角处邻近位置布置。在电梯附近宜设有安全楼梯，以备人员上、下楼和安全疏散。

设置电梯的建筑，楼梯仍需按常规做法设置。高层公共建筑和高层非住宅类居住建筑的电梯台数不应少于 2 台；建筑内设有电梯时，至少应设置 1 台无障碍电梯。

5.4.3 电梯的组成

1. 井道

电梯井道是电梯轿厢运行的通道，其平面净空尺寸根据选用的电梯型号确定，井道壁多为钢筋混凝土或框架填充墙。电梯构造组成如图 5-32 所示。

电梯轿厢在井道中运行，上、下都需要一定的空间供吊缆装置和检修需要。电梯井道在顶层停靠必须有 4.5m 以上的高度，底层以下需要留有不小于 1.4m 深度的地坑，供电梯缓冲之用。井道有防潮要求，当地坑的深度达到 2.5m 时，应设置检修爬梯和必要的检修照明电源等。井道的围护结构具有防火性能，其耐火极限不低于 2.5h。井道内严禁铺设可燃气体、液体管道。

为了便于日常通风和发生火灾时能将烟和热气排至室外，应在井道顶部和中部适当位置及坑底处设置不小于 300mm×600mm 或其面积不小于井道面积 3.5% 的通风口。

电梯在启动和停层时噪声较大，会对井道周边的房间产生影响。为了减少噪声，井道外侧应采取隔声措施。

2. 机房

电梯机房一般设在电梯井道的顶部，电梯机房的尺寸根据机械设备的安排和管理维修的需要确定，机房屋顶在电梯吊缆正上方设置时，需设置受力梁或吊钩，以便起吊轿厢和重物。

3. 轿厢

电梯轿厢直接载人或载货，其内部用材应考虑美观、耐用、易清洗等要素。轿厢用金属框架结构，内部用光洁有色金属板壁面或金属穿孔壁面、花格钢板地面等作为内饰材料。

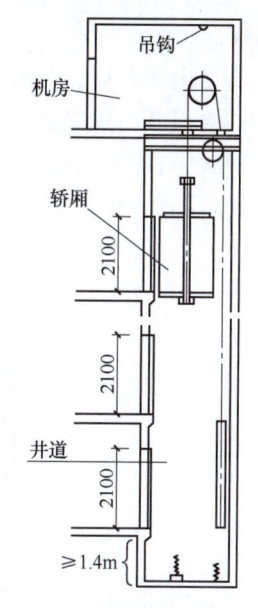

图 5-32　电梯的组成示意图 /mm

5.4.4　自动扶梯

自动扶梯是一种连续运行的垂直交通设施，承载力大，安全可靠，适用于地铁、航空港、商场、码头等公共场所。自动扶梯的运行原理是采用机电技术，由电动马达变速器和安全制动器共同组成的推动单元来拖动两条环链，每级踏板都与环链连接，通过轧辊的滚动，踏板沿轨道循环运行。

自动扶梯.mp4

自动扶梯可用于室内或室外。自动扶梯常见的坡度有 27.3°、30°、35°，自动扶梯运行速度一般为 0.45～0.75m/s，常见的运行速度为 0.5m/s。自动扶梯的宽度有 600mm、800mm、1000mm、1200mm 等。自动扶梯的载客能力较强，可达到 4000～10 000 人 /h。

自动扶梯的布置方式如下所述。

(1) 并联排列式：如图 5-33(a) 所示，楼层交通乘客流动连续，外观豪华，但安装面积大。

(2) 平行排列式：如图 5-33(b) 所示，楼层交通不连续，但安装面积小。

(3) 串联排列式：如图 5-33(c) 所示，楼层交通乘客流动连续。

(4) 交叉排列式：如图 5-33(d) 所示，客流连续且不发生混乱，安装面积小。

自动扶梯的机械装置悬在楼板梁上，楼层下作装饰外壳处理，底部做成地坑。在机房上部自动扶梯口处应有可拆卸的金属活动地板供检修之用。在室内每层自动扶梯开口处，四周敞开的部位须设防火卷帘及水幕喷头。自动扶梯停运时不得作为安全疏散楼梯。

为防止乘客头、手探出自动扶梯栏板受伤，自动扶梯和自动人行道与平行墙面间、扶手与楼板开口边缘即相邻平行梯的扶手带的水平距离不应小于0.5m。当不能满足上述距离时，在外盖板上方设置一个无锐利边缘的垂直防碰挡板，以保证安全，位于中庭中的自动扶梯临空部位应采取防止人员坠落的措施。

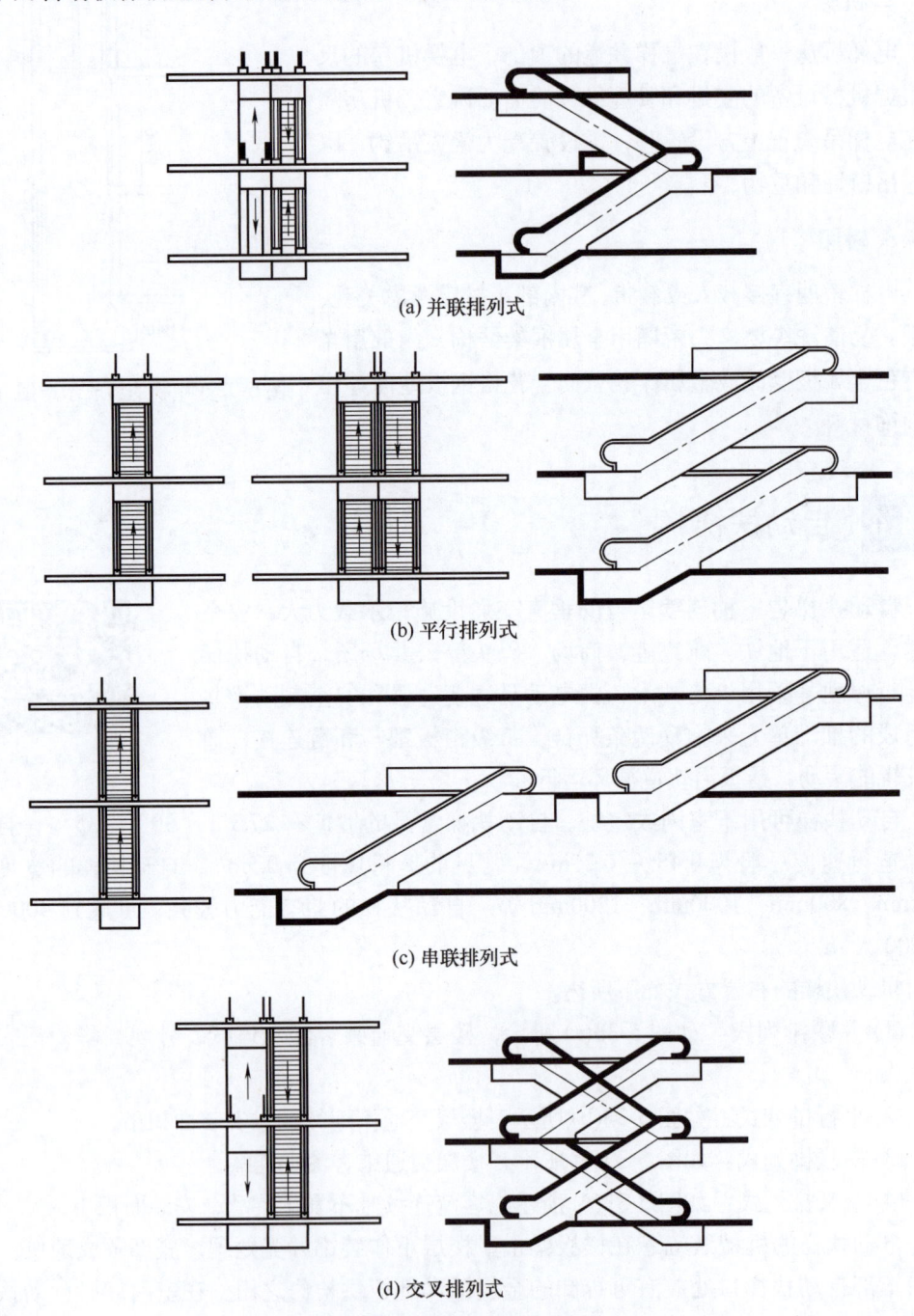

(a) 并联排列式

(b) 平行排列式

(c) 串联排列式

(d) 交叉排列式

图 5-33　自动扶梯的布置方式

5.4.5 消防电梯

消防电梯是在发生火灾时运送消防人员及消防设备，抢救受伤人员用的垂直交通工具，根据国家有关规定设置。

消防电梯电梯间应设前室，居住建筑前室的面积不应小于 4.5m²，公共建筑前室的面积不应小于 6.0m²。与防烟楼梯间共用前室时，居住建筑前室的面积不应小于 6.0m²，公共建筑前室的面积不应小于 10.0m²。前室的短边不应小于 2.4m。

消防电梯门口采取防水措施，井底应设排水设施，排水井容量应大于或等于 2.0m³。

下列建筑均应设置消防电梯，且每个防火分区可供使用的消防电梯不应少于 1 部：建筑高度大于 33m 的住宅建筑；25 层及以上且建筑面积大于 3000m²（包括设置在其他建筑内第五层及以上楼层）的老年人照料设施；一类高层公共建筑和建筑高度大于 32m 的二类高层公共建筑。

5.4.6 无障碍电梯

在大型公共建筑和高层建筑中，无障碍电梯是伤残人最适用的垂直交通设施。考虑残疾人乘坐电梯的方便，在设计中应将电梯靠近出入口布置，并有明显标志。候梯厅的面积不小于 1500mm×1500mm，轮椅进入轿厢的最小面积为 1400mm×1100mm，电梯门宽不小于 800mm。自动扶梯的扶手端部应留不小于 1500mm×1500mm 的轮椅停留及回转空间。

思考题与习题

一、单选题

1. 楼梯是联系建筑上、下层的垂直交通设施，下列说法不正确的是（　　）。
   A．钢筋混凝土楼梯强度高，耐久，防火性能好，可塑性强
   B．钢楼梯的强度大，有独特的美感，防火性能好，但噪声较大
   C．组合材料楼梯是由两种或多种材料组成的
   D．木楼梯的防火性能较差，施工中须做防火处理，目前很少采用

2. 楼梯段楼梯由若干踏步组成，踏步由踏面和踢面组成。为了保证人流通行的安全、舒适和美观，楼梯段楼梯的踏步数量应在（　　）。
   A．5～15 级　　　　　　　　　B．3～18 级
   C．3～15 级　　　　　　　　　D．5～18 级

3. 楼梯的坡度是指梯段沿水平面倾斜的角度。楼梯的坡度一般在（　　）。

A．10°～45° B．20°～45°
C．20°～30° D．10°～30°

4．踏步的高宽比根据人流行走的舒适、安全、楼梯间的尺度和面积等因素决定。踏步的宽度和高度应满足公式（　　）。

A．$2b+h$=600～620mm B．$b+2h$=600～650mm
C．$b+2h$=600～620mm D．$2b+h$=600～650mm

5．当楼梯踏步的宽度受到楼梯间进深的限制时，将踏步挑出（　　），使踏步实际宽度大于其水平投影宽度。

A．10～30mm B．20～40mm
C．10～40mm D．20～30mm

6．为了避免行人滑倒，并保护踏步阳角，设置的防滑条应高出踏步面（　　）。

A．2～5mm B．3～5mm
C．2～3mm D．1～3mm

二、多选题

1．楼梯按材料分为（　　）。

A．组合材料楼梯 B．钢楼梯 C．钢筋混凝土楼梯
D．木楼梯 E．金属楼梯

2．按楼梯间的平面形式分类，下列选项正确的是（　　）。

A．开敞楼梯间 B．防火楼梯间 C．封闭楼梯间
D．防烟楼梯间 E．隔声楼梯间

3．下列选项属于楼梯组成部分的是（　　）。

A．楼梯段 B．楼梯平台 C．楼梯板
D．栏杆 E．圈梁

4．下列说法正确的是（　　）。

A．儿童使用的楼梯栏杆扶手一般在500～600mm处设置
B．室内楼梯栏杆扶手高度不应小于800mm
C．室外楼梯栏杆扶手高度不应小于1050mm
D．高层建筑室外楼梯栏杆扶手高度不应小于1100mm
E．室外楼梯栏杆扶手高度不应大于1500mm

5．下列选项属于电梯组成部分的有（　　）。

A．机房 B．井道 C．缆绳
D．轿厢 E．踏步

三、简答题

1．栏杆的形式有几种，栏杆和踏步的连接方式有几种？
2．明步楼梯和暗步楼梯各自具有什么特点？
3．自动扶梯的布置形式有几种，各有什么特点？

4. 现浇钢筋混凝土楼梯根据梯段的传力不同分为几种,在荷载的传递上有何不同?

5. 现浇钢筋混凝土楼梯和预制装配式钢筋混凝土楼梯各有哪些特点?

6. 楼梯段的最小净宽有何规定,平台宽度和梯段宽度的关系如何?

7. 楼梯的净空高度有哪些规定,原因是什么?在设计时如不满足规定应采取哪些措施来解决?

四、案例题

(1) 内蒙古某中学的学生下晚自习时,从教室拥向楼梯。由于学生相互拥挤,一楼楼梯栏杆被挤坏,一些学生摔倒在地,后边的学生不知道,仍然向前拥挤,结果致使惨剧发生。事故导致死亡 21 人,伤 47 人,其中 6 人重伤。

(2) 云南省某小学三个年级的学生下楼做早操,因个别学生在楼梯上燃放鞭炮,造成正在下楼的同学因恐慌相互推挤踩压,致使 22 名学生受伤,其中重伤 14 人。

(3) 重庆市某中学下晚自习时,700 多名学生在下楼时发生拥挤踩踏,造成 5 人死亡、40 人受伤的严重事故。

据了解,此类事故发生的原因不仅仅是学校管理责任中存在漏洞,学生上、下楼梯不遵守秩序等原因,还有一个主要的原因就是校舍设计、建设中存在不合理、不规范的问题,如楼道、楼梯狭窄,台阶高低宽窄不科学,教学楼通道不够,楼道栏杆较低,楼梯扶手不结实等因素。

针对上述材料进行分析:

(1) 对于楼梯段宽度以及楼梯平台宽度,应该满足哪些要求?楼梯段在单人、多人等情况下应该满足的尺寸要求是多少?

(2) 对于栏杆扶手的高度应该满足哪些要求?栏杆和踏步的连接方式有哪些?栏杆、扶手的转弯如何处理?

五、实训题

(1) 题目:钢筋混凝土双跑楼梯构造设计。

(2) 设计条件:

该住宅为 6 层砖混结构,层高 2.8m,楼梯间为 3900~6600mm。墙体厚 240mm,轴线居中,底层设有住宅出入口,室内外高差 450mm。

(3) 设计内容及深度要求。

用 A2(A3) 图纸一张完成以下内容。

① 楼梯间底层、标准层和顶层三个平面图,比例 1∶50(1∶100)。

a. 绘出楼梯间墙、门窗、踏步、平台及栏杆、扶手等。底层平面图还应绘出室外台阶或坡道、部分散水的投影等。

b. 标注两道尺寸线。

开间方向。

第一道：细部尺寸，包括楼梯段宽、楼梯井宽和墙内缘至轴线尺寸。

第二道：轴线尺寸。

进深方向。

第一道：细部尺寸，包括楼梯段长度、平台深度和墙内缘至轴线尺寸。

第二道：轴线尺寸。

c. 内部标注楼层和中间平台标高、室内外地面标高，标注楼梯上、下行指示线，并注明该层楼梯的踏步数和踏步尺寸。

d. 注写图名、比例，底层平面图还应标注剖切符号。

② 楼梯间剖面图，比例1∶30(1∶50)。

a. 绘出楼梯段、平台、栏杆、扶手，以及室内外地面、室外台阶或坡道、雨篷及剖切到投影所见的门窗、楼梯间墙等，剖切到部分用材料图例表示。

b. 标注两道尺寸线。

水平方向。

第一道：细部尺寸，包括楼梯段长度、平台宽度和墙内缘至轴线尺寸。

第二道：轴线尺寸。

垂直方向。

第一道：各楼梯段的级数及高度。

第二道：层高尺寸。

c. 标注各楼层和中间平台标高、室内外地面标高、底层平台梁底标高、栏杆扶手高度等。注写图名和比例。

③ 楼梯构造节点详图(2～5个)，比例1∶10(1∶20)。

要求标注清楚各细部构造、标高有关尺寸和做法说明。

模块6 屋　　顶

【学习目标】

- 掌握屋顶的基本组成与形式。
- 掌握卷材防水屋面的构造做法及其细部构造。
- 熟悉屋顶的保温与隔热做法。
- 理解坡屋顶的类型、组成、特点以及屋顶承重结构的布置。
- 了解坡屋顶的坡面组织方法、屋面防水、泛水构造和保温与隔热措施。

【核心概念】

屋顶的分类、卷材防水、涂膜防水、保温隔热。

【引子】

屋顶是建筑物的普遍构成元素之一，主要目的是防水，有平顶和坡顶之分，干旱地区多用平顶，湿润地区多用坡顶，多雨地区屋顶坡度较大。坡屋顶又分为单坡、双坡、四坡等。

6.1 概　　述

屋顶是建筑物最上层覆盖的外围护结构，其构造的核心是防水，其次是做好屋顶的保温与隔热。

6.1.1 屋顶的组成和类型

1．屋顶的组成

屋顶由屋面、承重结构、保温（隔热）层和顶棚等部分组成。屋顶的细部构件有檐口、女儿墙、泛水、天沟、落水口、出屋面管道、屋脊等。

屋面是屋顶的面层，它暴露在大气中，直接受到自然界的影响。所以，屋面材料不仅应有一定的抗渗能力，还应能经受自然界各种有害因素的长期作用，且应具有一定的强度，以便承受风雪荷载和屋面检修等荷载。

屋顶承重结构承受屋面传来的荷载和屋顶自重。承重结构可以是平面结构，也可以是空间结构。当房屋内部空间较小时，多采用平面结构，如屋架、梁板结构等。大型公共建筑（如体育馆、会堂等）内部使用空间大，不允许设柱支承屋顶，故常采用空间结构，如薄壳、网架、悬索结构等。

保温层是严寒和寒冷地区为了防止冬季室内热量透过屋顶散失而设置的构造层。隔热层是炎热地区为了夏季防止太阳辐射热进入室内而设置的构造层。保温（隔热）层应采用导热系数小的材料，其位置设在顶棚与承重结构之间。

顶棚是屋顶的底面。当承重结构采用梁板结构时，可以在梁、板的底面抹灰，形成抹灰顶棚。当承重结构为屋架或要求顶棚平齐（不允许梁外露）时，应采用吊顶式顶棚。顶棚也可以采用搁栅搁置在墙上形成，与屋顶承重结构不连在一起。屋顶的组成如图 6-1 所示。

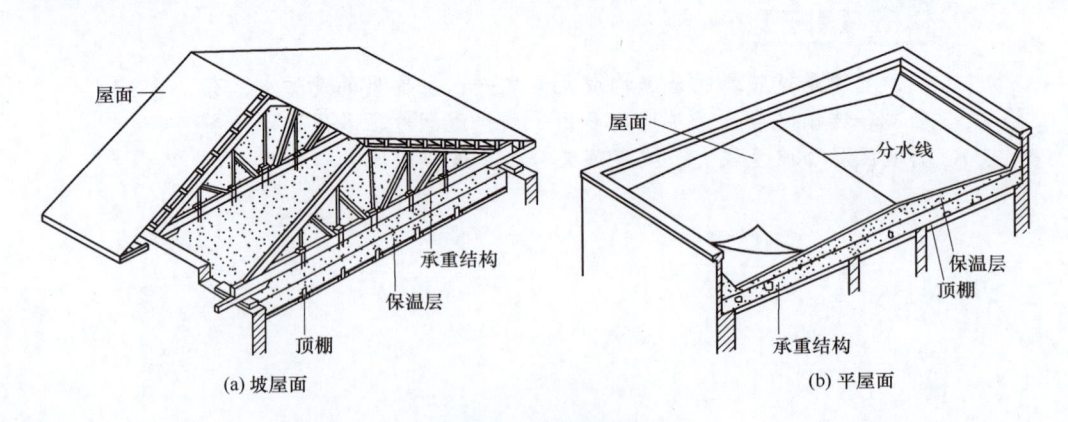

(a) 坡屋面　　(b) 平屋面

图 6-1　屋顶的组成

2. 屋顶的类型

(1) 按功能划分：划分为保温屋顶、隔热屋顶、采光屋顶、蓄水屋顶、种植屋顶等。

(2) 按屋面材料划分：划分为钢筋混凝土屋顶、瓦屋顶、卷材屋顶、金属屋顶、玻璃屋顶等。

(3) 按结构类型划分：划分为平面结构与空间结构。平面结构有梁板结构、屋架结构；空间结构有折板、桁架、壳体、网架、悬索、薄膜等结构。

(4) 按外观形式划分：划分为平屋顶、坡屋顶及曲面屋顶等形式，如表6-1所示。

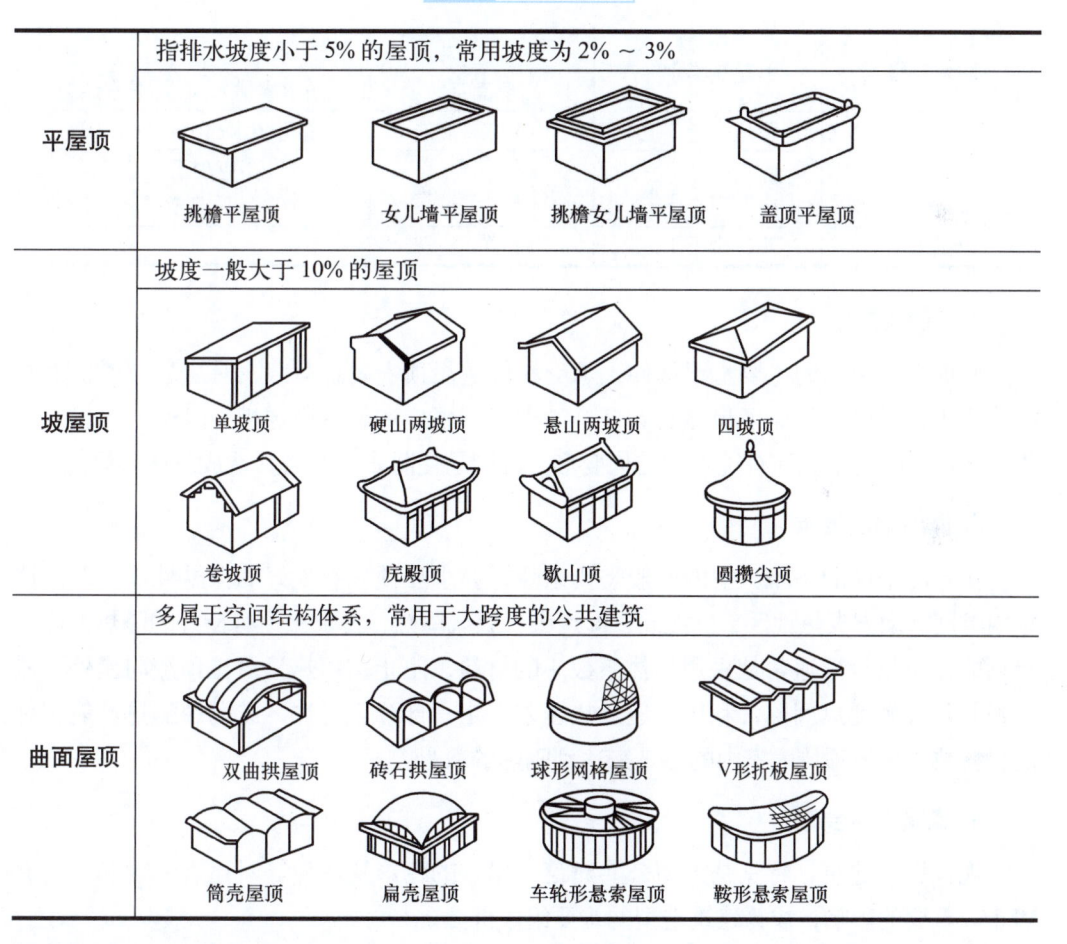

表 6-1 屋顶的形式

类型	说明	示例
平屋顶	指排水坡度小于5%的屋顶，常用坡度为2%～3%	挑檐平屋顶、女儿墙平屋顶、挑檐女儿墙平屋顶、盖顶平屋顶
坡屋顶	坡度一般大于10%的屋顶	单坡顶、硬山两坡顶、悬山两坡顶、四坡顶、卷坡顶、庑殿顶、歇山顶、圆攒尖顶
曲面屋顶	多属于空间结构体系，常用于大跨度的公共建筑	双曲拱屋顶、砖石拱屋顶、球形网格屋顶、V形折板屋顶、筒壳屋顶、扁壳屋顶、车轮形悬索屋顶、鞍形悬索屋顶

6.1.2 屋顶的设计要求

1. 防水要求

当屋顶坡度较小时，屋顶排水速度较慢，雨水在屋面上停留时间较长，此时屋面应有较好的防水性能。反之，当屋顶坡度较大时，屋顶排水速度较快，此时对屋面的防水要求就较低。平屋面和瓦屋面工程的防水做法分别如表 6-2、表 6-3 所示。

表 6-2 平屋面工程的防水做法

防水等级	建筑类别	防水层	
		防水卷材	防水涂料
一级	不应少于 3 道	卷材防水层不应少于 1 道	
二级	不应少于 2 道	卷材防水层不应少于 1 道	
三级	不应少于 1 道	任选	

表 6-3 瓦屋面工程的防水做法

防水等级	建筑类别	防水层		
		屋面瓦	防水卷材	防水涂料
一级	不应少于 3 道	为 1 道，应选	卷材防水层不应少于 1 道	
二级	不应少于 2 道	为 1 道，应选	不应少于 1 道	
			任选	
三级	不应少于 1 道	为 1 道，应选	—	

2. 结构要求

屋顶作为房屋的主要水平构件，承受和传递屋顶上各种荷载，对房屋起着水平支撑的作用，所以必须保证房屋具有良好的刚度、强度和整体稳定性，以保证房屋的结构安全；同时也不允许有过大的结构变形，否则易使防水层开裂，造成屋面渗漏。

3. 保温隔热要求

在寒冷地区的冬季，室内一般需要采暖，要求屋顶应有良好的保温性能，以保持室内温度。南方炎热地区，气温高、湿度大、天气闷热，要求屋顶有良好的隔热性能。屋顶的保温层设置通常是采用导热系数小的材料，阻止室内热量由屋顶流向屋外。屋顶通常靠设置通风间层，利用风压及热压差带走一部分辐射热，或利用隔热性能较好的材料减少由屋顶传入室内的热量来达到隔热的效果。

4. 建筑艺术要求

现在许多建筑，特别是大型公共建筑，屋顶的色彩及造型等对建筑艺术和风格有着十分重要的影响，成为建筑造型的重要组成部分。

6.2 平屋顶的构造

平屋顶为满足防水、保温和隔热、上人等要求，屋顶构造层次较多，但主要由结构层、保温层、防水层等部分组成，另外还包括保护层、结合层、找平层、隔气层等构造层次。

模块 6 屋 顶

我国幅员辽阔，地理气候条件差异较大，各地区屋顶做法也有所不同。例如，南方地区应主要满足屋顶隔热和通风的要求，北方地区应主要考虑屋顶的保温措施；上人屋顶则应设置有较高的强度和整体性的屋面面层。普通卷材防水屋面构造组成如图 6-2 所示。

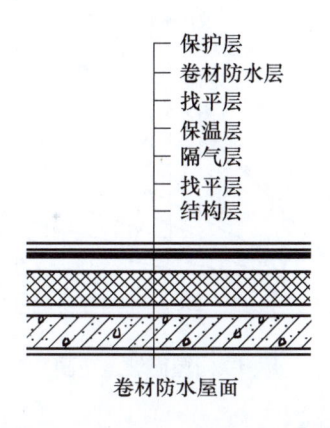

图 6-2 卷材防水屋面组成示意图

6.2.1 平屋顶的排水组织

平屋顶的排水组织的主要内容包括屋顶的排水坡度和排水方式两个方面。

1. 排水坡度

建筑屋顶由于排水和防水的需要，屋面要有一定的坡度且坡度不应小于 2%。排水坡度的表示方法有角度法、斜率法、百分比法。角度法是用屋面与水平面的夹角表示屋面的坡度，表示方法为：$α=26°$、$30°$ 等，该方法主要用于坡屋面；斜率法是用屋顶高度与坡面的水平投影长度之比表示屋面的排水坡度，表示方法为 $H:L$，如 $1:3$、$1:20$ 等，该方法既可用于平屋面也可用于坡屋面；百分比法是用屋顶的高度与坡面水平投影长度的百分比表示排水坡度，常用 i 表示，如 $i=1\%$、$i=2\%$ 等，该方法主要用于平屋面。平屋面一般指排水坡度小于或等于 18%（10°）的屋面，坡屋面的排水坡度一般大于 20%（11°）。

在实际工程中，影响屋顶坡度的主要因素有屋面防水材料、屋顶结构形式、地理气候条件、施工方法及建筑造型要求等。不同的屋面防水材料有各自的适宜排水坡度范围，层面坡度范围如图 6-3 所示。一般情况下，屋面防水材料单块面积越小，接缝就越多，所要求的屋面排水坡度越大；反之，尺寸大、密封整体性好，坡度就可以小些。材料厚度越大，所要求的屋面排水坡度也越大。建筑物所在地区的降雨量、降雪量的大小对屋面坡度影响很大，屋面坡度还受屋面排水路线的长短、是否有上人活动要求等影响,以及其他功能要求的影响,如蓄水、种植等因素影响,同时,不同的结构形式也影响着屋顶的坡度。

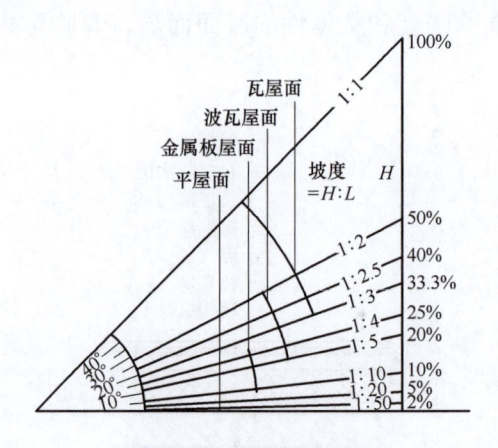

图 6-3 屋面坡度范围

2. 屋顶排水坡度的形成方式

从屋面坡度形成方式看,平屋顶的坡度主要由结构找坡和建筑找坡两种方式形成,如图 6-4 所示。

1) 结构找坡

结构找坡也称搁置坡度。这种做法是由倾斜搁置的屋面板形成坡度,顶棚是倾斜的,如图 6-4(a)所示。屋面板以上各层厚度不变化。结构找坡的坡度加大时,并不会增加材料用量和提高屋顶的造价,所以结构找坡形成的坡度可以比建筑找坡形成的坡度大。结构找坡不需另做找坡层,从而减少了屋顶荷载。结构找坡施工简单,造价低;但在屋顶不加吊顶时,顶棚面是倾斜的,这种做法多用于生产性建筑和有吊顶的公共建筑。单坡跨度大于 9m 的屋顶宜做结构找坡,坡度不应小于 3%,坡屋顶也是结构找坡。

2) 建筑找坡

建筑找坡也称垫置坡度。这种做法的屋面板水平搁置,由铺设在屋面板上的厚度有变化的找坡层形成屋面坡度,如图 6-4(b)所示。找坡层的材料一般采用造价低的轻质材料,如炉渣等。建筑找坡形成的坡度不宜过大,否则找坡层的平均厚度就会增加,从而使屋面荷载过大,增加屋顶造价。建筑找坡适用于跨度不大的平屋顶,且屋顶的坡度宜为 2%。

在北方地区,屋顶设保温层时,也有兼用保温层形成坡度的做法,这种做法较单独设置找坡层的构造方案造价高,一般不宜采用。

3. 排水方式

屋顶的排水方式分为无组织排水和有组织排水两种。

模块 6 屋　顶

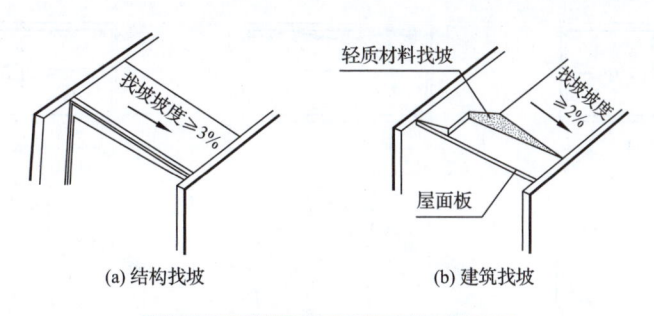

(a) 结构找坡　　(b) 建筑找坡

图 6-4　屋面坡度的形成方式示意图

1) 无组织排水

雨水经屋檐直接自由下落的称为无组织排水或自由落水，如图 6-5 所示。无组织排水的檐部要挑出，做成挑檐。这种做法构造简单，造价较低。屋檐高度大的房屋或雨量大的地区，屋面下落的雨水容易被风吹至墙面沿墙漫流，使墙面污染，因而无组织排水一般应用于年降雨量小于或等于 900mm、檐口高度不大于 10m 或年降雨量大于 900mm、檐口高度不大于 8m 的房屋，以及次要建筑。无组织排水挑檐尺寸不宜小于 0.6m。

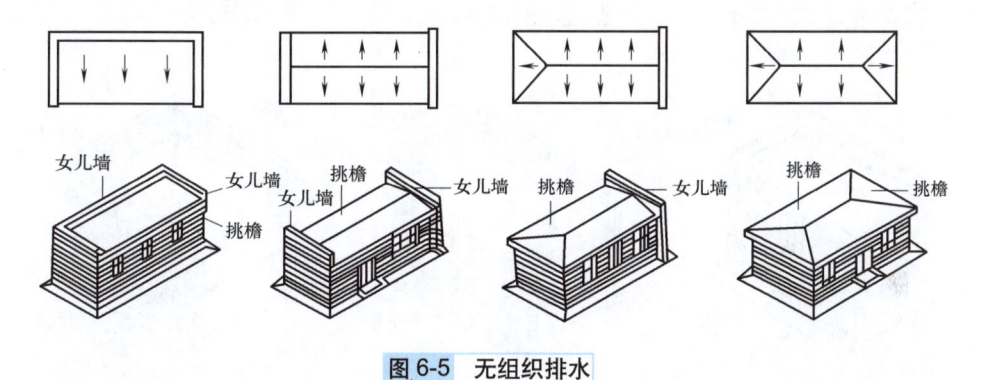

图 6-5　无组织排水

2) 有组织排水

当房屋较高或年降雨量较大时，应采用有组织排水，以避免因雨水自由下落对墙面冲刷，而影响房屋的耐久性和美观。有组织排水的方法是设置与屋面排水方向垂直的纵向天沟，把雨水汇集起来，经过雨水口和雨水管有组织地排到地面或排入下水道系统。有组织排水又分为外排水和内排水两种方式，如图 6-6 所示。

(1) 外排水：是常用的排水方式，一般将屋面做成四坡排水，沿房屋四周做外檐沟，或沿四周做女儿墙，女儿墙与屋面相交的位置形成内檐沟，将屋面雨水汇集于此，并经雨水口和室外雨水管排至地面。屋面也可以做成两坡排水，此时沿屋面纵向做檐沟或做女儿墙形成檐沟，为了避免雨水沿山墙方向溢出，山墙处也要设置女儿墙或挑檐。檐沟底面应向雨水口方向做出不小于 1% 的纵向坡度，以避免雨水在檐沟中滞留。檐沟的坡度也不宜大于 1%，以避免檐沟过深。

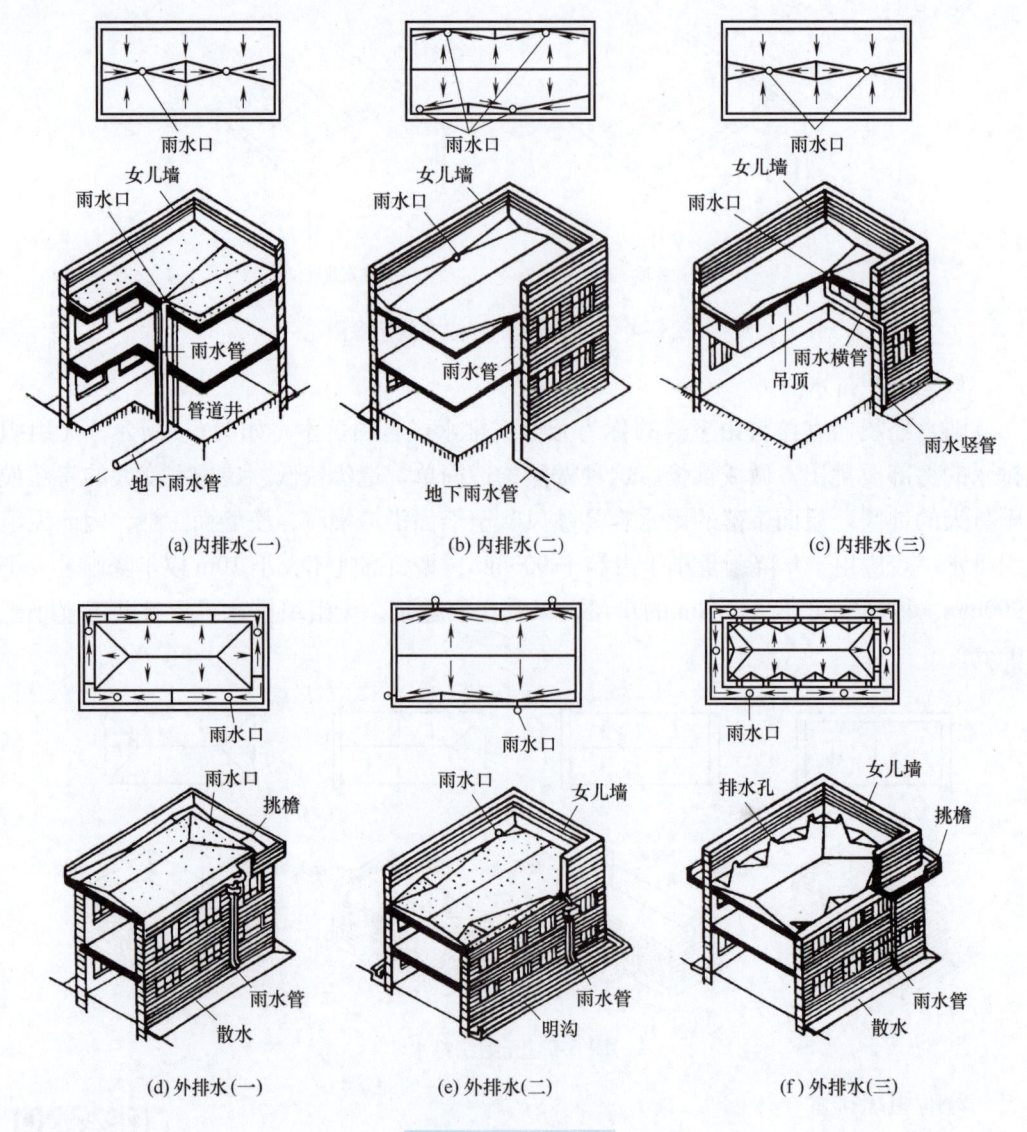

图 6-6 有组织排水

外排水的女儿墙也可以在下部设置排水口或做成栏杆的形式，女儿墙外再用檐沟集水。这种排水方案女儿墙处的构造复杂，容易漏水。女儿墙高出屋面，在受到地震时容易被震坏，所以在地震设防地区除上人屋面和建筑造型需要以外，应尽量少用，如果采用也应限制其高度。

(2) 内排水：多跨房屋、高层建筑以及有特殊需要时，可以采用内排水方式。此时雨水由屋面天沟汇集，经雨水口和室内雨水管排入下水道系统。

有组织排水时，不论内排水还是外排水，都要通过雨水管将雨水排出，因而必须有足够数量的雨水管才能将雨水及时排走。雨水管的数量与降雨量和雨水管的直径有关。雨水管最大集水面积如表 6-4 所示。

根据屋面水平投影面积、每小时降雨量和雨水管的直径，可以通过表 6-4 确定雨水管的数量。将雨水管布置在屋顶平面图上，就能够确定雨水管设置的间距。天沟底面坡度是被限定在一定范围内的，天沟越长也就越深。在工程实践中，雨水管的适用间距为 10～15m。按公式计算或查表得出的间距称为理论间距，当理论间距大于适用间距时，按适用间距设置。如理论间距小于适用间距，则应按理论间距设置。

表 6-4　雨水管最大集水面积 (m²)

H/(mm/h)	管径 /mm				
	75	100	125	150	200
50	490	880	1370	1970	3500
60	410	730	1140	1640	2920
70	350	630	980	1410	2500
80	310	548	855	1230	2190
90	273	487	760	1094	1940
100	246	438	683	985	1750
110	223	399	621	896	1590
120	205	363	570	820	1460
130	189	336	526	757	1350
140	175	312	488	703	1250
150	164	292	456	656	1170
160	153	273	426	616	1095
170	144	257	401	579	1030
180	136	243	379	547	975
190	129	230	359	518	923
200	123	219	341	492	876

6.2.2　卷材防水屋面

卷材防水屋面是将柔性的防水卷材相互搭接并用胶结料粘贴在屋面基层上形成具有防水能力的屋面。由于卷材有一定的柔性，能适应部分屋面变形，所以也称为柔性防水屋面。

1. 防水卷材的种类

(1) 沥青防水卷材：以原纸、纤维织物、纤维毡等胎体材料浸涂沥青，表面撒布粉状、粒状或片状材料制成可卷曲的片状防水材料，如玻纤布胎沥青防水卷材、铝箔面沥青防水卷材以及麻布胎沥青防水卷材等。

(2) 合成高分子防水卷材：以合成橡胶、合成树脂或它们两者的混合体为基料，加入适量的化学助剂和填充剂等，采用橡胶或塑料的加工工艺所制成的可卷曲片状防水材料，如三元乙丙橡胶 (EPDM)、氯化聚乙烯—橡胶共混防水卷材以及聚氯乙烯防水卷材等。

(3) 改性沥青防水卷材：以聚乙烯膜为胎体，以氧化改性沥青、丁苯橡胶改性沥青或高聚物改性沥青为涂盖层，表面覆盖聚乙烯薄膜，经滚压成型水冷新工艺加工制成的可卷曲片状防水材料，如 SBS 改性沥青防水卷材、APP 改性沥青防水卷材以及 SBR 改性沥青防水卷材等。

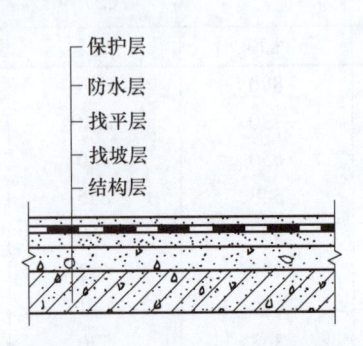

2．卷材防水屋面构造做法

卷材防水屋面构造层次如图 6-7 所示。

卷材防水屋面构造做法 .ppt

图 6-7 卷材防水屋面构造层次

1) 防水层

防水层是由防水卷材和相应的卷材黏结剂分层黏结而成的具有防水性能的构造层，层数或厚度由防水等级确定。具有单独防水能力的一个防水层次称为一道防水设防。

防水卷材铺设前基层必须干净、干燥，并涂刷与卷材配套使用的基层处理剂（此层次称为结合层），以保证防水层与基层黏结牢固。卷材的铺贴层数与屋面坡度有关。一般屋面铺两层卷材，在卷材与找平层之间、卷材之间和上层卷材表面共涂浇三层沥青；重要部位或严寒地区的屋面铺三层卷材（两层油毡、一层油纸），共涂浇四层沥青。前者习惯称二毡三油做法，后者称三毡四油做法。

防火卷材在铺设时一般分层铺设，当屋面坡度小于 3% 时，卷材宜平行于屋脊铺贴；屋面坡度在 3%～15% 时，卷材可平行或垂直于屋脊铺贴；屋面坡度大于 15% 或屋面受震动时，沥青防水卷材应垂直于屋脊铺贴，高聚物改性沥青防水卷材和合成高分子防水卷材可平行或垂直于屋脊铺贴；上、下层卷材不得相互垂直铺贴，卷材的铺设方向和搭接要求如图 6-8 所示。

卷材的铺贴方法有：冷黏法、热熔法、热风焊接法、自黏法等。铺贴卷材时使用沥青胶的厚度一般要控制在 1～1.5mm，防止厚度过大发生龟裂。粘贴时将沥青胶涂刷成点状或条状，点与条之间的空隙即作为水汽的扩散空间，如图 6-9 所示。

2) 保护层

屋面保护层的做法要考虑卷材类型和屋面是否作为上人的活动空间。

(1) 不上人屋面：沥青类卷材防水层用沥青胶粘直径 3～6mm 的绿豆砂（豆石），如图 6-10(a) 所示；高聚物改性沥青防水卷材或合成高分子卷材防水层，可用铝箔面层、彩砂及涂料等。

(2) 上人屋面：一般可在防水层上浇筑 30 ～ 50mm 厚混凝土层，如图 6-10(b) 所示；也可用水泥砂浆或砂垫层铺地砖，如图 6-10(c) 所示；还可以架设预制板，如图 6-10(d) 所示。

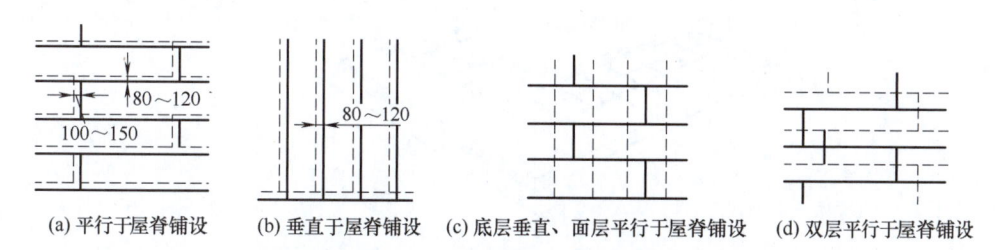

(a) 平行于屋脊铺设　　(b) 垂直于屋脊铺设　　(c) 底层垂直、面层平行于屋脊铺设　　(d) 双层平行于屋脊铺设

图 6-8　卷材的铺设方向和搭接要求 /mm

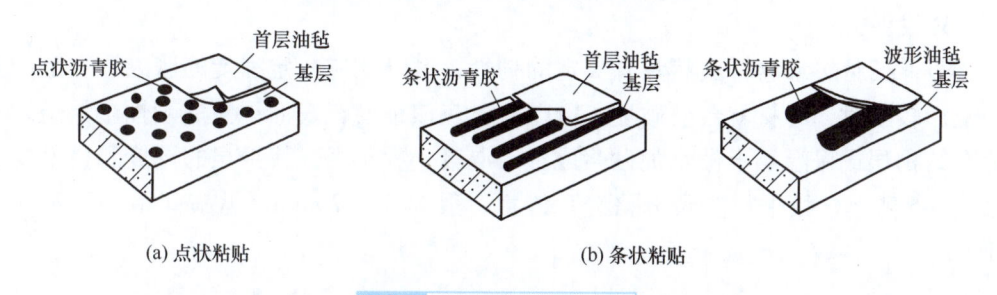

(a) 点状粘贴　　(b) 条状粘贴

图 6-9　沥青胶的粘贴方法

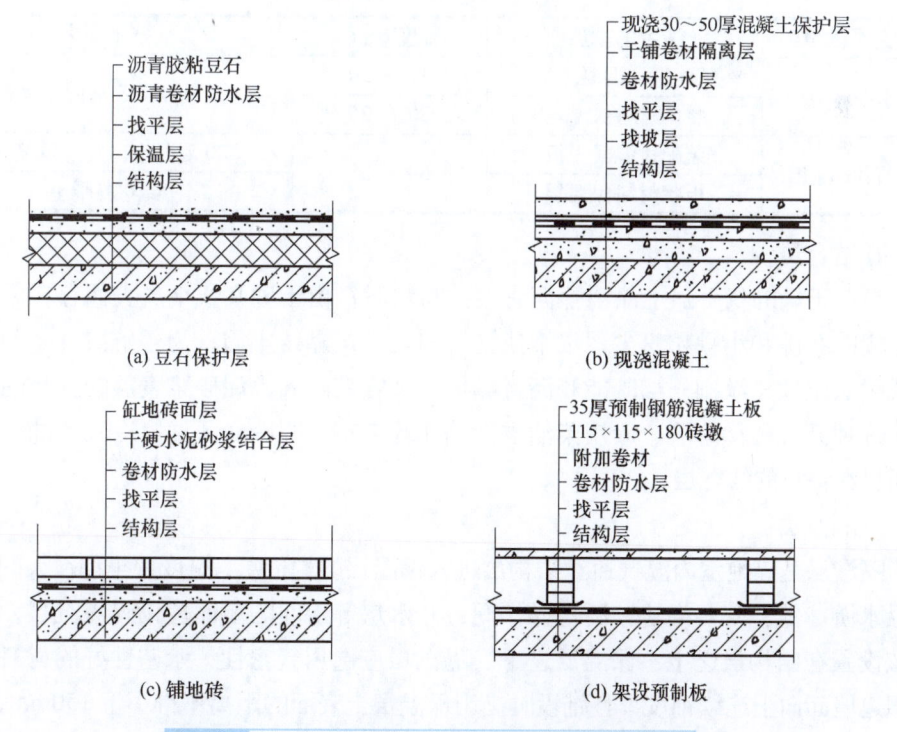

(a) 豆石保护层　　(b) 现浇混凝土　　(c) 铺地砖　　(d) 架设预制板

图 6-10　卷材防水屋面保护层设置形式示意图 /mm

当现浇混凝土屋面面层的细石混凝土强度等级不低于C25时，防水层厚度不应小于40mm，并应配置ϕ4～ϕ6间距为100～200mm的双向钢筋，其保护层厚度不应小于10mm。钢筋在分格缝处要断开，细石混凝土屋面配筋示意图如图6-11所示。

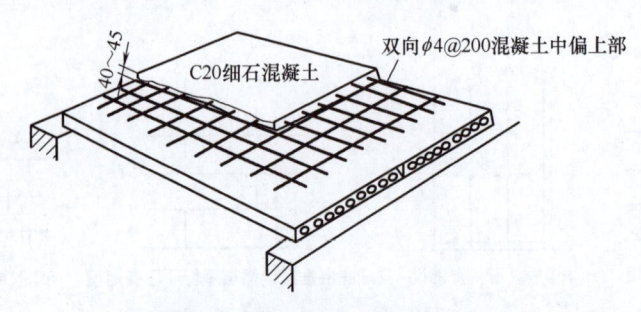

图 6-11　细石混凝土屋面配筋 /mm

3）找平层

沥青纸胎防水卷材虽然具有一定的韧性，可以适应一定程度的胀缩和变形，但当变形较大时，卷材就会被破坏，所以卷材应该铺设在表面平整的刚性垫层上。一般在结构层或保温层上做水泥砂浆或细石混凝土找平层，找平层的厚度和技术要求如表6-5所示。找平层宜留分格缝，缝宽一般为5～20mm，纵横间距一般不宜大于6m。

表 6-5　找平层的厚度和技术要求

找平层分类	适用的基层	厚度(mm)	技术要求
水泥砂浆	整体现浇混凝土板	15～20	1∶2.5 水泥砂浆
	整体材料保温层	20～25	
细石混凝土	装配式混凝土板	30～35	C20混凝土，宜加钢筋网片
	板状材料保温层		C20混凝土

4）结合层

当在干燥的找平层上涂浇热沥青胶结材料时，由于砂浆找平层表面存在因水分蒸发形成的孔隙和小颗粒粉尘，很难使沥青与找平层黏结牢固。为了解决这个问题，要在找平层上预先涂刷一层既能和沥青黏结，又容易渗入水泥砂浆表层的稀释的沥青溶液。这种沥青稀释溶液一般用柴油或汽油作为溶剂，叫冷底子油。冷底子油涂层是卷材面层和基层的结合层。

5）隔汽层

隔汽层是隔绝室内湿气通过结构层进入保温层的构造层，湿度常年都很大的房间，如温水游泳池、公共浴池、厨房操作间、开水房等房间的屋面应设置隔汽层，隔汽层应该设置在结构层之上、保温层之下。隔汽层应选用气密性、水密性好的材料，并应沿周边墙面向上连续铺设，且铺设时高出保温层上表面的距离不得小于150mm。

模块 6 屋 顶

> **知识拓展**

(1) 卷材的铺贴方法应符合下列规定：

① 卷材防水层上有重物覆盖或基层变形较大时，应优先采用空铺法、点粘法、条粘法或机械固定法，但距屋面周边 800mm 内以及叠层铺贴的各层卷材之间应满粘。

② 防水层采取满粘法施工时，找平层的分格缝处宜空铺，空铺的宽度宜为 100mm。

③ 卷材屋面的坡度不宜超过 25%，当坡度超过 25% 时应采取防止卷材下滑的措施。

(2) 屋面防水层施工时，应先做好节点、附加层和屋面排水比较集中等部位的处理，然后由屋面最低标高处向上施工。铺贴天沟、檐沟卷材时，宜顺天沟、檐沟方向进行铺贴，减少卷材的搭接。

(3) 铺贴卷材应采用搭接法。平行于屋脊的搭接缝，应顺流水方向搭接；垂直于屋脊的搭接缝，应顺年最大频率风向搭接。

(4) 叠层铺贴的各层卷材，在天沟与屋面的交接处应采用叉接法搭接，搭接缝应错开；接缝宜留在屋面或天沟侧面，不宜留在沟底。

3. 卷材防水屋面的细部构造

卷材防水屋面防水层的转折和结束部位的构造处理必须特别注意。这些部位是：屋面防水层与垂直墙面相交处的泛水、屋面边缘的檐口、雨水口、伸出屋面的管道、烟囱、屋面检查口以及屋面防水层的接缝等。这些部位都是防水层被切断处或是防水层的边缘处，是屋面防水的薄弱环节。

1) 泛水

屋面防水层与垂直墙面相交处的构造处理称为泛水。例如，女儿墙、出屋面的水箱室、出屋面的楼梯间等与屋面相交的部位，均应做泛水，以避免雨水渗漏。卷材防水屋面的泛水重点应做好防水层的转折、垂直墙面上的固定及收头。转折处应做成弧形或 45°斜面防止卷材被折断。泛水处卷材应采用满粘法进行施工，泛水高度由设计确定，但最低不小于 250mm，并应根据墙体材料确定收头及密封形式，卷材防水屋面的泛水处理示意图如图 6-12 所示。

平屋顶柔性防水构造-泛水构造.mp4

2) 檐口

卷材防水屋面的檐口，包括自由落水檐口和有组织排水檐口。

(1) 自由落水檐口：即无组织排水的檐口，防水层应做好收头处理，檐口范围内防水层应采用满粘法，收头应固定密封，其构造如图 6-13 所示。

(2) 有组织排水檐口：即天沟，卷材防水屋面的天沟在设置时需要做好卷材收头及与屋面交接处的防水处理，天沟与屋面的交接处应做成弧形，并增铺 200mm 宽的附加层，且附加层宜空铺，其构造如图 6-14 所示。

平屋顶柔性防水构造-檐口构造.mp4

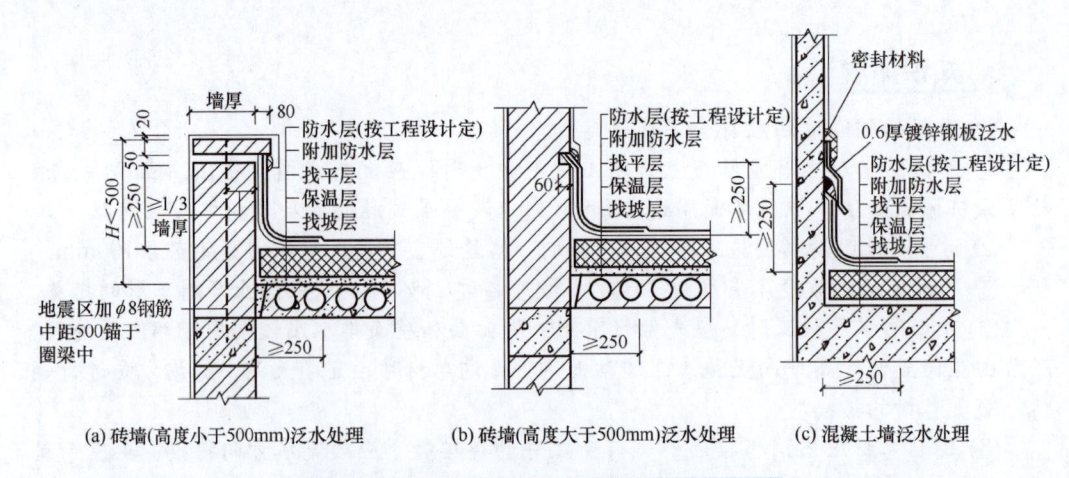

(a) 砖墙(高度小于500mm)泛水处理　(b) 砖墙(高度大于500mm)泛水处理　(c) 混凝土墙泛水处理

图 6-12　卷材防水屋面的泛水处理示意图 /mm

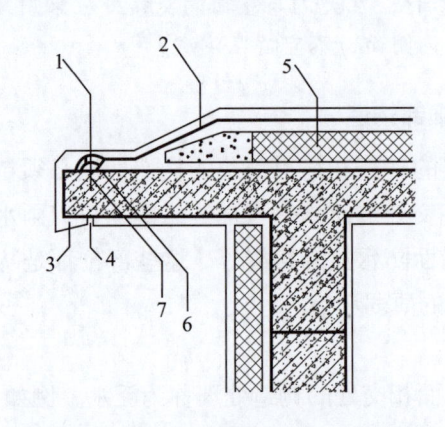

图 6-13　卷材防水屋面自由落水挑檐构造

1—密封材料；2—卷材防水层；3—鹰嘴；4—滴水槽；5—保温层；6—金属压条；7—水泥钉

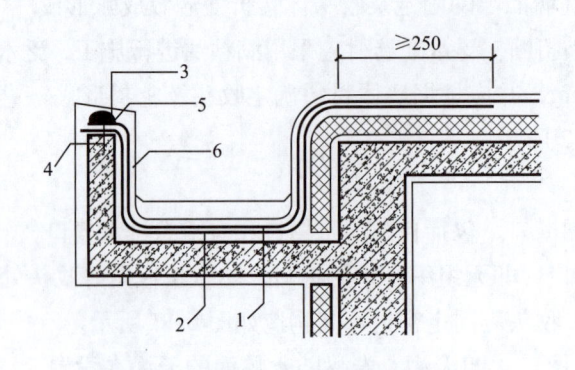

图 6-14　卷材防水屋面天沟构造 /mm

1—防水层；2—附加层；3—密封材料；4—水泥钉；5—金属压条；6—保护层

3) 雨水口

雨水口是屋面雨水汇集并排至落水管的关键部位，雨水口的设置要求是排水通畅、防止渗漏和堵塞。雨水口的材料常用的有铸铁和 UPVC 塑料，雨水口的设置形式分为直式和横式两种。

(1) 直式雨水口用于天沟沟底开洞，直式雨水口的构造如图 6-15(a) 所示。

(2) 横式雨水口用于女儿墙外排水，横式雨水口的构造如图 6-15(b) 所示。

雨水斗设置的位置应注意其标高，保证为屋面排水最低点，雨水口周围直径 500mm 范围内的坡度不应小于 5%。

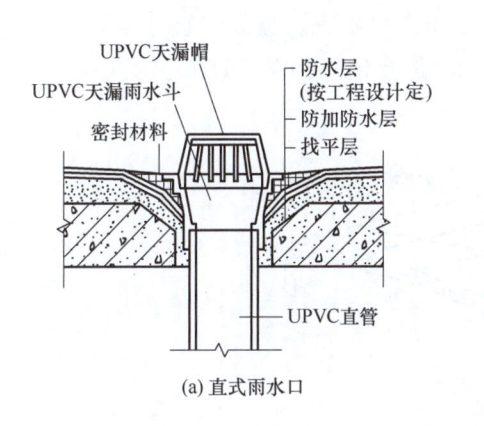

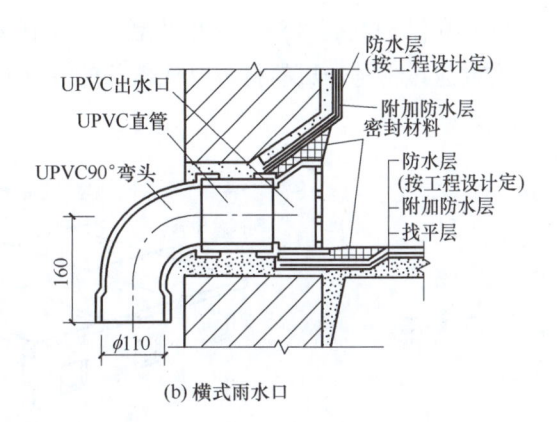

图 6-15　雨水口构造 /mm

4) 出屋面管道

出屋面管道包括烟囱、通风管道及透气管，砖砌或混凝土预制烟囱和通风道构造如图 6-16(a) 所示，透气管做法如图 6-16(b) 所示。当用铁制烟囱时要处理好烟囱的变形和绝热，其构造如图 6-16(c) 所示。

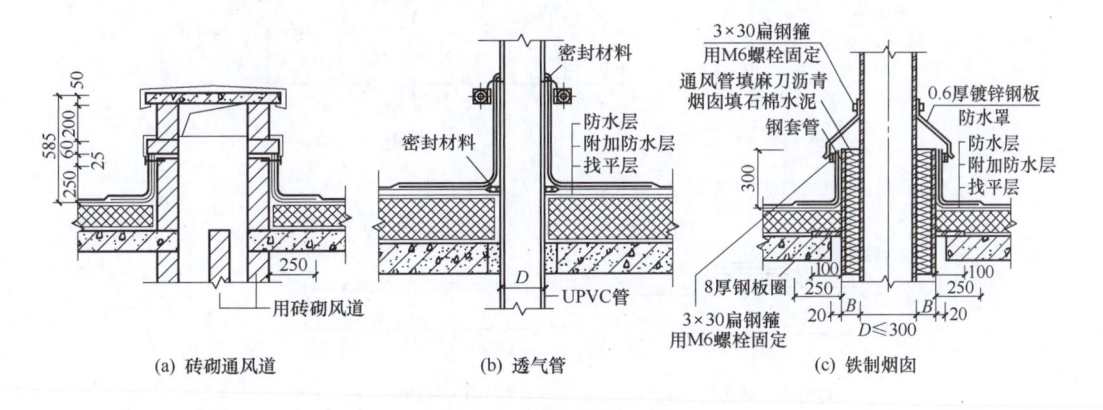

图 6-16　出屋面管道构造 /mm

5) 分格缝

分格缝也称分仓缝，是防止混凝土面层因适应热胀冷缩及屋面变形而出现不规则裂缝所设置的人工缝。分格缝应贯穿屋面找平层，且应设在结构易变形的敏感部位，如预制板的支承端、屋面转折处、防水层与突出屋面结构的交接处，并应与预制板板缝对齐。双坡屋面的屋脊处应设分格缝，分格缝纵横间距都不应大于 6m，并尽量使板块呈方形或近似方形，分格缝的位置示意图如图 6-17 所示。分格缝应纵横对齐，不要错缝，缝宽宜设置为 20～40mm，缝的上部一般用油膏填注 20～30mm，为防止油膏下流，缝的下部可用沥青麻丝等材料填塞，这种做法称为平缝，如图 6-18(a) 所示。在横向分仓缝处，常将细石混凝土面层抹成凸出表面 30～40mm 高的分水线，以避免分格缝处积水，这种做法称为凸缝，如图 6-18(b) 所示。为了保证在分格缝变形时屋面不漏水和保护嵌缝材料，防止其老化，常在分格缝上用卷材覆盖。覆盖的卷材与防水层之间应再干铺一层卷材，以使覆盖的卷材有较大的伸缩余地，如图 6-18(c)、图 6-18(d) 所示。

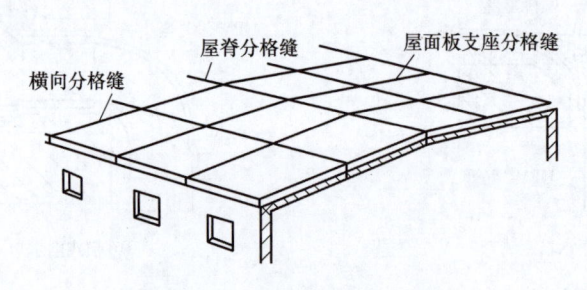

图 6-17 分格缝的位置示意图

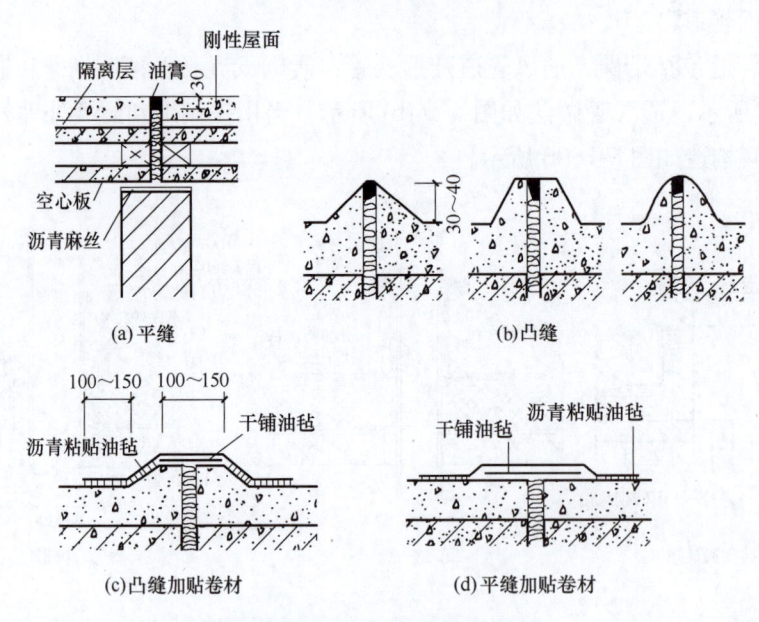

图 6-18 分仓缝的构造 /mm

6) 变形缝

等高屋面处的变形缝，可采用平缝做法，即缝内填沥青麻丝或泡沫塑料，上部填放衬垫材料，用镀锌钢板盖缝，然后做防水层，如图 6-19(a) 所示。也可在缝两侧砌挡墙，将两侧防水层采用泛水方式收头在墙顶，用卷材封盖后，顶部加混凝土盖板或镀锌钢盖板，如图 6-19(b) 所示。

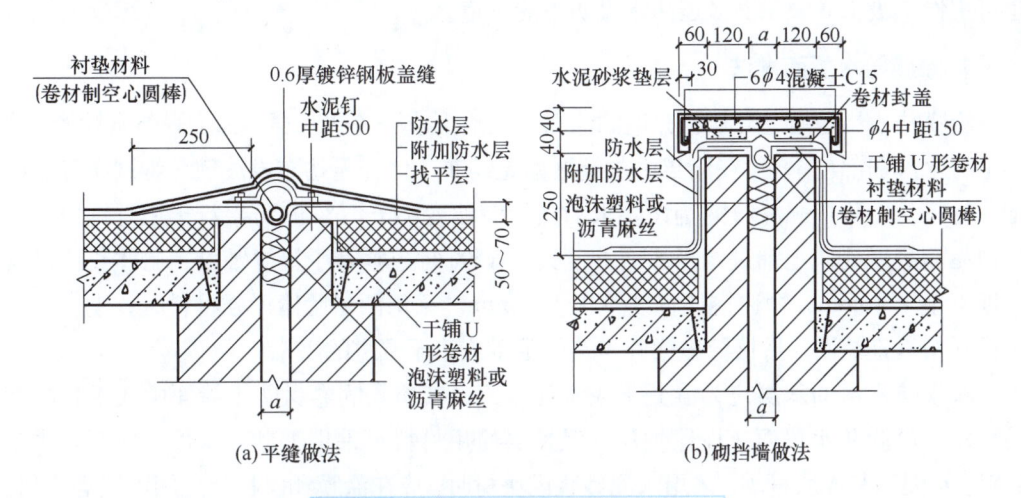

(a) 平缝做法

(b) 砌挡墙做法

图 6-19　卷材防水屋面变形缝构造 /mm

7) 屋面检查口

为了进行多层房屋屋面的检修，常在屋顶设置屋面检查口。屋面检查口要突出屋面之上，屋面检查口周围的卷材卷起高度不小于 250mm，并固定在检查口的结构上，检查口的上盖应向四周挑出，以遮挡卷材的边缘。屋面检查口的构造，如图 6-20 所示。不保温屋顶设检查口时，可将保温层省去。

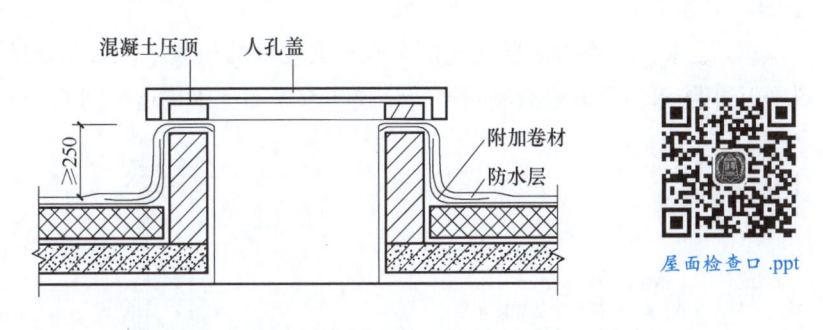

图 6-20　屋面检查口构造 /mm

6.2.3　涂膜防水屋面

涂膜防水屋面是靠直接涂刷在基层上的防水涂料固化后形成有一定厚度的膜来达到防水的目的。防水涂料按其成膜厚度，可分成厚质涂料和薄质涂料两种。水性石棉沥青防水涂料、膨润土沥青乳液和石灰乳化沥青等沥青基防水涂料涂成的膜厚一般在 4～8mm，称为厚质涂料；而高聚物改性沥青防水涂料和合成高分子防水涂料涂成的膜较薄，一般在 2～3mm，称为薄质涂料，如溶剂型和水乳型防水涂料、聚氨酯和丙烯酸涂料等。涂膜防水涂料具有防水性能好、黏结力强、耐腐蚀、耐老化、整体性好、冷作业、施工方便等优点，但价格较高。其主要适用于防水等级为Ⅲ级、Ⅳ级的屋面防水，也可用作Ⅰ级、Ⅱ级屋面多道防水设防中的一道。

1. 涂膜防水屋面做法

涂膜防水层是通过分层、分遍的涂布，最后形成一道防水层。为加强防水性能（特别是防水薄弱部位），可在涂层中加铺聚酯无纺布、化纤无纺布或玻璃纤维网布等胎体增强材料。胎体增强材料的铺设要求为当屋面坡度小于15%时可平行于屋脊铺设，并应由屋面最低处向上铺设；当屋面坡度大于15%时应垂直于屋脊铺设。胎体长边搭接宽度不小于50mm，短边搭接宽度不小于70mm。采用两层胎体增强材料时，上、下层不得互相垂直铺设，搭接缝应错开，其间距不应小于幅宽的1/3。

涂膜防水层的基层应为混凝土或水泥砂浆，其质量同卷材防水屋面中找平层的相关要求。涂膜防水屋面应设保护层，保护层使用材料可采用细砂、云母、蛭石、浅色涂料、水泥砂浆或块材等。采用水泥砂浆或块材时，应在涂膜和保护层之间设置隔离层。水泥砂浆保护层厚度不应小于20mm。涂膜防水层构造层次如图6-21所示。

2. 涂膜防水屋面的细部构造

涂膜防水屋面的细部构造与卷材防水构造基本相同，可参考卷材防水的节点构造图。

(1) 檐口：在自由落水挑檐中，涂膜防水层的收头处应用防水涂料多遍涂刷或用密封材料进行封严。在天沟、檐沟与屋面交接处应加铺胎体增强材料附加层，附加层宜空铺，空铺宽度宜为200～300mm。

(2) 泛水：涂膜防水层宜直接涂刷至女儿墙的压顶下，转角处做成圆弧或斜面，收头处应用防水涂料多遍涂刷封严，涂膜防水屋面泛水构造如图6-22所示。

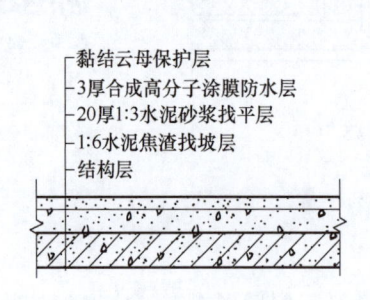

图6-21 涂膜防水层构造层次/mm 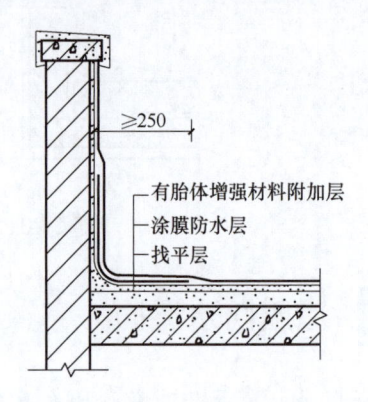　　图6-22 涂膜防水屋面泛水构造/mm

(3) 涂膜防水变形缝：缝内应填充泡沫塑料或沥青麻丝，其上放衬垫材料，并用卷材封盖，顶部加扣混凝土盖板或金属盖板。

6.3 坡屋顶的构造

坡屋顶有许多优点，它利于挡风、排水、保温、隔热；其构造简单、便于维修、用料方便，又可就地取材、因地制宜；在造型上，大屋顶会产生庄重、威严、神圣、华美之感，一般坡屋顶会给人以亲切、活泼、轻巧、秀丽之感。随着科学的发展，原来的木结构坡屋顶已被钢、钢筋混凝土结构所代替，在传统的坡屋顶上体现了新材料、新结构、新技术，轻巧透明的玻璃、彩色的钢板代替了过去的瓦材；现如今所发展的新的设计思想，将屋顶空间也进行了很好的利用，如利用坡屋顶空间做成阁楼或局部错层，不仅增加了使用面积，也创造了一种新奇空间。

6.3.1 坡屋顶的形式和组成

1. 坡屋顶的形式

坡屋顶是一种沿用较久的屋面形式，种类繁多，多采用块状防水材料覆盖屋面，故屋面坡度较大，根据材料的不同，坡度可取 10% ~ 50%，根据坡面组织的不同，坡屋顶主要有单坡、双坡及四坡等坡面形式，如图 6-23 所示。

坡屋顶的承重结构 .mp4

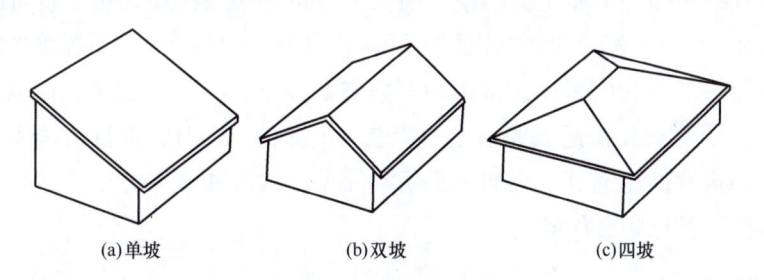

(a) 单坡　　(b) 双坡　　(c) 四坡

图 6-23　坡屋顶的形式

2. 坡屋顶的组成

坡屋顶一般由承重结构、屋面面层两部分组成，根据需要还可设置顶棚、保温（隔热）层等，如图 6-24 所示。

(1) 承重结构：主要承受屋面上的各种荷载并将其传到墙或柱上，一般有木结构、钢筋混凝土结构、钢结构等。

坡屋顶的形式 .ppt

(2) 屋面：是屋顶上的覆盖层，起抵御雨、雪、风、霜、太阳辐射等自然侵蚀的作用，包括屋面盖料和基层。屋面材料有平瓦、油毡瓦、波形水泥石棉瓦、彩色钢板波形瓦、玻璃板、PC 板等。

(3) 顶棚：屋顶下面的遮盖部分，起遮蔽上部结构构件、使室内平整、改变空间形状以及保温隔热和装饰的作用。

(4) 保温（隔热）层：起保温隔热作用，可设在屋面层或顶棚层。

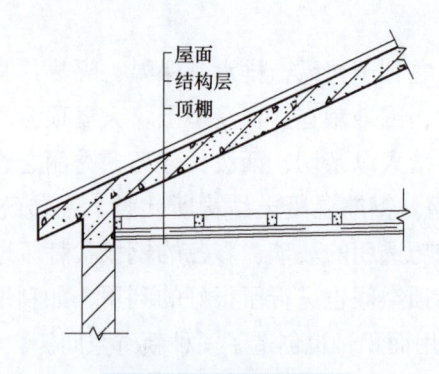

图 6-24　坡屋顶的组成

6.3.2　承重结构

坡屋顶的承重结构主要由椽子、檩条、屋面梁、屋架等构件组成，承重方式主要有以下两种。

1. 山墙承重

山墙承重结构即在山墙上搁檩条、檩条上设椽子后再铺屋面板，也可以在山墙上直接搁置挂瓦板、屋面板等形成屋面承重体系，如图 6-25 所示。布置檩条时，山墙端部的檩条可出挑形成悬山屋顶。常用的檩条有木檩条、混凝土檩条、钢檩条等，如图 6-26 所示。由于檩条及挂瓦板等跨度一般在 4m 左右，故山墙承重结构体系适用于小空间建筑，如宿舍、住宅等。山墙承重结构简单，构造和施工方便，在小空间建筑中是一种合理和经济的承重方案。

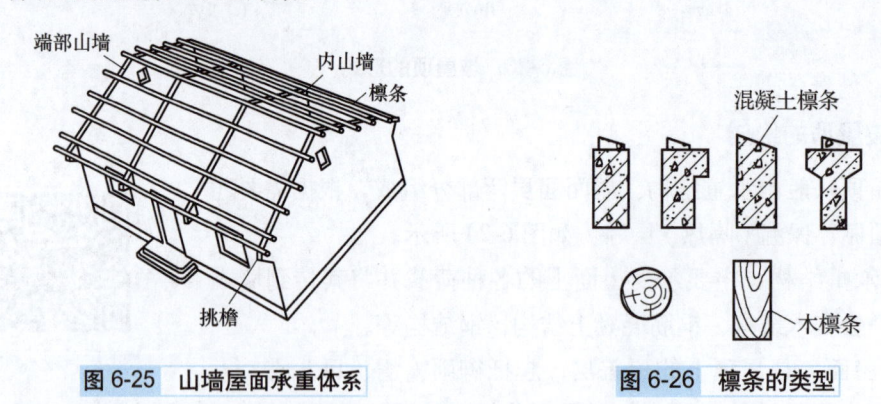

图 6-25　山墙屋面承重体系

图 6-26　檩条的类型

2. 屋架承重

屋架承重即在柱或墙上设屋架，然后在屋架上放置檩条及椽子而形成的屋顶结构形式。屋架由上弦杆、下弦杆、腹杆组成。由于屋顶坡度较大，故一般采用三角形屋架。

屋架按组成材料分类有木屋架、钢屋架、混凝土屋架等，如图 6-27 所示。屋架应根据屋面坡度进行布置，在四坡顶屋面及屋面相互交接处需增加斜梁或半屋架等构件，如图 6-28 所示。为保证屋架承重结构坡屋顶的空间刚度和整体稳定性，屋架间须设支撑。屋架承重结构适用于有较大空间的建筑。

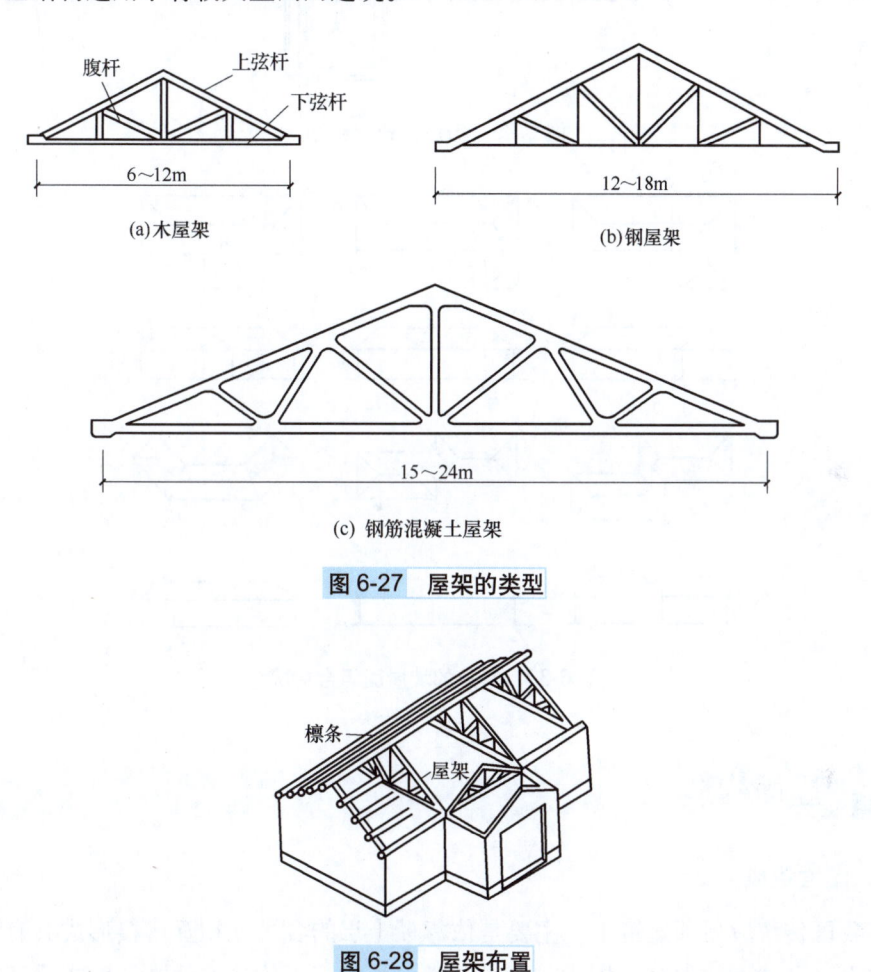

图 6-27 屋架的类型

图 6-28 屋架布置

6.3.3 排水组织

坡屋顶是利用其屋面坡度进行自然排水的，和平屋顶一样，当雨水集中到檐口处时，可以进行无组织排水，也可以进行有组织排水（内排水或外排水），坡屋顶排水组织如图 6-29 所示。当建筑平面有变化、坡屋顶有穿插交接时，需进行坡顶有组织排水。坡屋顶的坡面组织既是建筑造型设计，也是屋顶的排水组织。当建筑平面变化较多时，坡面组织就比较复杂，从而导致屋顶结构布置复杂。常见的坡屋面组合情况如图 6-30 所示。

坡屋顶建筑平面应比较规整，在坡面组织时应尽量避免平天沟。

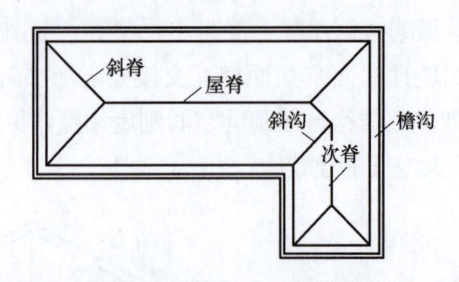

图 6-29 坡屋顶排水组织

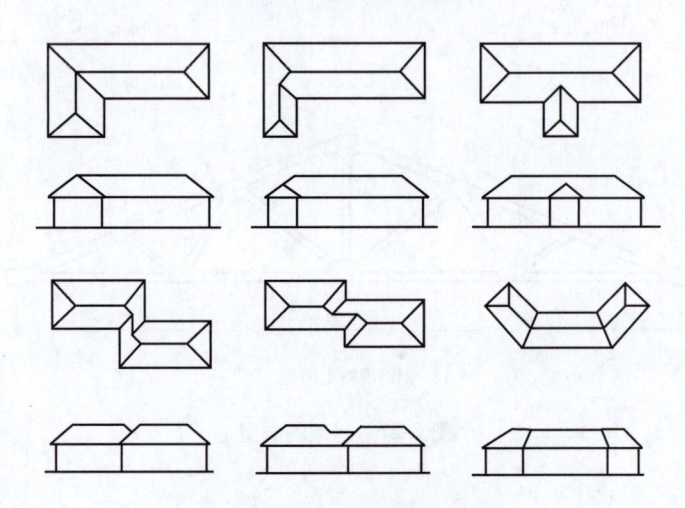

图 6-30 常见的坡屋面组合情况

6.3.4 屋面构造

1. 屋面组成

在我国传统坡屋顶建筑中，主要是依靠最上层的各种瓦相互搭接形成具有防水能力的屋面。其屋面构造分为板式和檩式两类：板式屋面构造方法是在墙或屋架上搁置预制空心板或挂瓦板，然后在板上用砂浆贴瓦或用挂瓦条挂瓦；檩式屋面构造由椽子、屋面板、油毡、顺水条、挂瓦条及平瓦等组成（见图6-31）。常用的几种坡屋顶构造组成，如图6-32所示。

2. 屋面细部构造

1) 檐口构造

坡屋顶檐口构造有挑檐无组织排水、檐沟有组织排水和包檐有组织排水等类型。

采用挑檐无组织排水时，可分为砖挑檐、下弦托木或挑檐木挑檐、椽子挑檐及挂瓦板挑檐等形式，坡屋顶挑檐无组织排水构造如

图 6-33 所示。当采用有组织排水时，我国的传统做法是用白铁皮（镀锌铁皮）构造方法，但此种方法不耐久、易损坏，可以参考平屋顶形式做混凝土檐沟，构造方法如图 6-34 所示。

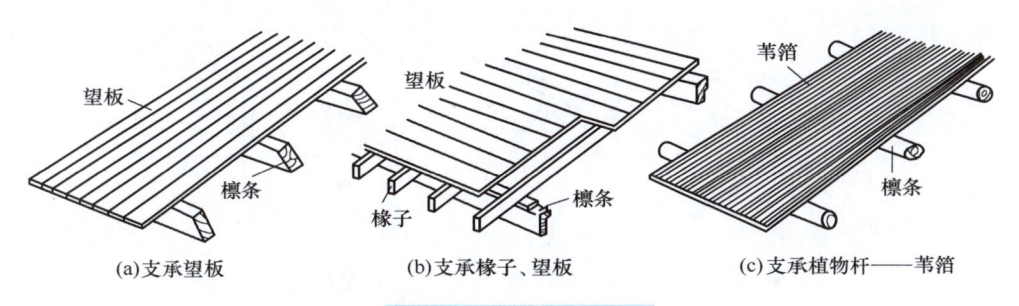

(a) 支承望板
(b) 支承椽子、望板
(c) 支承植物杆——苇箔

图 6-31　檩式坡屋顶构造

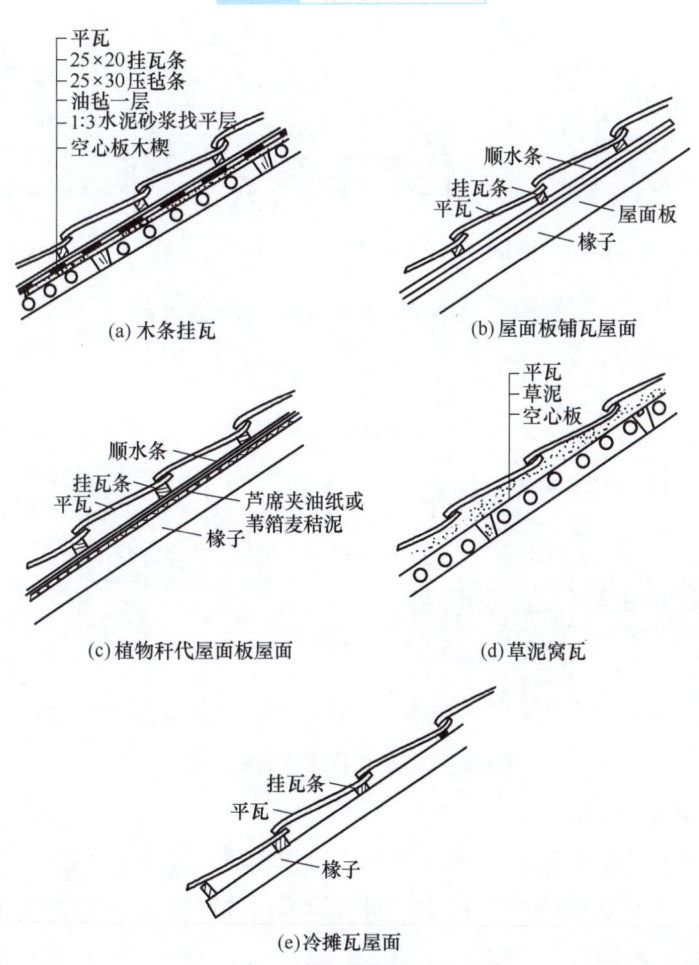

(a) 木条挂瓦
(b) 屋面板铺瓦屋面
(c) 植物秆代屋面板屋面
(d) 草泥窝瓦
(e) 冷摊瓦屋面

图 6-32　常用坡屋顶的构造组成 /mm

2) 山墙泛水构造

坡屋顶山墙处有硬山、悬山及山墙出屋顶三种形式。为硬山时，一般采用 1∶2

水泥砂浆窝瓦或使用挑砖压顶进行封檐，如图6-35所示；为悬山时，可用檩条出挑，也可用混凝土板出挑，如图6-36所示；为山墙出屋顶时，泛水构造如图6-37所示。当山墙泛水处的防水要求较高时，还可在瓦下加铺油毡、镀锌铁皮等。

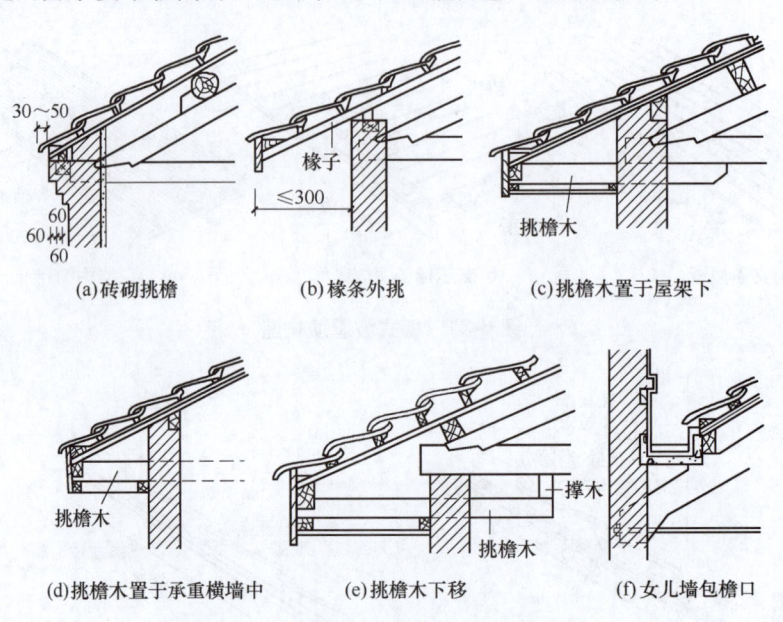

(a) 砖砌挑檐　　(b) 椽条外挑　　(c) 挑檐木置于屋架下

(d) 挑檐木置于承重横墙中　　(e) 挑檐木下移　　(f) 女儿墙包檐口

图 6-33　坡屋顶挑檐无组织排水构造 /mm

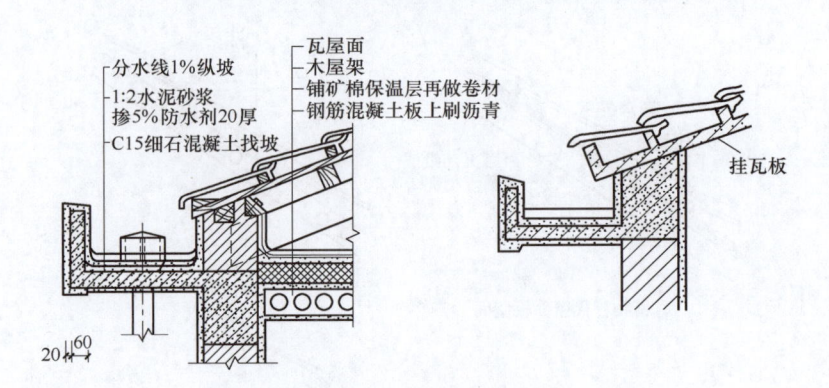

图 6-34　坡屋顶挑檐沟构造 /mm

3) 屋脊和斜天沟构造

坡屋顶屋脊（正脊或斜脊）一般采用 1∶2 水泥砂浆或水泥纸筋石灰砂浆窝脊，其构造如图 6-38 所示。斜天沟采用镀锌铁皮、铅合金皮等天沟构造，如图 6-39 所示。

3．坡屋顶的其他防水材料

坡屋顶除用水泥平瓦防水外，还有以下几种瓦材。

屋脊、天沟和斜沟构造.mp4

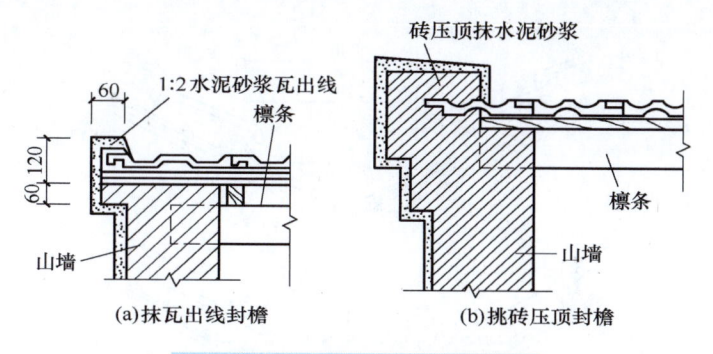

图 6-35 坡屋顶硬山泛水构造 /mm

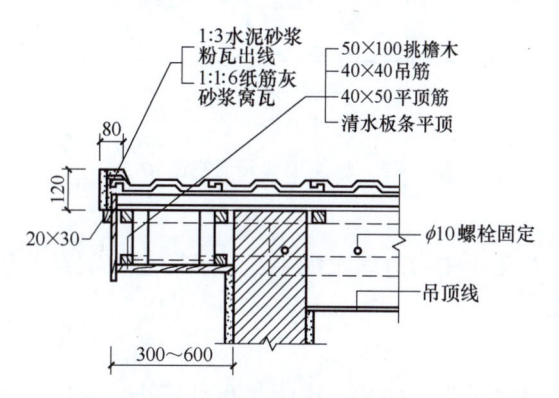

图 6-36 坡屋顶悬山泛水构造 /mm

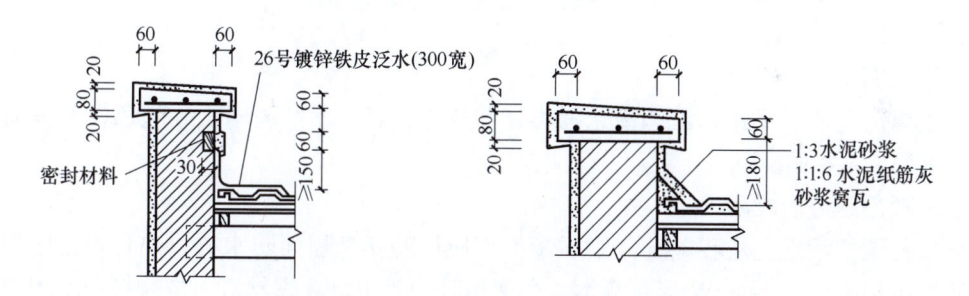

图 6-37 坡屋顶山墙出屋顶泛水构造 /mm

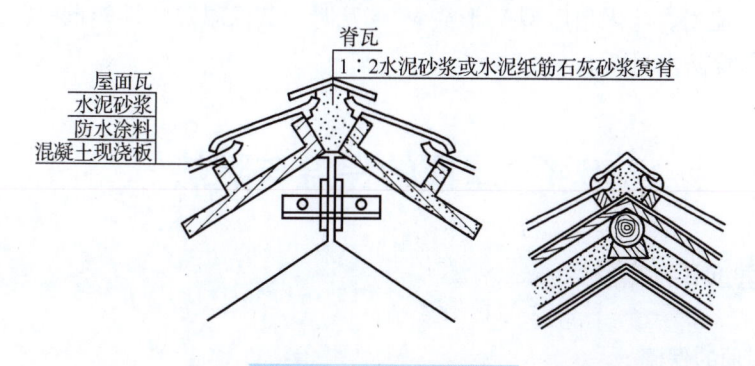

图 6-38 坡屋顶屋脊构造

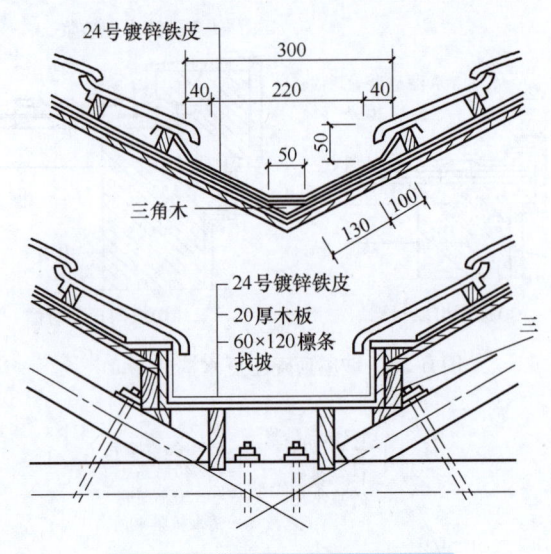

图 6-39　坡屋顶斜天沟构造 /mm

1）彩色水泥瓦

彩色水泥瓦的基本尺寸和构造同水泥平瓦，但彩色水泥瓦为屋顶提供了翠绿、金橙黄、素跷红等色彩。

2）小青瓦

小青瓦是我国民间常用的屋面瓦，由于其尺寸较小，所以在使用时要求屋面坡度不小于 50%。小青瓦有盖瓦、底瓦、滴水瓦之分，一般应采用"搭七露三"或"搭六露四"的方式进行设置。

3）琉璃瓦

琉璃瓦有琉璃平瓦和琉璃筒瓦两类，并有绿、黄、紫红、湖蓝等颜色，其屋面构造与水泥平瓦相同。

4）彩色压型钢板瓦

彩色压型钢板瓦是我国近年来逐步推广应用的新型屋面防水材料，有彩色压型钢板波形瓦和压型 V 形或 W 形瓦两类，在使用时一般用自攻螺丝钉、拉铆钉或专用连接件固定于各类檩条上。彩色压型钢板瓦防水性能好、构造简单、屋面质量小，在平屋顶、坡屋顶中均可使用。当采用压型 V 形或 W 形瓦时，其保温隔热性能也好，是极有发展前景的新型屋面防水材料。

6.4　屋顶的保温与隔热

6.4.1　屋顶的保温

1. 平屋顶的保温

为使建筑室内环境能让人们感到舒适，同时避免外界自然环境的影响，建筑外围护构件必须具有良好的建筑热工性能。我国各地区气候差异很大，北方地区冬天寒冷，南方地区夏天炎热，因此北方地区需加强保温措施，南方地区则需加强隔热措施。在寒冷地区或装有空调设备的建筑中，为防止热量损失过多、过快，以保障室内有一个舒适的生活和工作环境，建筑屋顶应设保温层。保温屋面的材料和构造做法应根据建筑物的使用要求、屋面结构形式、环境气候条件、防水处理方法和施工条件等因素综合考虑确定。保温层的厚度是通过热工计算确定的，一般可从当地建筑标准设计图集中查得。

1) 平屋顶的保温构造

在平屋顶中保温层与结构层、防水层的位置关系有以下三种。

(1) 保温层在防水层之下，构造层次自上而下为保护层、防水层、找平层、找坡层、保温层、结构层，如图 6-40(a) 所示，这种构造形式的屋面称为正置式保温屋面。这种形式构造简单、施工方便，目前被广泛采用。保温材料一般为热导率小的轻质、疏松、多孔或纤维材料，如蛭石、岩棉、膨胀珍珠岩等。这些材料可以直接使用散料，可以与水泥或石灰拌和后整浇成保温层，还可以制成板块使用。但用松散或块材保温材料时，保温层上须设找平层。

(2) 保温层在防水层之上，构造层次自上而下为保护层、找平层、保温层、防水层、找平层、结构层，如图 6-40(b) 所示。它与传统的屋顶铺设层次相反，称为倒置式保温屋面。其优点是防水层不受太阳辐射和剧烈气候变化的直接影响，不易受外来机械损伤。但保温层应选用吸湿性低、耐候性强的保温材料，如聚苯乙烯泡沫塑料板或聚氨酯泡沫塑料板。保温层上面应设保护层以防表面破损，保护层要有足够好的质量以防保温层在下雨时漂浮，可采用混凝土板或大粒径砾石作为保护层材料。

(3) 将保温层与结构层组成复合板的形式，构造层次自上而下为保护层、防水层、找平层、加气混凝土板、顶棚，如图 6-40(c) 所示。还可用硬质聚氨酯泡沫塑料现场喷涂形成防水保温二合一的屋面 (硬泡屋面)。

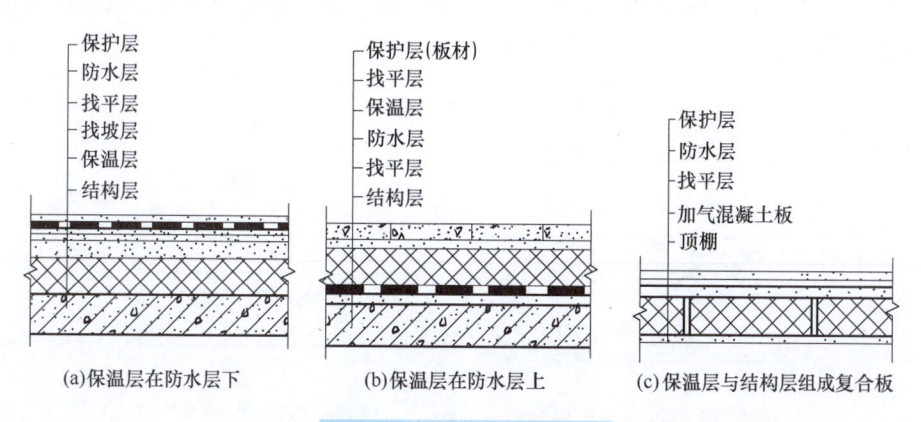

图 6-40 保温屋顶构造层次

(a) 保温层在防水层下　(b) 保温层在防水层上　(c) 保温层与结构层组成复合板

2) 保温层的保护

由于保温层常为多孔轻质材料，一旦受潮或者进水，会使保温效果降低，严重的甚至使保温层冻结而使屋面受到破坏。施工过程中保温层和找平层中残留的水在保温层中影响保温层的保温效果，所以可在保温层当中设置排气道和排气孔。排气道应纵横连通不得堵塞，其间距为6m，并与排气口相通，如图6-41所示。如果室内蒸气压较大（如浴室、厨房蒸煮间），屋顶需设置隔汽层防止室内水蒸气进入保温层。

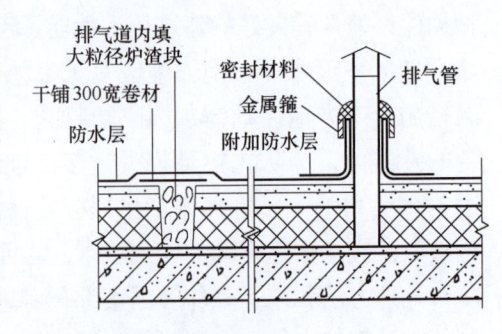

图 6-41 排气道与排气口构造 /mm

2. 坡屋顶的保温

坡屋顶保温可根据结构体系、屋面盖料、经济性及地方材料来确定。

(1) 钢筋混凝土结构坡屋顶通常是在屋面板下用聚合物砂浆粘贴聚苯乙烯泡沫塑料板保温层，如图6-42所示；也可在瓦材和屋面板之间铺设一层保温层，或顶棚上铺设保温材料，如纤维保温板、泡沫塑料板、膨胀珍珠岩等。

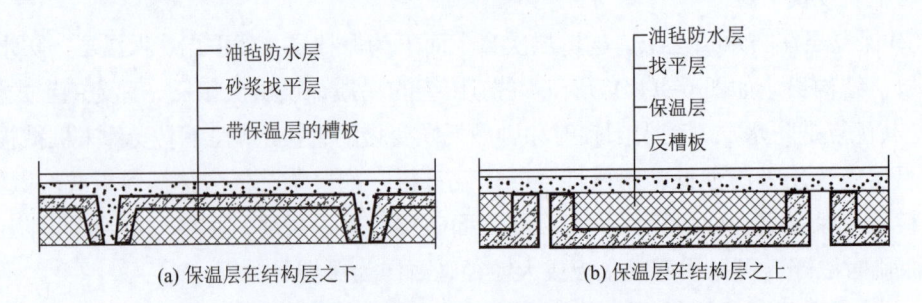

(a) 保温层在结构层之下　　(b) 保温层在结构层之上

图 6-42 钢筋混凝土结构屋顶保温构造

(2) 金属压型钢板屋面可在板上铺保温材料（如乳化沥青珍珠岩或水泥蛭石等），上面做防水层，如图6-43(a)所示；也可用金属夹芯板，保温材料用硬质聚氨酯泡沫塑料，如图6-43(b)所示。

(a) 带保温层金属压型钢板屋面　　(b) 金属夹芯板保温屋面

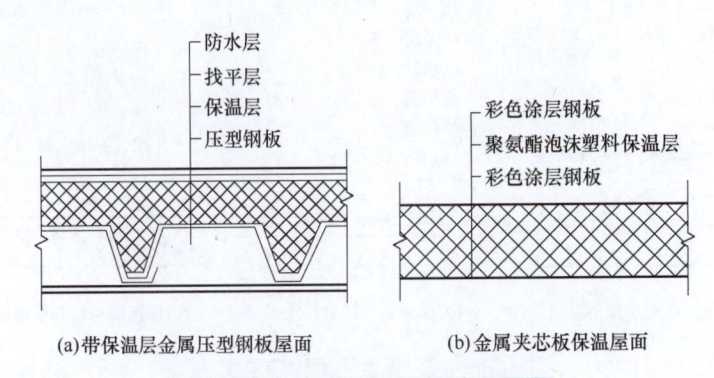

图 6-43 金属压型钢板屋面保温构造

(3) 采光屋顶的保温可采用中空玻璃或 PC 中空板，以及用内外铝合金中间加保温塑料的新型保温型材做骨架。

6.4.2 屋顶的隔热

1．平屋顶的隔热

夏季在太阳辐射和室外空气温度的共同作用下，屋顶温度迅速升高，直接影响到室内环境。特别是在南方地区，屋顶的隔热降温问题更为突出，因此要求必须从构造上采取隔热降温措施，以减少屋顶的热量对室内的影响。

平屋顶的隔热 .mp4

隔热降温的原理是：尽量减少直接作用于屋顶表面的太阳辐射能，以及减少屋面热量向室内散发。主要构造做法如下所述。

1) 实体材料隔热屋顶

在屋顶中设实体材料隔热层，利用材料的热稳定性使屋顶内表面温度相比外表面温度有较大的降低，热稳定性大的材料一般表观密度都比较大。实体材料隔热屋顶的做法有以下两种。

（1）种植屋面，屋面坡度不宜大于 3%，种植屋面上的种植介质四周应设挡墙，挡墙下部应设泄水孔，如图 6-44 所示。

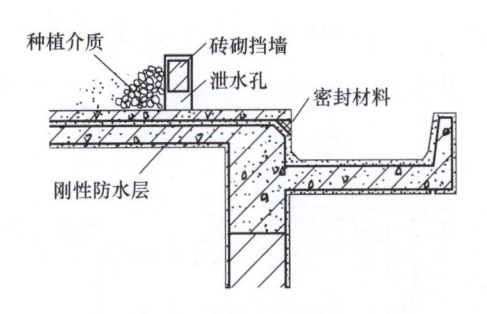

图 6-44　种植隔热屋顶构造

（2）蓄水隔热屋面，屋面坡度不宜大于 0.5%，蓄水隔热屋面的溢水口应距分仓墙顶面 100mm；过水孔应设在分仓墙底部，排水管应与落水管连通；分仓缝内应嵌填泡沫塑料，上部用卷材封盖，然后加扣混凝土盖板，蓄水隔热屋面构造如图 6-45 所示。

2) 通风降温屋顶

在屋顶上设置通风的空气间层，利用风压和热压作用使间层中流动的空气带走热量，从而降低屋顶内表面温度。通风降温屋顶比实体材料隔热屋顶的降温效果好。通常通风层设在防水层之上，这样做对防水层也起到一定的保护作用。

通风层可以由大阶砖或预制混凝土板以垫块或砌砖架空组成。架空层内空气可以纵横各向流动。如果把垫块铺成条形，使它与主导风向一致，两端分别处于正压区和负压区，气流会更畅通，降温效果也会更好，如图6-46所示。

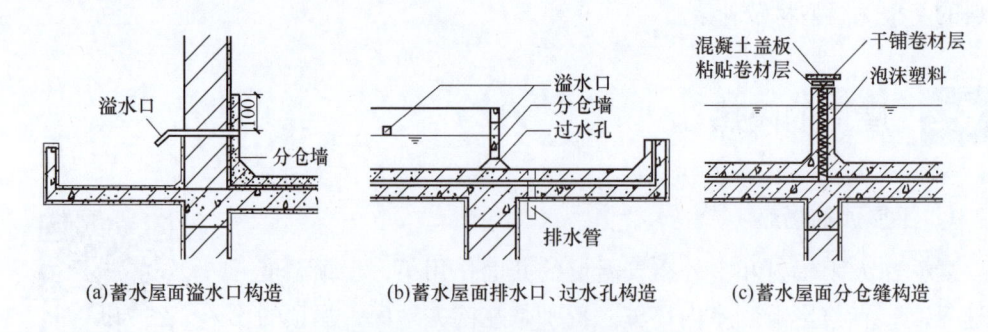

(a) 蓄水屋面溢水口构造　　(b) 蓄水屋面排水口、过水孔构造　　(c) 蓄水屋面分仓缝构造

图6-45　蓄水隔热屋面构造 /mm

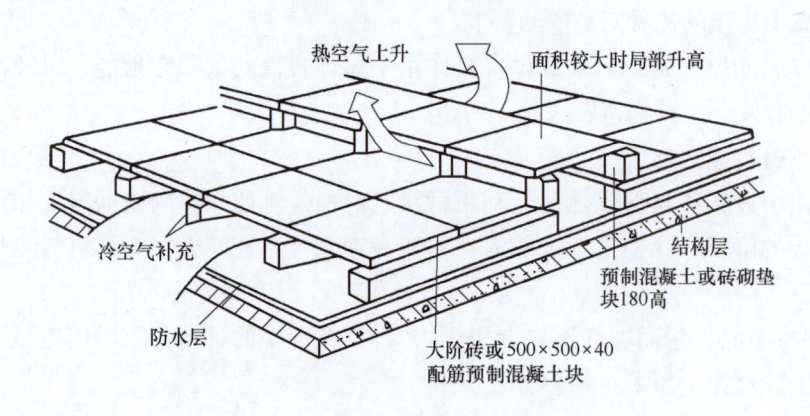

图6-46　大阶砖或钢筋混凝土架空通风屋面 /mm

屋顶的通风也可利用吊顶的空间做通风隔热层，并在檐墙上开设通风口，如图6-47所示。

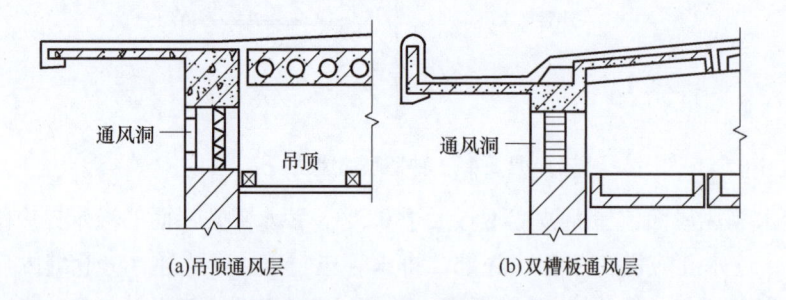

(a) 吊顶通风层　　(b) 双槽板通风层

图6-47　吊顶通风隔热屋顶

3）屋面反射降温

太阳辐射到屋面上，其能量一部分被吸收转化成热能对室内产生影响；一部分被反射到大气中。反射量与入射量之比称为反射率，反射率越高越利于屋面降温。因此，可利用材料的颜色和光滑度来提高屋顶反射率从而达到降温的目的。例如，在屋面上采用浅色的砾石铺

面或在屋面上涂刷一层白色涂料或粘贴云母等，对隔热降温均有一定的效果，但浅色表面会随着使用时间的延长、灰尘的增多而使反射效果逐渐降低。所以如果在架空通风层中加设一层铝箔反射层，会使其隔热效果更加显著，同时也减少了灰尘对反射层的污染。

2. 坡屋顶的隔热

（1）通风隔热：在结构层下做吊顶，并在山墙、檐口或屋脊等部位设通风口；也可在屋面上设老虎窗；或利用吊顶上部的大空间组织穿堂风，达到隔热效果，坡屋顶的通风隔热构造图如图 6-48 所示。

坡屋顶的隔热 .mp4

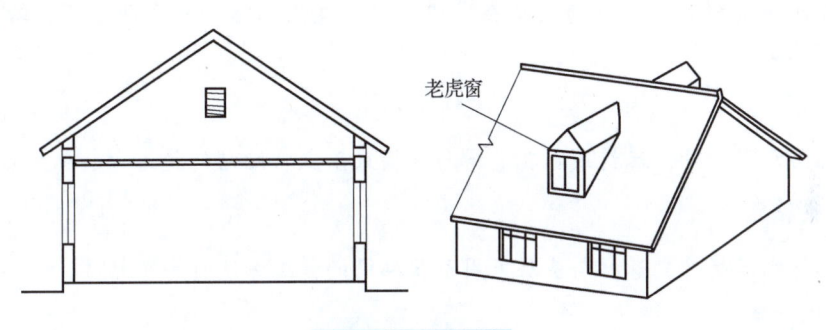

图 6-48 通风隔热

（2）材料隔热：通过改变屋面材料的物理性能实现隔热，如提高金属屋面板的反射效率，采用低辐射镀膜玻璃以及热反射玻璃等。

知识拓展

1. 防水层合理使用年限

屋面防水层能满足正常使用要求的年限称为防水层合理使用年限。

2. 一道防水设防

具有单独防水能力的一道防水层次称为一道防水设防。

3. 沥青防水卷材（油毡）

以原纸、织物、纤维毡、塑料膜等材料为胎基，浸涂石油沥青、矿物粉料或塑料膜为隔离材料制成的防水卷材称为沥青防水卷材（油毡）。

4. 高聚物改性沥青防水卷材

以高分子聚合物改性石油沥青为涂盖层，聚酯毡、玻纤毡或聚酯玻纤复合材料为胎基，细砂、矿物粉料或塑料膜为隔离材料制成的防水卷材称为高聚物改性沥青防水卷材。

5. 合成高分子防水卷材

以合成橡胶、合成树脂或两者共混材料为基料，加入适量的助剂和填料，经混炼压延或挤出等工序加工而成的防水卷材称为合成高分子防水卷材。

6. 基层处理剂

在防水层施工前，预先涂刷在基层上的涂料称为基层处理剂。

7. 满粘法

铺贴防水卷材时，卷材与基层采用全部黏结的施工方法称为满粘法。

8. 空铺法

铺贴防水卷材时，卷材与基层在周边一定宽度内黏结，其余部分不黏结的施工方法称为空铺法。

9. 点粘法

铺贴防水卷材时，卷材或打孔卷材与基层采用点状黏结的施工方法称为点粘法。

10. 条粘法

铺贴防水卷材时，卷材与基层采用条状黏结的施工方法称为条粘法。

11. 热粘法

以热熔胶黏剂将卷材与基层或卷材之间黏结的施工方法称为热粘法。

12. 冷粘法

在常温下采用胶黏剂（带）将卷材与基层或卷材之间黏结的施工方法称为冷粘法。

13. 热熔法

将热熔性防水卷材底层加热熔化后，进行卷材与基层或卷材之间黏结的施工方法称为热熔法。

14. 自粘法

采用带有自粘胶的防水卷材进行黏结的施工方法称为自粘法。

15. 焊接法

采用热风或热锲焊接进行热塑性卷材黏合搭接的施工方法称为焊接法。

16. 高聚物改性沥青防水涂料

以石油沥青为基料，用高分子聚合物进行改性，配制成的水乳性或溶剂性防水涂料称为高聚物改性沥青防水涂料。

17. 合成高分子防水涂料

以合成橡胶或合成树脂为主要成膜物质，配制成单组分或多组分的防水涂料称为合成高分子防水涂料。

18. 聚合物水泥防水涂料

以丙烯酸酯等聚合物乳液和水泥为主要原料，加入其他外加剂制得的双组分水性建筑防水涂料称为聚合物水泥防水涂料。

19. 胎体增强材料

用于涂膜防水层中的化纤无纺布、玻璃纤维网布等作为增强层的材料称为胎体增强材料。

20. 密封材料

能承受接缝位移以达到气密、水密目的而嵌入建筑接缝中的材料称为密封材料。

21. 背衬材料

用于控制密封材料的嵌填深度，防止密封材料和接缝底部黏结而设置的可变形材料称为背衬材料。

22. 平衡含水率

材料在自然环境中，其孔隙中所含有的水分与空气湿度达到平衡时，这部分水的质量占材料干质量的百分比称为平衡含水率。

23. 架空屋面

在屋面防水层上采用薄型制品架设一定高度的空间，起到隔热作用的屋面称为架空屋面。

24. 蓄水屋面

在屋面防水层上蓄积一定高度的水，起到隔热作用的屋面称为蓄水屋面。

25. 种植屋面

在屋面防水层上铺以种植介质，并种植植物，起到隔热作用的屋面称为种植屋面。

26. 倒置式屋面

将保温层设置在防水层上的屋面称为倒置式屋面。

思考题与习题

一、单选题

1. 屋顶的坡度常用单位高度和相应长度的比值来标定，也有用角度和百分比来表示的。习惯上把坡度小于（　　）的屋顶称为平屋顶，坡度大于（　　）的屋顶称为坡屋顶。
   A．20%　　　　　　B．15%　　　　　　C．25%　　　　　　D．10%
2. 特别重要的民用建筑和对防水有特殊要求的建筑防水层合理使用年限为（　　）。

A．25 年　　　　B．30 年　　　　C．50 年　　　　D．100 年

3．平屋顶的坡度一般小于（　　）。

A．3%　　　　B．5%　　　　C．2%　　　　D．4%

4．雨水管的适用间距为（　　）。

A．12～15m　　　　　　　　B．10～15m
C．10～12m　　　　　　　　D．15～20m

5．屋面防水层与垂直墙面相交处的构造处理称为泛水。下列说法错误的是（　　）。

A．卷材防水屋面的泛水重点应做好防水层的转折、垂直墙面上的固定及收头

B．转折处应做成弧形或 45°斜面（又称八字角），防止卷材被折断

C．泛水处卷材应采用满粘法

D．泛水高度由设计确定，但最低不小于 200mm

二、多选题

1．关于屋顶下列叙述正确的是（　　）。

A．屋顶的细部构件有檐口、女儿墙、泛水、天沟、落水口、出屋面管道、屋脊等

B．屋面材料还应该具有一定的强度，以便承受风雪荷载和屋面检修荷载

C．屋面材料不仅应有一定的抗渗能力，还应该能经受自然界各种有害因素的长期作用

D．屋顶由屋面、承重结构、保温（隔热）层组成

E．屋顶在设置时需要优先考虑抗震性能

2．下列选项属于平屋顶的排水组织主要考虑方面的是（　　）。

A．排水坡度　　　　B．排水效果　　　　C．排水方式
D．排水量　　　　　E．积水量

3．无组织排水一般应用于（　　）。

A．重要建筑

B．年降雨量小于或等于 900mm，檐口高度不大于 10m 的房屋

C．年降雨量大于 900mm，檐口高度不大于 8m 的房屋

D．次要建筑

E．年降雨量大于 900mm，檐口高度大于 10m 的房屋

4．将柔性的防水卷材相互搭接并用胶结料粘贴在屋面基层上形成具有防水能力的屋面的防水方法称为柔性防水。下列选项属于防水卷材分类的有（　　）。

A．砂浆防水屋面　　　　　　B．合成高分子防水卷材
C．改性沥青防水卷材　　　　D．沥青防水卷材
E．种植屋面

三、简答题

1．简述屋顶的主要作用，以及对屋顶的要求。

2．简述平屋面坡度的主要形成方法及其各自的特点、适用范围。

3．卷材的铺贴方法有哪几种，铺贴方向如何确定，应特别注意哪些部位的铺贴？

4．平屋顶的隔热措施有哪些？

5．坡屋顶有几种结构布置形式，其适用范围如何？

四、实训题

(1) 题目：平屋顶构造设计。

(2) 设计要求：

通过本次作业，使学生掌握屋顶有组织排水的设计方法和屋顶构造节点详图的设计方法，训练绘制和识读施工图的能力。

(3) 设计资料：

① 图 6-49 为某小学教学楼平面图和剖面图。该教学楼为 4 层，教学区层高为 3.6m，办公区层高为 3.3m，教学区与办公区的交接处做错层处理。

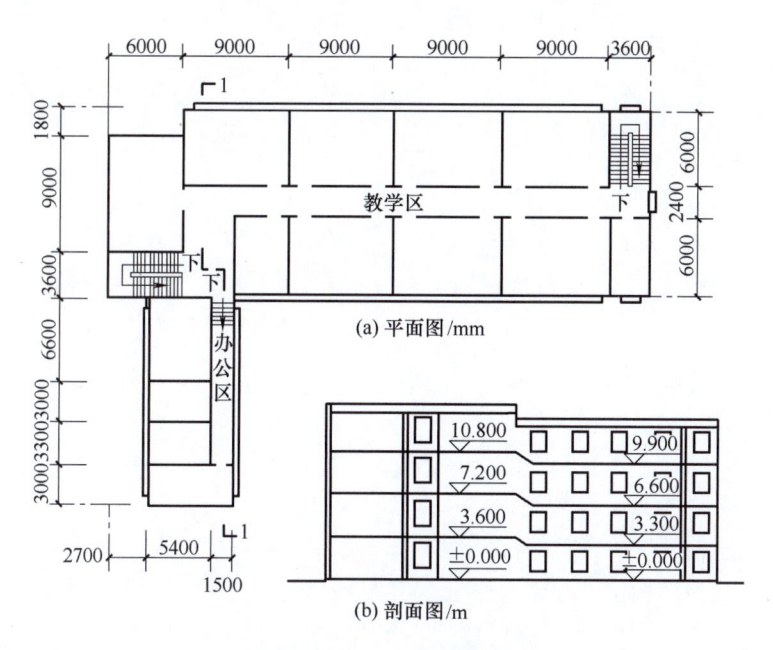

图 6-49 教学楼平面图和剖面图

② 结构类型：砖混结构。

③ 屋顶类型：平屋顶。

④ 屋顶排水方式：有组织排水，檐口形式由学生自定。

⑤ 屋面防水方案：卷材防水。

⑥ 屋顶有保温或隔热要求。

(4) 设计内容及图纸要求。

用 A3 图纸一张，按建筑制图标准的规定，绘制该小学教学楼屋顶平面图和屋顶节点详图。

屋顶平面图：比例1∶200。
① 画出各坡面交线、檐沟或女儿墙和天沟、雨水口以及屋面上人孔等。
② 标注屋面和檐沟或天沟内的排水方向与坡度大小，标注屋面上人孔等突出屋面部分的有关尺寸，标注屋面标高（结构上表面标高）。

模块 7 门 与 窗

【学习目标】

- 了解门窗的作用及门窗的材料。
- 掌握门窗洞口大小的确定。
- 掌握门窗的分类与构造。

【核心概念】

门窗的作用、门窗材料、门窗组成。

【引子】

　　门和窗是建筑造型的重要组成部分(对虚实对比、韵律艺术效果,起着重要的作用),所以它们的形状、尺寸、比例、排列、色彩、造型等对建筑的整体设计及美观都有很大的影响。

7.1 门窗概述

7.1.1 门窗的作用

门和窗是建筑物的重要组成部分，也是主要围护构件之一。窗的主要作用是采光、通风、围护和分隔空间、联系空间（观望和传递）、美化建筑立面装饰和造型，以及在特殊情况下作为交通和疏散的渠道。门的主要作用是进行建筑内外联系（交通和疏散）、围护和分隔空间、美化建筑立面的装饰和造型，并兼有采光和通风的作用。

7.1.2 门窗的材料

门窗通常由木、金属、塑料、玻璃等材料制作。

木制门窗主要用于室内，因为大多数木材遇水容易发生翘曲变形或容易受到腐蚀，用于外墙上有可能会因变形而造成难以开启。但木制品易加工，感官效果良好，用于室内的效果是其他材料难以替代的。

金属门窗主要包括钢门窗以及铝合金门窗。其中，实腹钢门窗因为节能效果和整体刚度都较差，现已不再推广使用。空腹钢门窗是采用薄壁型钢制作，可节省钢材40%左右，且具有更大的刚度，近年来使用较为广泛。铝合金门窗由不同断面型号的铝合金型材和配套零件及密封件加工制成，其自重小，也具有相当的刚度，在使用中的变形小，且框料经过氧化着色处理，无须再涂漆和进行表面维修。

塑料门窗是以聚氯乙烯、改性聚氯乙烯或其他树脂为主要原料，轻质碳酸钙为填料，并添加适量助剂和改性剂，经挤压、机制成各种空腹截面后拼装而成的。因为其抗弯曲变形能力较差，所以制作时一般需要在型材内腔加入钢或铝等加强材料，故称为塑钢门窗。塑料门窗的材料耐腐蚀性能好，使用寿命长，且无须油漆着色及维护保养。中空塑料的保温隔热性能好，制作时断面形状容易控制，有利于加强门窗的气密性、水密性和隔声性能。加上工程塑料良好的耐气候性、阻燃性和电绝缘性，使得塑料门窗成为受到推崇的产品类型。

7.1.3 门洞口大小的确定

门洞口大小应根据建筑中人员和设备等的日常通行要求、安全疏散要求以及建筑造型艺术和立面设计要求等决定。为避免门扇面积过大导致门扇及五金连接件等变形而影响使用，平开门、弹簧门等的单扇门宽度不宜超过1000mm，一般供日常活动进出的门，其单扇门宽度为800～1000mm，双扇门宽度为1200～2000mm，腰窗高度常为400～900mm，可根据门洞高度进行调节。在部分公共建筑和工业建筑中，按使用要求，门洞高度可适当提高。

7.1.4 门的选用与布置

1. 门的选用

门的选用应注意以下 6 点。

(1) 一般公共建筑经常出入的向西或向北的门，应设置双道门或门斗，以避免受到冷风影响。外面的一道门用外开门，里面的一道门宜用双面弹簧门或电动推拉门。

(2) 湿度较大的房间中的门不宜选用纤维板门或胶合板门。

(3) 大型营业性餐厅至备餐间的门，宜做成双扇上、下行的单面弹簧门，并且带玻璃窗。

(4) 体育馆内运动员经常出入的门，门扇净高不低于 2200mm。

(5) 托幼建筑的儿童用门，不得选用弹簧门，以免挤手碰伤。

(6) 所有的门若无隔声要求，不得设门槛。

2. 门的布置

门的布置应注意以下 8 点。

(1) 两个相邻并经常开启的门，应避免开启时相互碰撞。

(2) 向外开启的平开外门，应有防止风吹碰撞的措施。

(3) 门开向不宜朝西或朝北，以减少冷风对室内环境的影响。

(4) 门框立口宜立墙内口（内开门）、墙外口（外开门），也可立中口（墙中），以满足使用方便、装修、连接的要求。

(5) 凡无间接采光通风要求的套间内门，不需设上亮子，也不需设纱窗。

(6) 经常出入的外门宜设雨罩，楼梯间外门雨罩下如设吸顶灯时，应防止被门扉碰碎。

(7) 变形缝外不得利用门框盖缝，门扇开启时不得跨缝。

(8) 住宅内门的设置位置和开向，应结合家具布置考虑。

7.1.5 窗洞口大小的确定

窗的尺寸应综合考虑以下几方面因素。

1. 采光

从采光要求来看，窗的面积与房间面积有一定的比例关系。

2. 使用

窗的自身尺寸以及窗台高度取决于人的行为和行为尺度。

3. 窗洞口尺寸系列

为了使窗洞口尺寸的设计与建筑设计、工业化和商业化生产，以及施工安装相协调，国家颁布了《建筑门窗洞口尺寸系列》(GB/T 5824—2021)。窗洞口的高度和宽度（指标志尺寸）规定为 3M 的倍数。但考虑到某些建筑，如住宅建筑的层高不大，以 3M 进位作为窗洞高度，尺寸变化过大，所以增加 2200mm、2300mm 作为窗洞高的辅助参数。

4. 结构

窗的高宽尺寸受到层高及承重体系以及窗过梁高度的制约。

5. 美观

窗是建筑物造型的重要组成部分，窗的尺寸和比例关系对建筑立面影响极大。

7.1.6 窗的选用与布置

1. 窗的选用

窗的选用应注意以下 4 点。

(1) 面向外廊的居室、橱、侧窗应向内开，或在人的高度以上外开，并应考虑防护安全及密封性要求。

(2) 低、多、高层的所有民用建筑，除高级空调房间外（确保昼夜运转），均应设纱窗，并应注意在走道、楼梯间、次要房间等装纱窗以防进蚊蝇。

(3) 高温、高湿及防火要求较高时，不宜用木窗。

(4) 用于锅炉房、烧火间、车库等处的外窗，可不装纱窗。

2. 窗的布置

窗的布置应注意以下 9 点。

(1) 楼梯间外窗应考虑各层圈梁的走向，避免在安装时出现冲突。

(2) 楼梯间外窗做内开扇时，开启后不得在人的高度内突出墙面。

(3) 窗台高度由工作面需要而定，一般不宜低于工作面 (900mm)。如窗台过高或上部开启时，应考虑开启方便，必要时可加设开启设施。

(4) 在设置有暖气片的房间里布置窗时，窗台板下净高、净宽需满足暖气片及阀门操作的空间需要。

(5) 民用建筑（除住宅外）临空窗的窗台距楼地面的净高低于 0.80m 时应采取防护措施，防护高度由楼地面（或可踏面）起计算不应小于 0.80m。

(6) 错层住宅屋顶的不上人处，尽量不设窗，如因采光或检修需设窗时，应有可锁启的铁栅栏，以免儿童上屋顶发生危险，并可以减少屋面损坏及相互串通。

(7) 开向公共走道的窗扇开启时不应影响人员通行，其底面距走道地面的高度不应小于 2.00m。

(8) 外开窗扇应采取防脱落措施。

(9) 全玻璃的门和落地窗应选用安全玻璃，并应设防撞提示标识。

7.2 门的分类与构造

7.2.1 门的分类

1. 按所使用材料分类

(1) 木门：用途较广泛，其特点是轻便、制作简单、保温隔热性好，但防腐性差，且耗费大量木材，因而常用于房屋的内门。

(2) 钢门：采用型钢和钢板焊接而成，它具有强度高、不易变形等优点，但耐腐蚀性差，多用于有防盗要求的门。

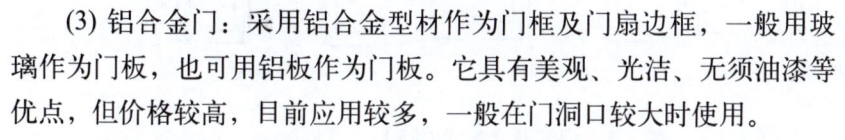

(3) 铝合金门：采用铝合金型材作为门框及门扇边框，一般用玻璃作为门板，也可用铝板作为门板。它具有美观、光洁、无须油漆等优点，但价格较高，目前应用较多，一般在门洞口较大时使用。

(4) 玻璃钢门、无框玻璃门：多用于公共建筑的出入口，美观大方，但成本较高。为安全起见，门扇外一般还要设如卷帘门等安全门。

2. 按开启方式分类

门按开启方式可分为以下 7 种，如图 7-1 所示。

(1) 平开门：分为内开和外开及单扇和双扇。其构造简单，开启灵活，密封性能好，制作和安装较方便，但开启时占用空间较大。此种门在居住建筑中及学校、医院、办公楼等公共建筑的内门处应用比较多。

(2) 推拉门：分单扇和双扇，可手动和自动，能左右推拉且不占空间，但密封性能较差。自动推拉门多用于办公、商业等公共建筑，门的开启多采用光控。手动推拉门多用于房间的隔断和卫生间等处。

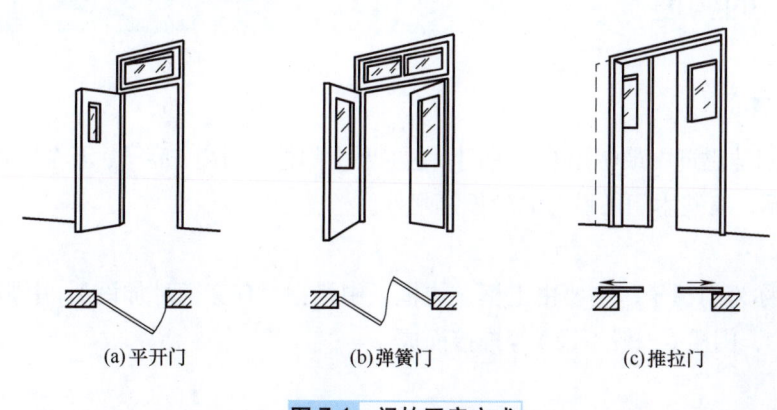

(a) 平开门　　　　(b) 弹簧门　　　　(c) 推拉门

图 7-1 门的开启方式

(d)折叠门　　　　　　　　　(e)旋转门

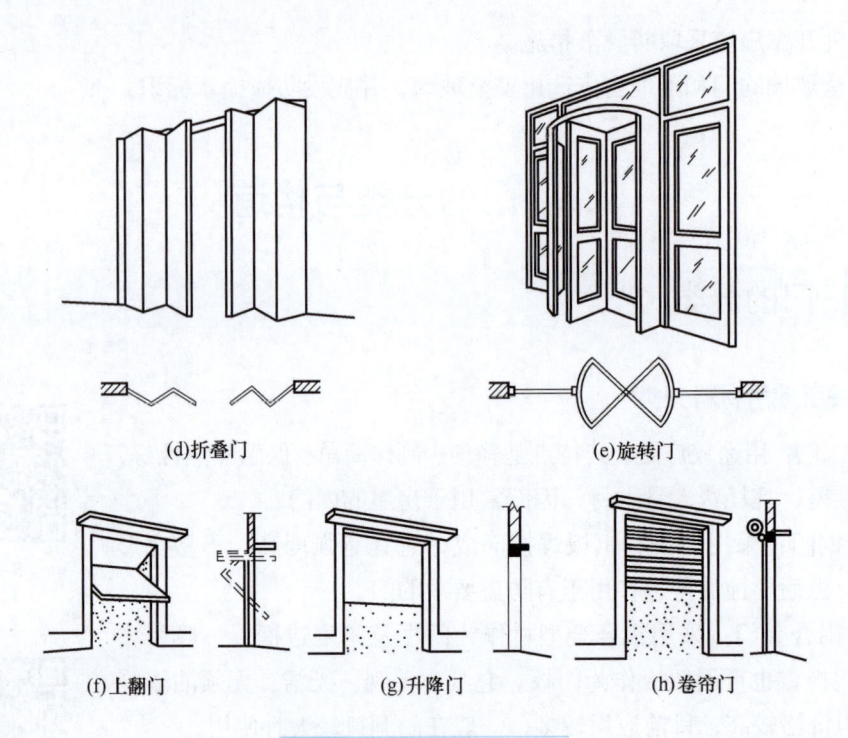

(f)上翻门　　　(g)升降门　　　(h)卷帘门

图 7-1　门的开启方式（续）

（3）弹簧门：多用于公共建筑人流多的出入口。开启后可自动关闭，但其密封性能差。

（4）旋转门：由四扇门相互垂直组成十字形且绕中竖轴旋转的门。其密封性能及保温隔热性能比较好，且卫生方便，多用于宾馆、饭店、公寓等大型公共建筑的正门。

（5）折叠门：用于尺寸较大的洞口。开启后门扇相互折叠，占用空间较少。

（6）卷帘门：有手动和自动及正卷和反卷之分，开启时不占用空间。

（7）翻板门：外表平整，不占用空间，多用于仓库、车库等。

此外，门按所在位置不同又可分为内门（在内墙上的门）和外门（在外墙上的门）。

7.2.2　门的构造

1. 平开木门

平开木门是建筑中最常用的一种门。它主要由门框、门扇、亮子、五金零件等组成，如图 7-2 所示，有些木门还设有贴脸板等附件。

1）门框

门框又称为门樘子，主要由上框、边框、中横框（有亮子时加设）、中竖框（三扇以上时加设）、门槛（一般不设）等榫接而成。

模块 7 门 与 窗

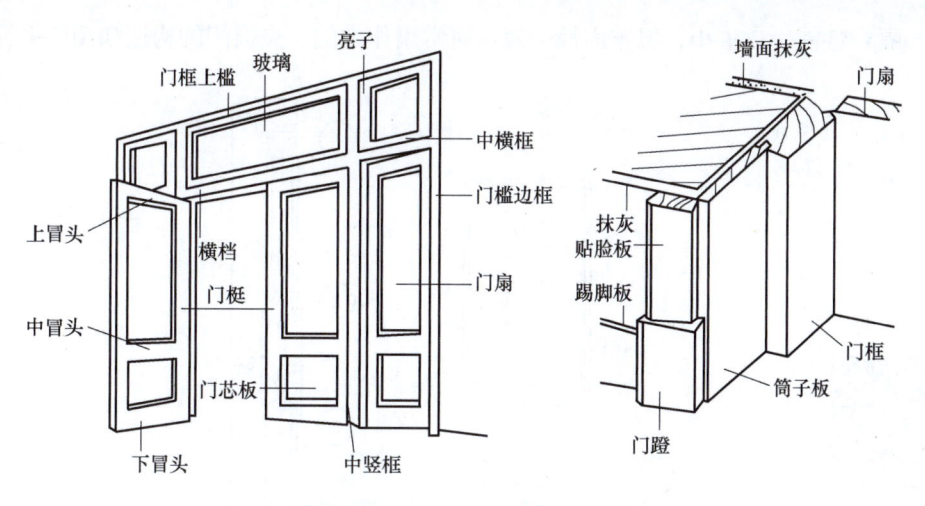

图 7-2　平开木门的组成和名称

门框安装方式有两种：一是立口，即先立门框后砌筑墙体，门框两侧伸出长度 120mm（俗称羊角）压砌入墙内；二是塞口。为使门框与墙体有可靠的连接，砌墙时沿门洞两侧每隔 500～700mm 砌入一块防腐木砖，再用长钉将门框固定在墙内的防腐木砖上。门（窗）框的安装方式如图 7-3 所示。防腐木砖每边为 2 或 3 块，最下一块木砖应放在地坪以上 200mm 左右处。门框相对于外墙的位置可分为内平、居中和外平三种情况。

窗框的安装（立口）.mp4

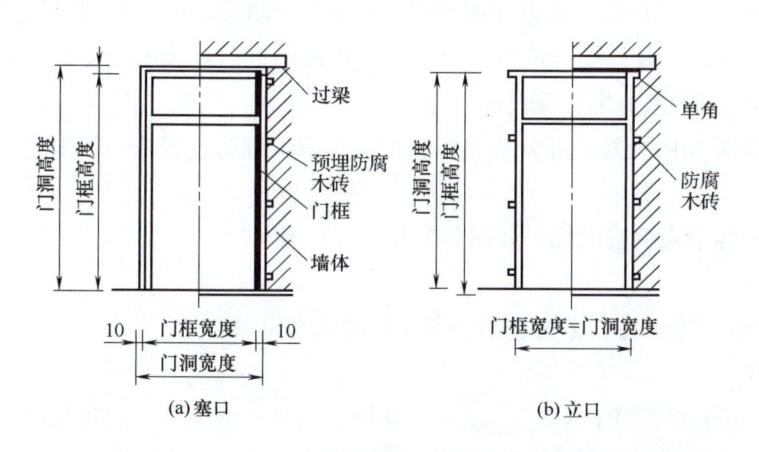

图 7-3　门（窗）框的安装方式 /mm

(a) 塞口　　(b) 立口

窗框的安装（塞口）.mp4

2) 门扇

门扇嵌入到门框中，门的名称一般以门扇所选的材料和构造来命名，民用建筑中常见的有夹板门、拼板门、百叶门、镶板门等形式。

(1) 夹板门采用小规格 [(32～35mm)×(34～60mm)] 木料做骨架，在骨架两侧贴上胶合板、硬质纤维板或塑料板，然后再用木条将四周封闭而成。夹板门具有较好的

185

保温、隔声性能，自重小，但牢固性一般，通常用作内门，夹板门的构造如图 7-4 所示。

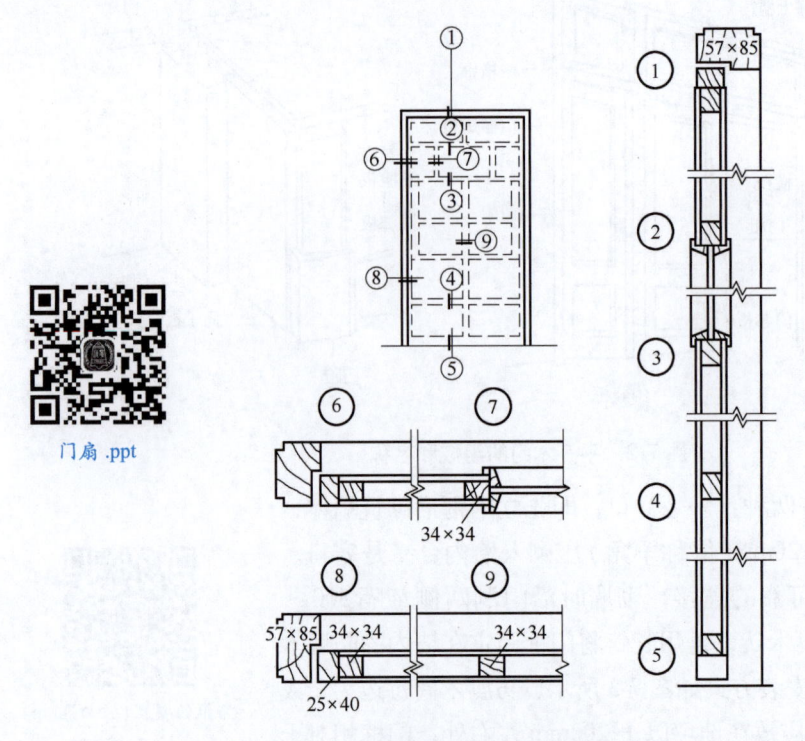

图 7-4 夹板门的构造 /mm

（2）拼板门用的拼板的骨架构造与镶板门相类似，只是竖向拼接的门芯板规格较厚（一般 15～20mm），中冒头一般只设一道或不设，有时不用门框，直接用门铰链与墙上预埋件相连。拼板门坚固耐久，但自重较大。

（3）百叶门是在门扇骨架内全部或部分安装百叶片，具有较好的透气性，常用于卫生间、储藏室等。

（4）镶板平开木门的各节点构造大样，如图 7-5 所示。

3）亮子

亮子是指门扇或窗扇上方的窗，主要起增加光线和通风的作用。

4）五金零件及附件

平开木门上常用的五金有铰链（合页）、拉手、插销、门锁、金属角、门碰头等。五金零件与木门间采用木螺钉固定。门附件主要有木质贴脸板、筒子板等。

2．铝合金门

铝合金门由门框、门扇及五金零件组成。门框、门扇均用铝合金型材料制作，为改善铝合金门冷桥散热，可在其内部夹泡沫塑料新型型材。由于生产厂家不同，门框型材种类繁多。铝合金门常采用推拉门、平开门和地弹簧门。关于窗扇、窗框、玻璃等的安装方法及窗框与墙体的连接方式，后面我们介绍铝合金窗的构造时会有提及，对铝合金门的构造不作赘述。

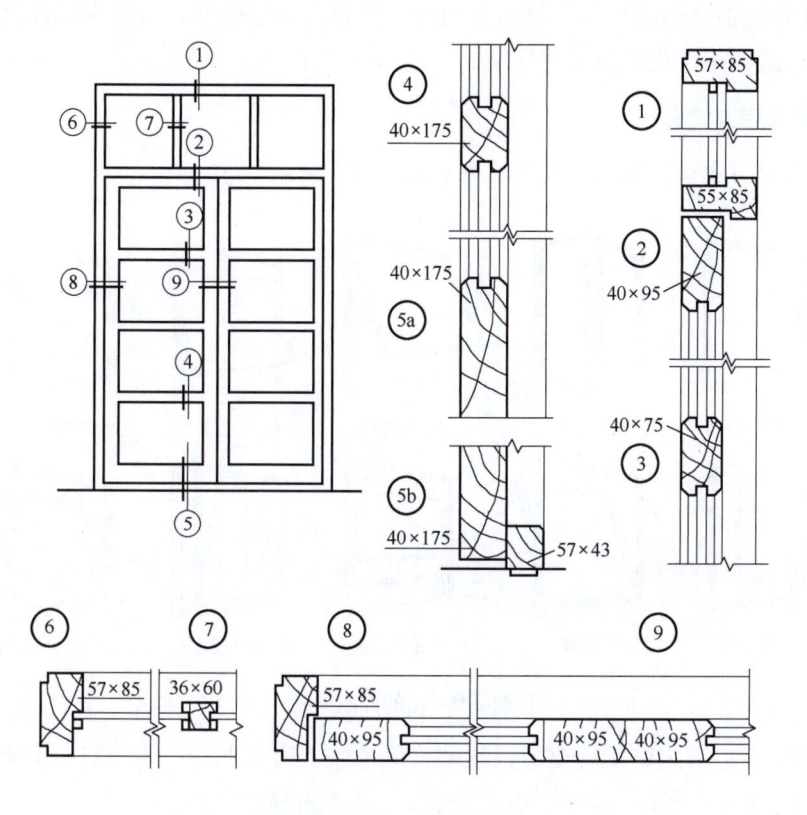

图 7-5 镶板门的构造 /mm

7.3 窗的分类与构造

7.3.1 窗的分类

1. 按所使用材料分

(1) 木窗：用松、杉木制作而成。具有制作简单，经济，密封性能、保温性能好等优点，但相对透光面积小，防火性能差，木材用量大，耐久性低，易变形、损坏等。过去经常采用此种窗，现在随着窗材料的增多，已基本上不再采用。

(2) 钢窗：由型钢经焊接而成。钢窗与木窗相比较，具有坚固、不易变形、透光率大的优点，但易生锈，维修费用高，目前采用得越来越少。

(3) 铝合金窗：由铝合金型材用拼接件装配而成。其成本较高，但具有美观、耐久、耐腐蚀、刚度大、变形小、开启方便等优点，目前应用较多。

(4) 塑钢窗：由塑钢型材装配而成。其成本较高，但密闭性好，保温、隔热、隔声，表面光洁，便于开启。该窗与铝合金窗同样是目前应用较多的窗。

(5) 玻璃钢窗：由玻璃钢型材装配而成。具有耐腐蚀性强、质量小等优点，但表面糙度较大，通常用于化工类工业建筑。

2. 按开启方式分

窗按开启方式可分为以下几种类型，如图 7-6 所示。

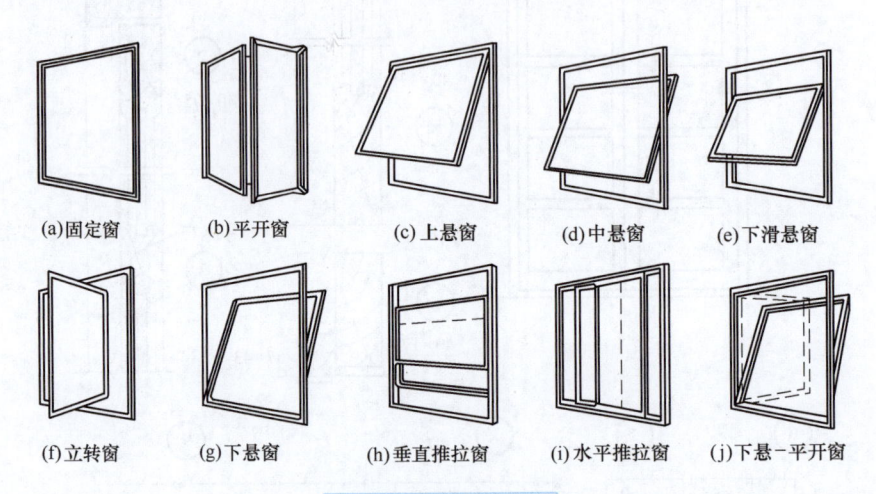

图 7-6　窗的开启方式

(a)固定窗　(b)平开窗　(c)上悬窗　(d)中悬窗　(e)下滑悬窗
(f)立转窗　(g)下悬窗　(h)垂直推拉窗　(i)水平推拉窗　(j)下悬-平开窗

(1) 固定窗：固定窗无须窗扇，玻璃直接镶嵌于窗框上，不能开启，不能通风。其通常用于外门的亮子和楼梯间等处，供采光、观察和围护所用。

(2) 平开窗：平开窗有内开和外开两种，其构造比较简单，制作、安装、维修、开启等都比较方便，通风面积比较大。

(3) 悬窗：根据水平旋转轴的位置不同分为上悬窗、中悬窗和下悬窗三种。为了避免雨水进入室内，上悬窗必须向外开启；中悬窗上半部向内开、下半部向外开，此种窗有利于通风，开启方便，多用于高窗和门亮子；下悬窗一般内开，不防雨，不能用于外窗。

(4) 立转窗：窗扇可以绕竖向轴转动，竖轴可设在窗扇中心，也可以略偏于窗扇一侧，通风效果较好。

(5) 推拉窗：窗扇沿着导轨槽可以左右推拉，也可以上下推拉，这种窗不占用空间，但通风面积小，目前铝合金窗和塑钢窗均采用这种开启方式。

7.3.2　窗的构造

窗由窗樘（又称窗框）和窗扇两部分组成。为满足不同的要求，窗框与墙的连接处有时会加贴脸板、窗台板、窗帘盒等，窗的组成和名称如图 7-7 所示。

1. 推拉式铝合金窗

铝合金窗的开启方式有很多种，目前较多采用水平推拉式。

(1) 推拉式铝合金窗主要由窗框、窗扇和五金零件组成。

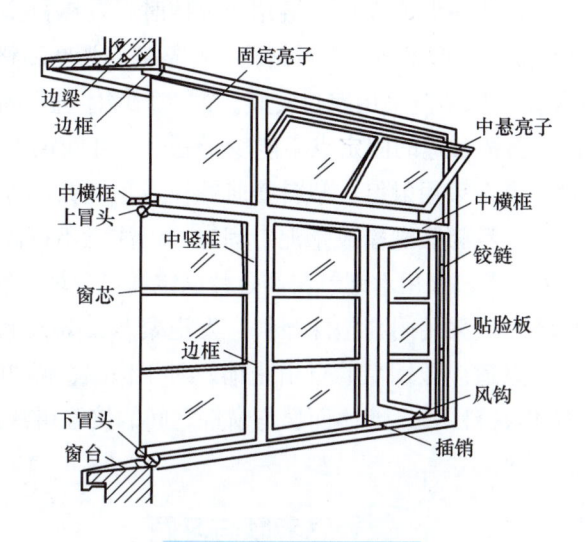

图 7-7　窗的组成和名称

推拉式铝合金窗的型材有 55 系列、60 系列、70 系列、90 系列等，其中 70 系列是目前广泛采用的窗用型材，其采用 90°开榫对合，由螺钉连接成型。玻璃根据面积大小、隔声、保温、隔热等的要求，可以选择 3～8mm 厚的普通平板玻璃、热反射玻璃、钢化玻璃、夹层玻璃或中空玻璃等，玻璃安装时采用橡胶压条或硅酮密封胶密封。窗框与窗扇的中梃和边梃相接处，需设置塑料垫块或密封毛条，以使窗扇受力均匀，开关灵活。

(2) 推拉式铝合金窗框的安装应采用塞口法，即在砌墙时，先留出比窗框四周大的洞口，墙体砌筑完成后将窗框塞入并进行固定。固定时，为防止墙体中的碱性物质对窗框的腐蚀，不能将窗框直接埋入墙体，一般可采用预埋件焊接、膨胀螺栓锚接或射钉等方式固定。但当墙体为砌体结构时，严禁用射钉固定。

窗框与墙体连接时，每边不能少于两个固定点，且固定点的间距应在 700mm 以内。在基本风压大于或等于 0.7kPa 的地区，固定点的间距不能大于 500mm。边框两端部的固定点距两边缘不能大于 200mm。窗框固定好后，窗外框与墙体之间的缝隙用弹性材料填嵌密实、饱满，并确保无缝隙。填塞材料与填塞的方法应按设计要求，一般用与其材料相黏结的闭孔泡沫塑料、发泡聚苯乙烯、矿棉毡条或玻璃丝毡条等填塞嵌缝且不得填实，以避免变形破坏，外表留 5～8mm 深的槽口用密封膏密封。这种做法主要是为了防止窗框四周形成冷热交换区产生结露，而且有利于隔声、保温，同时还可避免窗框与混凝土、水泥砂浆接触，消除墙体中的碱性物质对窗框的腐蚀。

2. 塑钢窗

(1) 塑钢窗的组成与构造。塑钢窗的组装多用组角与榫接工艺。考虑到PVC塑料与钢衬的收缩率不同，钢衬的长度应比塑料型材长度短1～2mm，且能使钢衬较宽松地插入塑料型材空腔中，以适应温度变形。组角和榫接时，在钢衬型材的空腔插入金属连接件，用自攻螺钉直接锁紧形成闭合钢衬结构，使整窗的强度和整体刚度大大提高。

(2) 塑钢窗的安装。塑钢窗应采用塞口安装。窗框与墙体进行固定时，应先固定上框，然后再固定边框。窗框每边的固定点不能少于三个，且间距不能大于600mm。当墙体为混凝土材料时，大多采用射钉、塑料膨胀螺栓或预埋铁件焊接固定；当墙体为砖墙材料时，大多采用塑料膨胀螺栓或水泥钉固定，但注意不得固定在砖缝处；当墙体为加气混凝土材料时，大多采用木螺钉将固定片固定在已预埋的胶结木块上。

窗框与洞口的缝隙内应采用闭孔泡沫塑料、发泡聚苯乙烯或毛毡等弹性材料分层填塞，填塞不宜过紧，以适应塑钢窗的自由胀缩。对于保温、隔声要求较高的工程，应采用相应的隔热、隔声材料填塞。墙体面层与窗框之间的接缝用密封胶进行密封处理。

思考题与习题

一、单选题

1. 塑料门窗是以聚氯乙烯、改性聚氯乙烯或其他树脂为主要原料，轻质碳酸钙为填料，并添加适量助剂和改性剂，经挤压、机制成各种空腹截面后拼装而成的。下列选项不正确的是（　　）。

　　A．塑料门窗的材料耐腐蚀性能好，使用寿命长，且无须油漆着色及维护保养
　　B．中空塑料的保温隔热性能好，制作时断面形状容易控制
　　C．有利于加强门窗的气密性、水密性和隔声性能
　　D．工程塑料具有良好的耐候性、阻燃性和电绝缘性

2. 多用于公共建筑的出入口的门是（　　）。

　　A．钢门　　　　　　　　　　B．玻璃钢门、无框玻璃门
　　C．木门　　　　　　　　　　D．铝合金门

3. 体育馆内运动员经常出入的门，门扇净高不低于（　　）。

　　A．2000mm　　　　　　　　B．2200mm
　　C．2500mm　　　　　　　　D．2400mm

4. 多用于宾馆、饭店、公寓等大型公共建筑正门的是（　　）。

　　A．推拉门　　B．平开门　　C．旋转门　　D．弹簧门

5. 当门框安装方式采用塞口法时，为使门框与墙体有可靠的连接，砌墙时沿门洞两侧每隔（　　）砌入一块防腐木砖。

　　A．500～800mm　　　　　　B．500～700mm
　　C．400～700mm　　　　　　D．500～1000mm

二、多选题

1. 门洞口大小应根据建筑中人员和设备等的日常通行要求、安全疏散要求以及建筑造型艺术和立面设计要求等决定。下列说法正确的是(　　)。

  A．平开门、弹簧门等的单扇门宽度不宜超过 1100mm

  B．一般供日常活动进出的门，其单扇门宽度为 800～1000mm，双扇门宽度为 1200～2000mm

  C．腰窗高度常为 400～900mm，可根据门洞高度进行调节

  D．在部分公共建筑和工业建筑中，按使用要求，门洞高度可适当提高

  E．门洞上方必须设置围梁

2. 平开木门是建筑中最常用的一种门。它主要由(　　)组成。

  A．亮子　　　　　B．五金零件　　　　C．门扇

  D．门框　　　　　E．铝合金门板

三、简答题

1. 简述门窗的作用和要求。
2. 简述铝合金门窗的优点。
3. 窗的尺度应综合考虑哪几方面因素？

模块 8 变形缝

【学习目标】

- 掌握变形缝的种类及其作用。
- 掌握各种变形缝设置原则。
- 理解各种变形缝的构造。

【核心概念】

伸缩缝、沉降缝、防震缝。

【引子】

建筑物在外界因素作用下常会产生变形,导致建筑物结构构件或建筑物整体出现开裂甚至破坏。变形缝是针对这种情况而预留的构造缝。变形缝按其功能不同可分为伸缩缝、沉降缝、防震缝三种。在我们了解了变形缝的分类之后,再带着思考来阅读本章的内容,看看三者有何区别与联系。

当建筑物的长度超过规定，平面有曲折变化，同一建筑部分高度或荷载有很大差别时，建筑构件会因温度变化、地基不均匀沉降和地震等因素的影响，使结构内部产生附加应力和变形，使建筑物出现裂缝或遭到破坏，所以在设计时应事先将建筑物用垂直的缝分成几个单独的部分，使各部分能够独立地变形，这种垂直的缝称为变形缝。

8.1　变形缝的设置

8.1.1　伸缩缝

建筑物因受温度变化的影响而产生热胀冷缩，在结构构件内部产生附加应力，当建筑物长度超过一定限度，建筑平面变化较多或结构类型变化较大时，建筑物会因热胀冷缩而产生较大的裂缝。为了避免这种情况发生，通常沿建筑物长度方向每隔一定距离或结构变化较大处预留缝隙。这种将建筑物断开，因温度变化而设置的缝隙称为伸缩缝。设置伸缩缝时，自基础以上将房屋的墙体、楼板层、屋顶等构件断开，将建筑物分离成几个独立的部分，基础可不断开，缝宽一般是 20mm。

伸缩缝的最大间距，应根据不同材料的结构而定。砌体房屋伸缩缝的最大间距如表 8-1 所示，钢筋混凝土结构伸缩缝的最大间距如表 8-2 所示。

表 8-1　砌体房屋伸缩缝的最大间距

屋盖和楼盖类别		间距/m
整配式或装配整体式钢筋混凝土结构	有保温层或隔热层的屋盖、楼盖	50
	无保温层或隔热层的屋盖、楼盖	40
整配式无檩体系钢筋混凝土结构	有保温层或隔热层的屋盖、楼盖	60
	无保温层或隔热层的屋盖、楼盖	50
整配式有檩体系钢筋混凝土结构	有保温层或隔热层的屋盖、楼盖	75
	无保温层或隔热层的屋盖、楼盖	60
瓦材屋盖、木屋盖或楼盖、轻钢屋盖		100

注：① 层高大于 5m 的混合结构单层房屋，其伸缩间距可按本表中数值乘以 1.3 采用，但当墙体采用硅酸盐砌块和混凝土砌块砌筑时，不得大于 75m。
　　② 温差较大且变化频繁地区和严寒地区不采暖的房屋及构筑物墙体，其伸缩缝的最大间距应按表中数值予以适当减小后采用。

表 8-2 钢筋混凝土结构伸缩缝的最大间距

结构	类型	室内或土中 /m	露天 /m
排架结构	装配式	100	70
框架结构	装配式	75	50
	现浇式	55	35
剪力墙结构	装配式	65	40
	现浇式	45	30
挡土墙及地下室墙壁等类结构	装配式	40	30
	现浇式	30	20

注：① 装配整体式结构房屋的伸缩缝间距宜按表中现浇式的数值取用。装配整体式结构，也包括由叠合构件加后浇层形成的结构。由于预制混凝土构件已基本完成收缩，故伸缩缝的间距可适当加大。

② 框架-剪力墙结构或框架-核心筒结构房屋的伸缩缝间距可根据结构的具体布置情况取表中框架结构与剪力墙结构之间的数值。

③ 当屋面无保温或隔热措施时，框架结构、剪力墙结构的伸缩缝间距宜按表中露天栏的数值取用。

④ 现浇挑檐、雨罩等外露结构的伸缩缝间距不宜大于 12m。

8.1.2 沉降缝

上部结构各部分之间，因层数差异较大或使用荷载相差较大，或因地基压缩性差异较大，可能使地基发生不均匀沉降时，需要设缝将结构分为几部分，使其每一部分的沉降比较均匀，避免在结构中产生额外的应力，该缝即称为沉降缝。沉降缝把建筑物划分成几个段落，从基础、墙体、楼板到房顶各不连接。缝宽一般为 30～70mm，借以避免各段不均匀下沉而产生裂缝。通常设置在建筑高低、荷载或地基承载力差别很大的各部分之间，以及设置在新旧建筑的连接处。设置沉降缝时，必须将基础、墙体、楼层及屋顶等部分全部在垂直方向断开。

凡属下列情况的，均应考虑设置沉降缝。

(1) 同一建筑物部分的高度相差较大、荷载大小悬殊、结构形式变化较大等易导致地基沉降不均匀的情况。

(2) 建筑物平面形状较复杂、连接部位又比较薄弱的情况。

(3) 新建建筑物与原有建筑物毗邻的情况。

(4) 建筑物各部分相邻基础的形式、宽度及埋置深度相差较大，易形成不均匀沉降的情况。

(5) 建筑物建造在不同的地基上，并难以保证均匀沉降的情况。

8.1.3 防震缝

在地震区建造房屋必须充分考虑地震对建筑物造成的影响。将大型建筑物分隔为较小的部分,形成相对独立的防震单元,避免因地震造成建筑物整体震动不协调而产生破坏。防震缝应沿建筑物全高设置,缝的两侧应布置双墙或双柱,使各部分结构都有较好的刚度。一般情况下基础可以不分开,但当建筑物平面复杂时,应将基础分开。

在抗震设防区,防震缝应与沉降缝和伸缩缝一同布置,沉降缝和伸缩缝须满足抗震缝要求。

8.1.4 变形缝的缝宽

三种不同的变形缝的缝宽设置如表 8-3 所示。

表 8-3 变形缝的缝宽设置

变形缝	伸缩缝	沉 降 缝	防 震 缝
缝宽	20～30mm	一般地基: 建筑物高＜5m,缝宽为 30mm 　　　　5～10m,缝宽为 50mm 　　　　10～15m,缝宽为 70mm 软弱地基: 建筑物 2 或 3 层缝宽为 50～80mm 　　　　4～5 层,缝宽为 80～120mm 　　　　≥6 层,缝宽＞120mm 湿陷性黄土地基≥30～50mm	当建筑物高≤15m 时,缝宽为 70mm 当建筑物高＞15m 时,7、8、9 度设防,高度每增加 4m、3m、2m,缝宽增加 20mm

8.2 变形缝的构造

变形缝的构造处理采取中间填缝、上下或内外盖缝的方式。中间填缝是指缝内填充沥青麻丝或木丝板、油膏、泡沫塑料条、橡胶条等有弹性的防水轻质材料;上下或内外盖缝是指根据位置和要求合理选择盖缝条,如镀锌铁皮、彩色薄钢板、铝皮等金属片以及塑料片、木盖缝条等。

模块 8 变形缝

8.2.1 伸缩缝的构造

1. 墙体伸缩缝构造

墙体伸缩缝一般做成平缝、错口缝（高低缝）和凹凸缝（齿口缝）等截面形式，如图 8-1 所示。

为了防止外界自然条件对墙体及室内环境的影响，变形缝外墙一侧常用沥青麻丝、泡沫塑料条等有弹性的防水材料进行填缝，当缝较宽时，缝口可用镀锌铁皮、彩色薄钢板等材料做盖缝处理。所有填缝及盖缝材料和构造应保证结构在水平方向自由伸缩而不产生破裂，如图 8-2 所示。

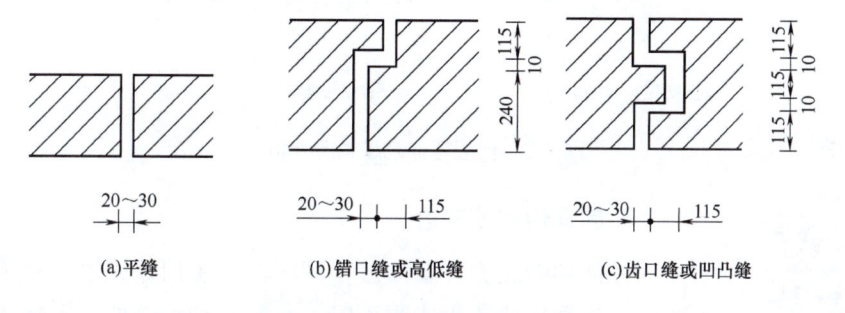

(a) 平缝　(b) 错口缝或高低缝　(c) 齿口缝或凹凸缝

图 8-1　墙体伸缩缝的截面形式 /mm

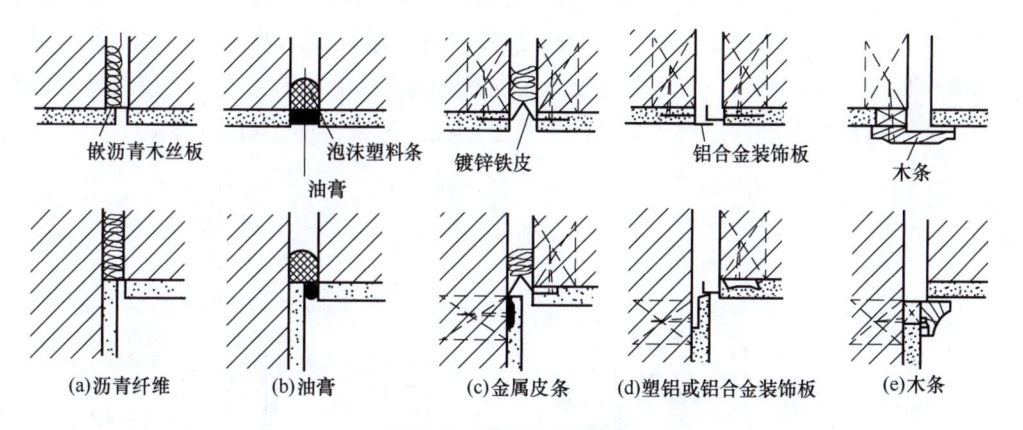

(a) 沥青纤维　(b) 油膏　(c) 金属皮条　(d) 塑铝或铝合金装饰板　(e) 木条

图 8-2　砖墙伸缩缝构造

2. 楼板层伸缩缝构造

楼板层伸缩缝的缝内常用沥青麻丝、油膏等填缝进行密封处理，上铺金属、混凝土等活动盖板，如图 8-3 所示。满足地面平整、光洁、防水、卫生等使用要求。

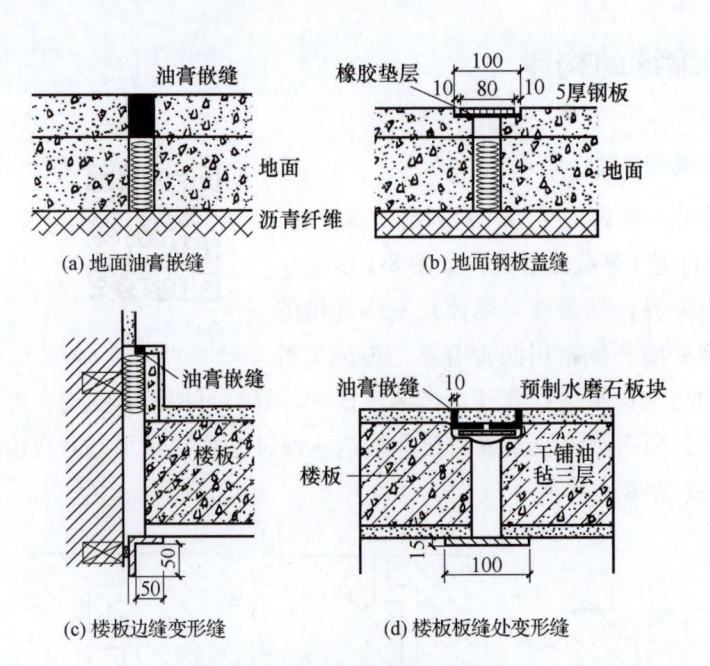

图 8-3 楼板层伸缩缝构造 /mm

3. 屋顶伸缩缝构造

屋顶伸缩缝的位置一般在同一标高屋顶处或墙与屋顶高低错落处。当屋顶为不上人屋面时，一般在伸缩缝处加砌矮墙，并做好屋面防水和泛水的处理，其要求同屋顶泛水构造；当屋顶为上人屋面时，则用防水油膏嵌缝并做好泛水处理。常见的卷材屋面伸缩缝构造如图 8-4 所示。屋面采用镀锌铁皮和防腐木砖的构造方式，其使用寿命是有限的，随着材料的发展，出现了彩色薄钢板、铝板、不锈钢皮等新型材料。

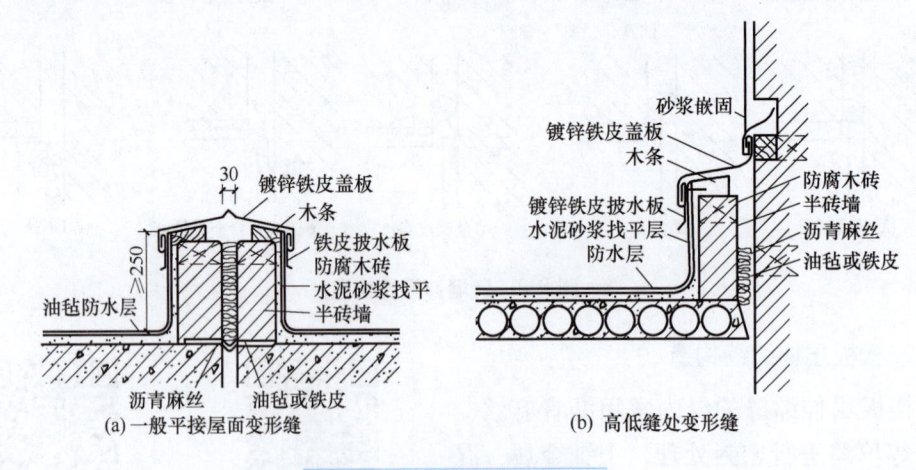

图 8-4 卷材屋面伸缩缝构造

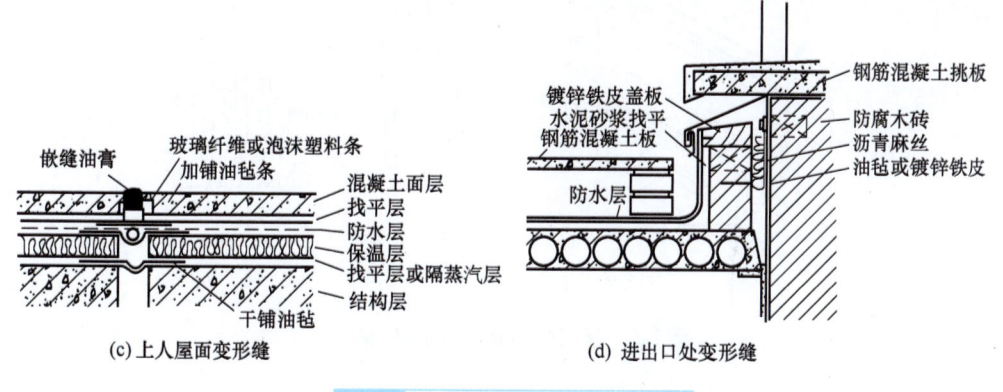

图 8-4 卷材屋面伸缩缝构造（续）

8.2.2 沉降缝的构造

1. 基础沉降缝的结构处理

基础沉降缝的基础应断开，可避免因不均匀沉降造成的相互干扰。常见的结构处理有砖墙结构处理和框架结构处理。砖混结构墙下条形基础有双墙偏心基础、挑梁基础和交叉式基础三种方案，相应的结构处理示意图如图 8-5 所示。框架结构处理有双柱下偏心基础、挑梁基础和柱交叉布置三种方案。

变形缝的构造-基础沉降缝.mp4

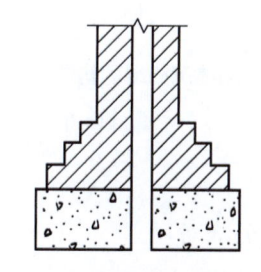

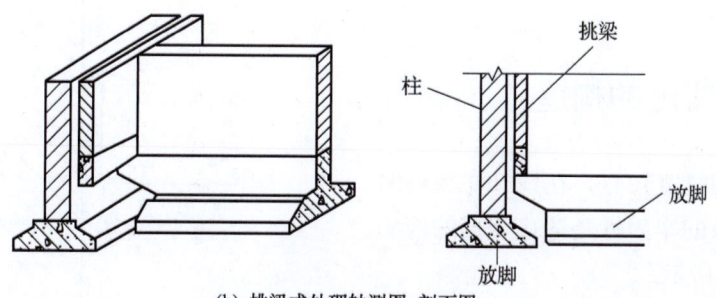

图 8-5 基础沉降缝结构处理

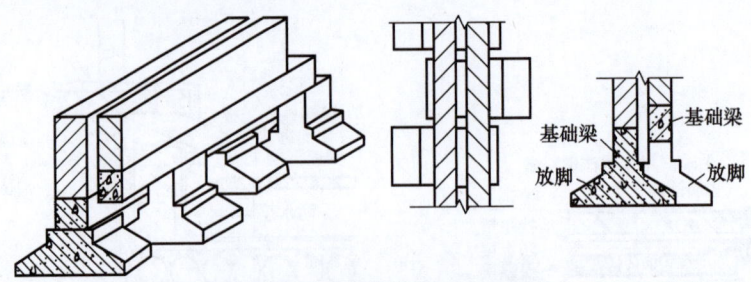

(c) 交叉式处理示意图、平面图、剖面图

图 8-5　基础沉降缝结构处理（续）

2. 墙体沉降缝的构造

墙体沉降缝常用镀锌铁皮、铝合金板和彩色薄钢板等盖缝，墙体沉降缝盖缝条应满足水平伸缩和垂直沉降变形的要求，墙体沉降缝的构造如图 8-6 所示。

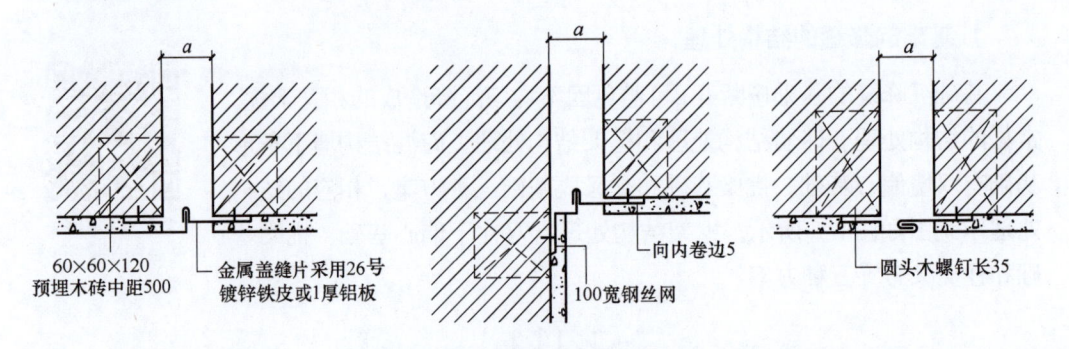

墙体沉降缝的构造.ppt

60×60×120 预埋木砖中距500　　金属盖缝片采用26号镀锌铁皮或1厚铝板　　向内卷边5　　100宽钢丝网　　圆头木螺钉长35

图 8-6　墙体沉降缝的构造 /mm

a—沉降缝缝宽

3. 屋顶沉降缝的构造

屋顶沉降缝应充分考虑不均匀沉降对屋面防水和泛水带来的影响，其构造如图 8-7 所示。

8.2.3　防震缝的构造

防震缝因缝宽较宽，在设计防震缝时，应考虑盖缝板的牢固性及适应变形的能力，构造如图 8-8 所示。

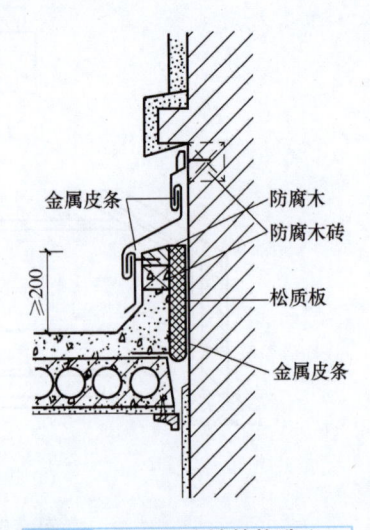

金属皮条　　防腐木　　防腐木砖　　松质板　　金属皮条

图 8-7　屋顶沉降缝的构造 /mm

模块 8 变形缝

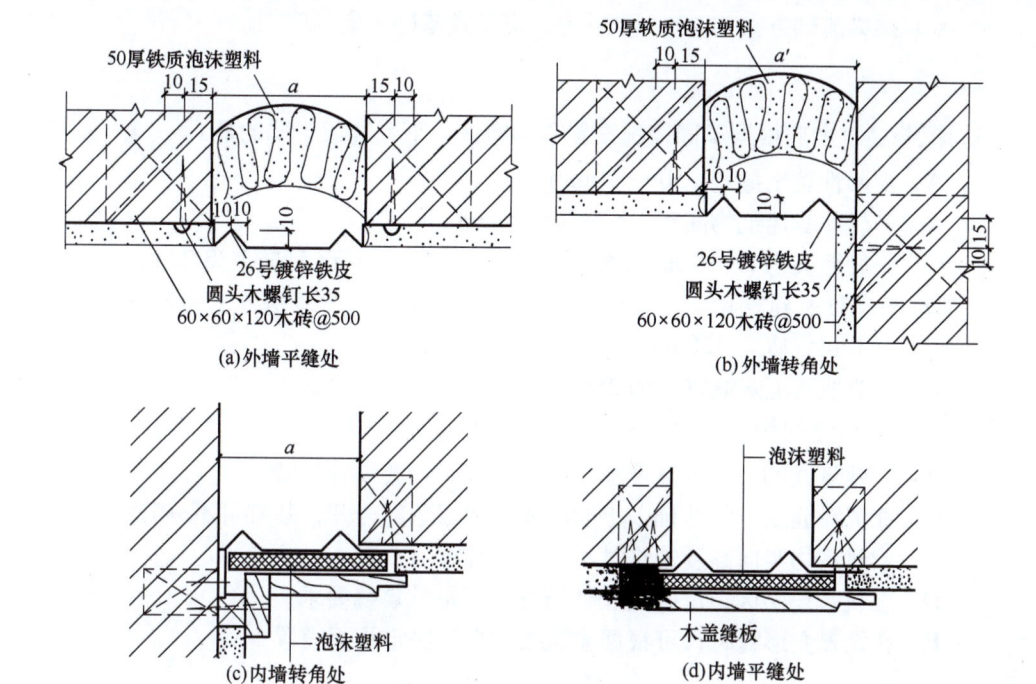

(a) 外墙平缝处

(b) 外墙转角处

(c) 内墙转角处

(d) 内墙平缝处

图 8-8 墙体防震缝构造 /mm

a——为防震缝缝宽

思考题与习题

一、单选题

1. 现浇挑檐、雨罩等外露结构的伸缩缝间距不宜大于（　　）。
   A．10m　　B．15m　　C．8m　　D．12m

2. 伸缩缝缝宽一般为（　　）。
   A．10～30mm　　　　　B．20～30mm
   C．20～40mm　　　　　D．20～50mm

3. 当墙体采用硅酸盐砌块和混凝土砌块砌筑时，伸缩缝的最大间距不得大于（　　）。
   A．80m　　B．75m　　C．70m　　D．90m

4. 砖墙伸缩缝的截面形式不包括（　　）。
   A．平缝　　B．错口缝　　C．斜缝　　D．凹凸缝

5. 沉降缝的基础应断开，可避免因不均匀沉降造成的相互干扰。常见的结构处理有砖混结构处理和框架结构处理，下列不是砖混结构墙下条形基础方案的是（　　）。
   A．双墙偏心基础方案　　　　B．偏心基础方案

C．挑梁基础方案　　　　　　D．交叉式基础方案

二、多选题

1．沉降缝宽度应根据不同情况设置不同宽度，下列选项正确的是（　　）。
　　A．湿陷性黄土缝宽≥50～70mm
　　B．一般地基建筑物高＜5m时缝宽为30mm
　　C．一般建筑物5～10m时缝宽为50mm，10～15m时缝宽为70mm
　　D．软弱地基建筑物2～3层缝宽为50～80mm，4～5层缝宽为80～120mm，≥6层缝宽＞120mm
　　E．一般地基沉降缝宽度为25mm

2．关于变形缝的构造做法，下列说法不正确的是（　　）。
　　A．当建筑物的长度或宽度超过一定限度时，要设伸缩缝
　　B．在沉降缝处应将基础以上的墙体、楼板全部分开，基础可不分开
　　C．当建筑物竖向高度悬殊时，应设伸缩缝
　　D．在抗震设防区，沉降缝和伸缩缝须满足抗震缝要求
　　E．在设置变形缝时，可根据建筑条件自行决定是否设置

三、简答题

1．为什么要设置变形缝，变形缝分为哪三种，各自的定义是什么？
2．简述屋顶伸缩缝的处理方案。
3．简述伸缩缝、沉降缝和防震缝的断开位置。
4．当同一座建筑中要同时考虑伸缩缝、沉降缝和防震缝，该如何处理？

四、案例题

2005年2月，王某买入一别墅，2007年8月开始装修。在施工过程中，王某发现，房屋内部的地板竟然成了一个小斜坡，整幢楼南北向倾斜。最大南北水平高差达10cm，严重超出了国家标准。

针对上述材料作答：

(1) 该别墅为什么会产生这种情况？
(2) 在哪些情况下应考虑设置沉降缝？

模块 9　民用建筑设计

【学习目标】

- 掌握民用建筑设计的基本知识，理解建筑设计所涵盖的三方面内容。
- 掌握建筑平面设计的基本原则和方法。
- 掌握建筑剖面设计的基本原则和方法。
- 了解建筑体型设计和立面设计的基本原则与方法。

【核心概念】

建筑设计、建筑平面设计、建筑剖面设计、建筑体型设计、建筑立面设计等。

【引子】

建筑物在建造之前，设计者按照建设任务，把施工过程和使用过程中所存在的或可能发生的问题，事先做好通盘的设想，拟定好解决这些问题的办法、方案，并用图纸和文件表达出来，使建成的建筑物充分满足使用者的各种要求。本章主要介绍民用建筑设计的有关知识。

民用建筑设计的具体内容请扫描下方二维码。

模块 9　民用建筑设计

模块 10　工业建筑构造

【学习目标】

- 了解工业建筑的分类。
- 了解常用的起重运输设备及其适用范围。
- 熟悉单层工业厂房结构类型。
- 了解定位轴线的确定方法。
- 熟悉单层工业厂房的外墙、屋面、天窗、侧窗、大门和地面等构件的构造。

【核心概念】

单层工业厂房、天窗、山墙、屋面排水。

【引子】

　　用于进行工业生产活动的建筑叫作工业建筑，如工厂中各个车间所在的房屋就是典型的工业建筑。工业建筑具有建筑的共性，在设计、施工、工业生产方面都是按照生产工艺进行的。由于不同工业生产在产品型号、生产规模、生产条件等方面存在着差异，所以它们所依据的生产工艺也是不同的。为了保证生产的顺利进行，生产工艺对工业建筑的建造有许多特殊要求，从而使工业建筑具有许多独特之处。

10.1　工业厂房建筑概述

工业建筑指各类工厂为工业生产的需要建造出的各种不同用途的建筑物和构筑物的总称。从事工业生产的房屋主要包括生产厂房、辅助生产用房以及为生产提供动力的房屋，这些房屋往往称为"厂房"或"车间"。

10.1.1　工业建筑的特点

工业建筑与民用建筑一样，要遵循适用、经济、绿色、美观的方针；在设计、建筑用材以及施工技术等方面，两者有着许多共同之处。但由于生产工艺复杂多样，在设计配合、使用要求、建筑构造等方面，工业建筑又具有如下特点。

(1) 设计需满足生产工艺的要求。与民用建筑不同，工业建筑主要是为了工业生产的需要，因此在厂房的设计时，满足生产工艺的要求是第一位的，只有这样才能为工人创造良好的工作环境。

(2) 厂房内部有较大的面积和空间。由于厂房内部生产设备多，体量大，各部分生产联系密切，并有多种起重设备和运输设备在此工作，因此厂房内部需要有较大的畅通空间，来保证设备和运输机械的使用。

(3) 当厂房的内部空间较大时，特别是多跨厂房，为满足室内采光、通风的需要，屋顶往往设有天窗，并且在屋面排水、防水的要求下，一般厂房的顶部结构较为复杂；且由于部分厂房需要架设吊车梁等，因此与民用建筑相比，工业建筑结构、构造更复杂，技术要求也高。

知识拓展

工业建筑与民用建筑相比，其基建部分投资多，占地面积大，而且受生产工艺条件限制。所以工业建筑在设计方面既要满足生产工艺的要求，又要为工人创造良好的工作环境。

10.1.2　工业建筑的分类

工业建筑的类别繁多，生产工艺不同，分类也随之而异，在建筑设计中常按照厂房的用途、车间内部生产状况及厂房层数进行分类。

1. 按厂房的用途分类

(1) 主要生产厂房：指进行生产加工的主要工序的厂房。这类厂房的建筑面积大，职工人数较多。它在工厂中占主要地位，是工厂的主要厂房，如机械制造厂中的机械加工车间及装配车间等。

(2) 辅助生产厂房：指为主要生产厂房服务的厂房。它为主要厂房的生产提供服务，为厂房生产的工业产品提供了必要的基础和准备，如机械制造厂中的机修车间、工具车间等。

(3) 动力用厂房：指为全厂提供能源的厂房。动力设备的正常运行对全厂生产是特别重要的，因此此类厂房必须有足够的坚固耐久性以及妥善的安全措施等，如锅炉房、变电站、煤气发生站等。

(4) 储藏用房屋：指用于储存各种原材料、成品以及半成品的仓库。对于不同的存储物质，在防火、防潮、防腐蚀等方面也有不同的要求。因此，此类厂房在设计、建造时应根据不同的要求按照不同的规范、标准采取不同的解决措施，如金属材料库、油料库、成品库等。

(5) 运输用房屋：指管理、停放、检修交通运输工具的房屋，如汽车库、机车库等。

(6) 后勤管理用房：指工厂中的办公、科研及存放生活设施等用房。此类建筑类似于一般同类型民用建筑，如办公室、实验室、宿舍、食堂等。

(7) 其他用房：如污水处理站等。

2. 按车间内部生产状况分类

(1) 热加工车间：指生产中会产生大量热量或烟尘等有害气体的车间，如炼钢、铸造、锻压车间。

(2) 冷加工车间：指在正常温度、湿度条件下进行生产的车间，如机械加工车间、装配车间等。

(3) 有侵蚀性介质作用的车间：指在生产过程中会受到化学侵蚀的作用，对厂房耐久性有影响的车间，如冶金厂的酸洗车间、化肥厂的调和车间等。

(4) 恒温、恒湿车间：指在生产过程中相对温度、湿度变化较小或稳定的车间。此类车间除安装空调外还需采取一些特殊的保湿隔热措施，如精密机械车间、纺织车间等。

(5) 洁净车间：指在产品的生产中对室内空气的洁净程度要求很高，防止大气中的灰尘和细菌污染的车间，如食品加工车间、集成电路车间、制药车间等。

(6) 其他特殊状况的车间：有爆炸可能或存放大量腐蚀物、放射性散发物等特殊状况的车间，如核生产车间、化学试剂生产车间。

3. 按厂房层数分类

(1) 单层工业厂房：此类厂房主要用于一些生产设备或振动比较大、原材料或产品比较重的机械、冶金等重工业厂房。这类厂房中的生产设备和重型加工件荷载直接传给地基。其优点是便于为地面水平方向组织生产工艺流程、内外设备布置及联系方便，缺点是占地面积大、土地利用率低、围护结构面积多、各种工程技术管道较长、

按厂房层数分类.ppt

维护管理费用高。单层工业厂房按跨数的多少有单跨（见图 10-1）、高低跨（见图 10-2）和多跨（见图 10-3）三种形式。其中，多跨厂房在实践中使用较多。

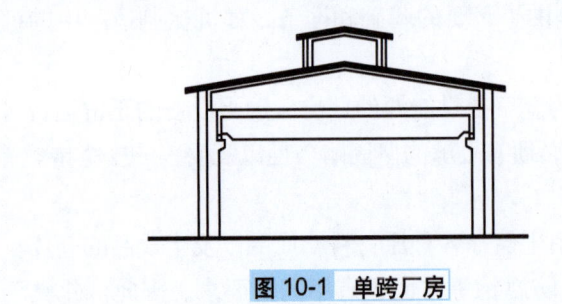

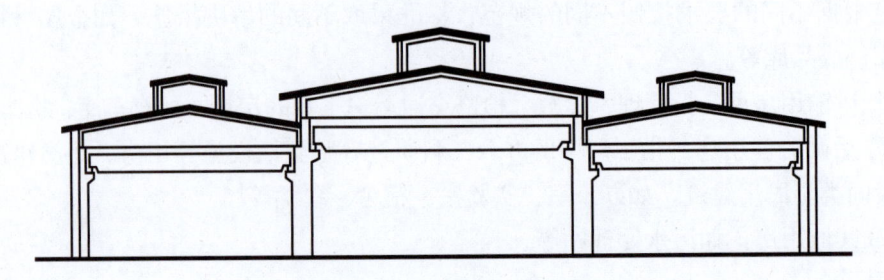

图 10-1　单跨厂房

图 10-2　高低跨厂房

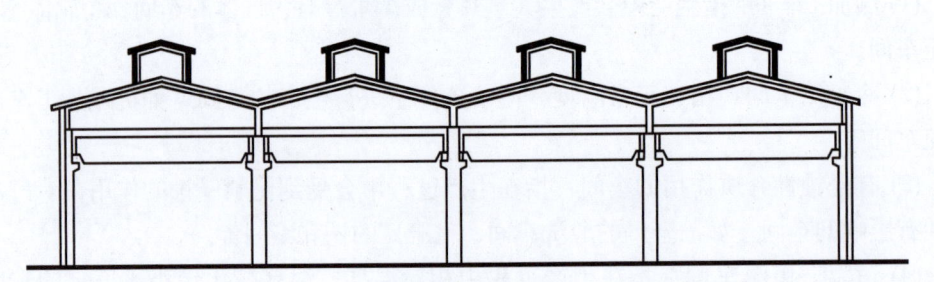

图 10-3　多跨厂房

(2) 多层厂房：此类厂房主要用于垂直方向组织生产及工艺流程的生产厂房，以及设备和产品较轻的车间。多层厂房占地面积小、建筑面积大、造型美观，也易适应城市规划和建设布局的要求，适用于用地紧张的城市。多层厂房如图 10-4 所示。

(3) 混合层次的厂房：又称组合式厂房，即既有单跨又有多跨的厂房。

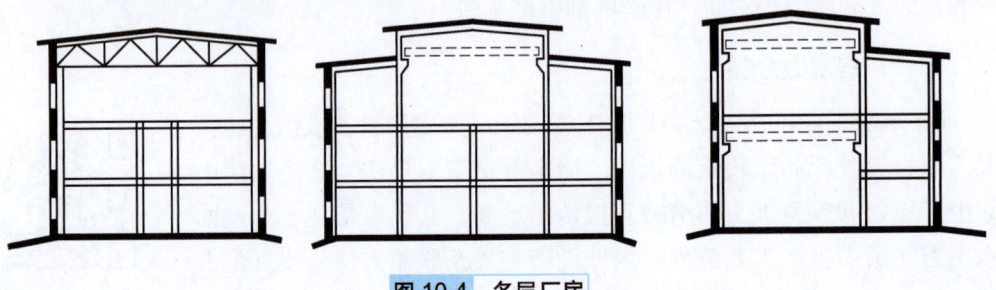

图 10-4　多层厂房

10.1.3 单层工业厂房的结构组成

单层工业厂房，其主要的结构构件有基础、基础梁、柱、吊车梁、屋面板、屋面梁（屋架）等，如图10-5所示。目前国家已将工业厂房的所有构件及配件编成标准图集，简称"国标"，比如《机械工业厂房建筑设计规范》（GB 50681—2011）。设计时可根据厂房的具体情况（跨度、高度及吊车起重量等），并考虑当地材料供应、施工条件及技术经济条件等因素合理使用。

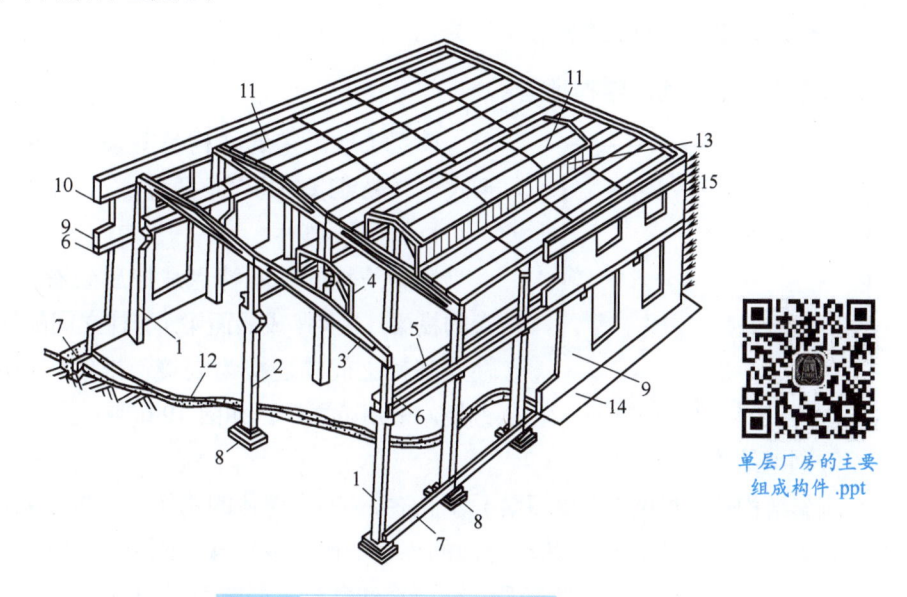

图 10-5　单层工业厂房构件组成

1—边柱；2—中柱；3—屋面大梁；4—天窗架；5—吊车梁；6—连系梁；7—基础梁；8—基础；9—外墙；10—压顶板；11—屋面板；12—地面；13—天窗扇；14—散水；15—山墙

1. 单层厂房的主要组成构件

1) 屋盖结构

屋盖结构分有檩体系和无檩体系两种，前者由小型屋面板、檩条和屋架等组成，后者由大型屋面板、屋面梁和屋架等组成。一般屋盖的组成有屋面板、屋架（屋面梁）、屋架支撑、天窗架以及檐沟板等。

2) 柱

柱是厂房的主要承重构件，它承受屋盖、吊车梁、墙体上的荷载，以及山墙传来的风荷载，并把这些荷载及自身荷载传给基础。

3) 基础

基础承担作用在柱上的全部荷载和柱自身的荷载，以及基础梁传来的荷载，并将这些荷载传给地基。

4) 吊车梁

吊车梁安装在柱伸出的牛腿上，它承受吊车自重和吊车荷载，并把这些荷载传递给柱。

5) 围护结构

围护结构由外墙、抗风柱、墙梁、基础梁等构件组成，这些构件所承受的荷载主要是墙体和构件的自重，以及作用在墙上的风荷载。

6) 支撑系统

支撑系统包括柱间支撑和屋盖支撑两部分。

2. 单层工业厂房的结构类型

单层工业厂房的结构类型按照主要承重结构的形式，一般可以分为以下两种。

1) 排架结构

排架结构的基本特点是把屋架看作一个刚度很大的横梁，屋架（或屋面梁）与柱之间的连接为铰接，柱与基础之间的连接为刚接。排架结构施工安装较方便，适用范围广，如图10-6所示。

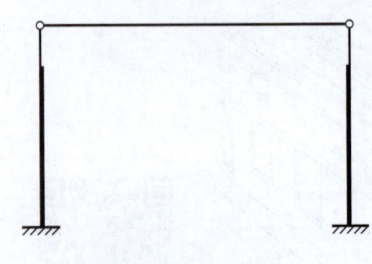

图10-6 排架结构

2) 刚架结构

刚架结构是将屋架（或屋面梁）与柱合并为一个整体的构件，柱与屋架（或屋面梁）的连接处为刚性节点，柱与基础之间的连接一般做成铰接。刚架结构梁、柱合一，构件种类减少，制作简单，结构轻巧，建筑空间宽敞，如图10-7所示。

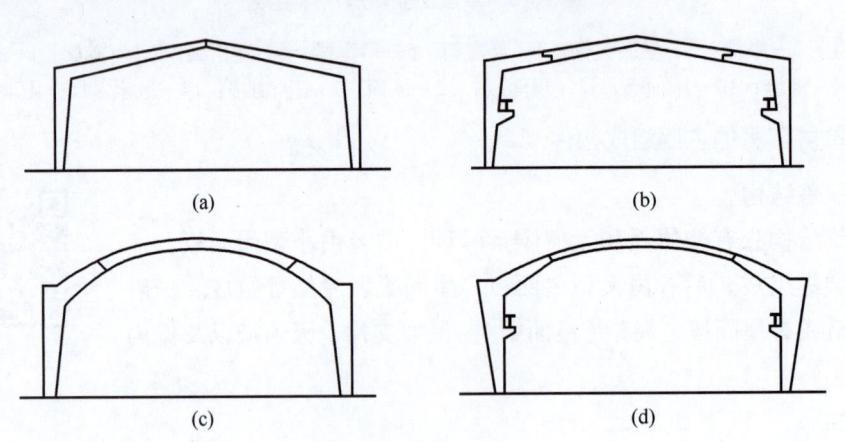

(a)　　(b)

(c)　　(d)

图10-7 刚架结构

单层工业厂房大多采用装配式钢筋混凝土排架结构（重型厂房采用钢结构）。厂房的承重结构由横向骨架和纵向联系构件组成。横向骨架包括屋面大梁（或屋架）、柱及柱基础，它承受屋顶、天窗、外墙及吊车等荷载。纵向联系构件包括屋盖结构、连系梁、吊车梁等。它们能保证横向骨架的稳定性，并将作用在山墙上的风力或吊车纵向制动力传给柱。此外，为保证厂房的整体性和稳定性，还需要设置一些支撑系统。

10.1.4 柱网及定位轴线

1. 柱网选择

在厂房中，承重结构柱在平面上排列时所形成的网格称为柱网。柱网尺寸是由跨度和柱距两部分组成的。

1) 柱网尺寸的确定

(1) 跨度尺寸的确定。

首先是生产工艺中生产设备的大小及布置方式。设备面积大，所占面积也大，设备布置成横向或纵向，布置成单排或多排，都直接影响跨度的尺寸。其次是生产流程中运输通道、生产操作及检修所需的空间。

(2) 柱距尺寸的确定。

我国单层工业厂房主要采用装配式钢筋混凝土结构体系，其基本柱距是 6m，相应的结构构件如基础梁、吊车梁、连系梁、屋面板、横向墙板等，均已配套成型。柱距尺寸还受到柱子材料的影响，当采用砖混结构的砖柱时，其柱距宜小于 4m，可为 3.9m、3.6m、3.3m。

根据(1)、(2)项所得的尺寸，调整为符合《厂房建筑模数协调标准》(GB/T 50006—2010) 的要求。当屋架跨度≤18m时，采用扩大模数 30M 的数列，即跨度尺寸是 18m、15m、12m、9m 及 6m；当屋架跨度>18m时，采用扩大模数 60M 的数列，即跨度尺寸是 18m、24m、30m、36m、42m 等。当工艺布置有明显优越性时，跨度尺寸也可采用 21m、27m、33m。厂房横、纵跨图如图 10-8 所示。

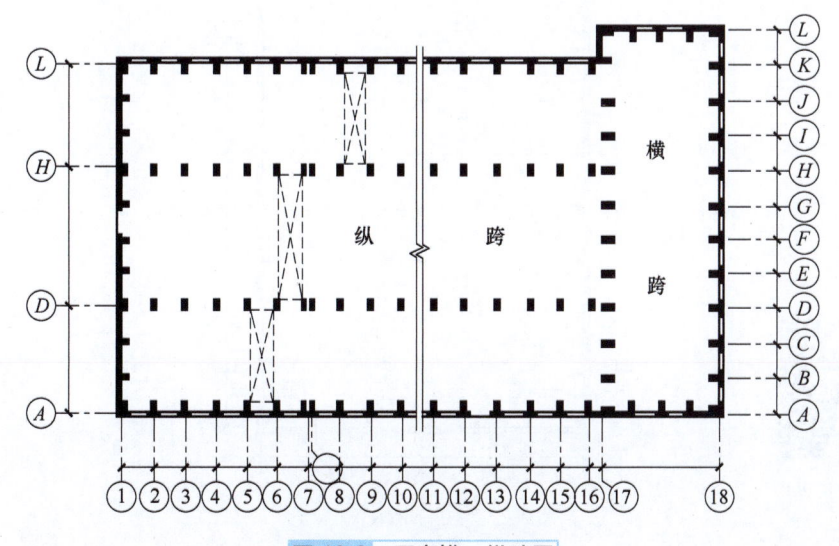

图 10-8 厂房横、纵跨图

2) 扩大柱网尺寸

常用的扩大柱网尺寸(跨度 × 柱距)为 12m×12m、15m×12m、18m×12m、24m×12m、18m×18m、24m×24m 等。

2. 定位轴线

对于单层工业厂房，与民用建筑相一致，定位轴线可以分为横向定位轴线和纵向定位轴线两种。单层工业厂房定位轴线是确定厂房主要承重构件位置及其标志尺寸的基准线，同时也是厂房施工放线和设备定位的依据。其设计应执行《厂房建筑模数协调标准》(GB/T 50006—2010)的有关规定。定位轴线的划分是在柱网布置的基础上进行的。厂房定位轴线图如图 10-9 所示。

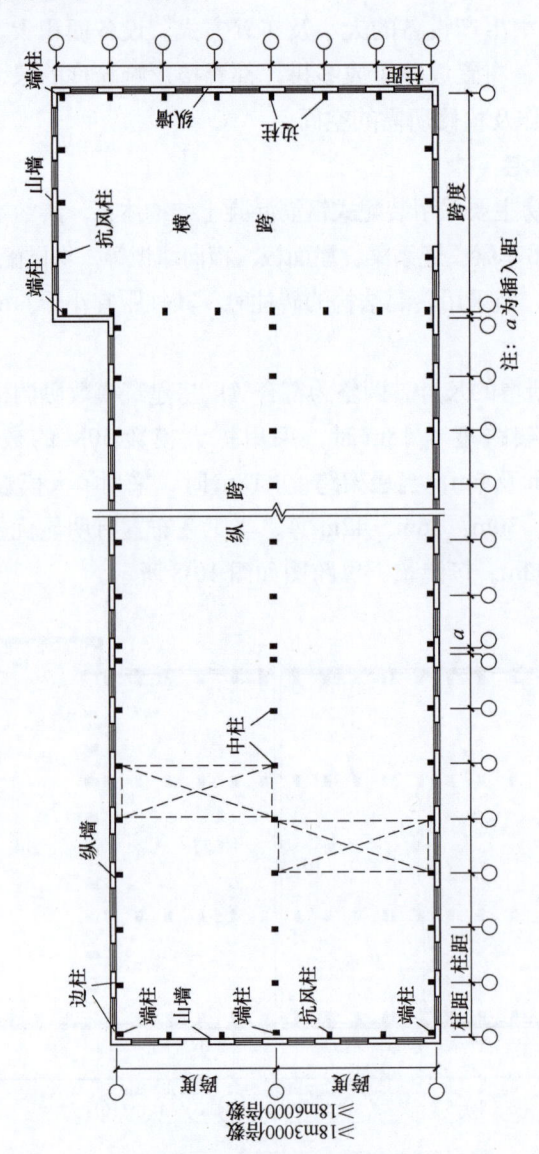

图 10-9　厂房定位轴线图

1) 横向定位轴线

横向定位轴线是垂直于厂房长度方向（即平行于屋架）的定位轴线。厂房横向定位轴线之间的距离是柱距。它标注了厂房纵向构件如屋面板、吊车梁长度的标志尺寸及其与屋架（或屋面梁）之间的相互关系。

(1) 中间柱与横向定位轴线的联系。

除横向变形缝处及山墙端部柱外，中间柱的中心线应与柱的横向定位轴线相重合。在一般情况下，横向定位轴线之间的距离也就是屋面板、吊车梁长度方向的标志尺寸。中间柱与横向定位轴线的联系如图 10-10 所示。

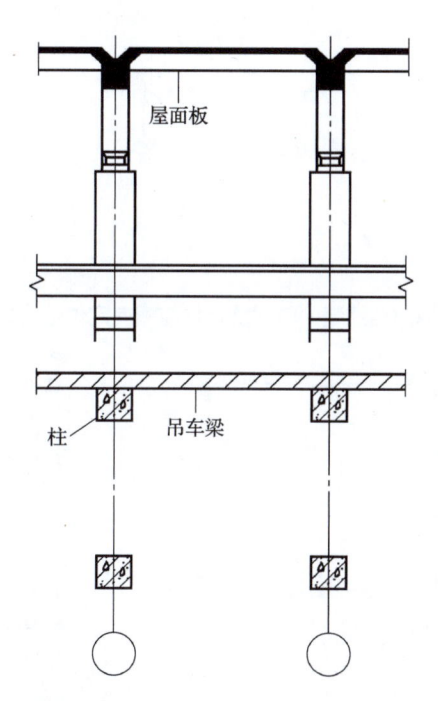

图 10-10　中间柱与横向定位轴线的联系

(2) 变形缝处柱与横向定位轴线的联系。

在单层工业厂房中，横向伸缩缝、防震缝处采用双柱双轴线的定位方法，柱的中心线从定位轴线向缝的两侧各移 600mm，双轴线间设插入距 a_i 等于伸缩缝或防震缝的宽度 a_e，这种方法可使该处两条横向定位轴线之间的距离与其他轴线间柱距保持一致，而且还不增加构件类型，有利于建筑工业化，如图 10-11 所示。

(3) 山墙与横向定位轴线的联系。

① 山墙为非承重墙时，墙内缘与横向定位轴线重合，端部柱的中心线从横向定位轴线内移 600mm，如图 10-12 所示。

② 山墙为承重墙时，墙内缘与横向定位轴线的距离 λ 为砌体材料的半块或半块的倍数或墙厚的一半，如图 10-13 所示。

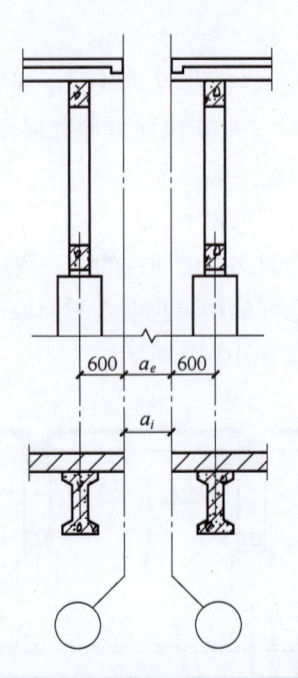

图 10-11 横向伸缩缝、防震缝处柱与横向定位轴线的联系 /mm

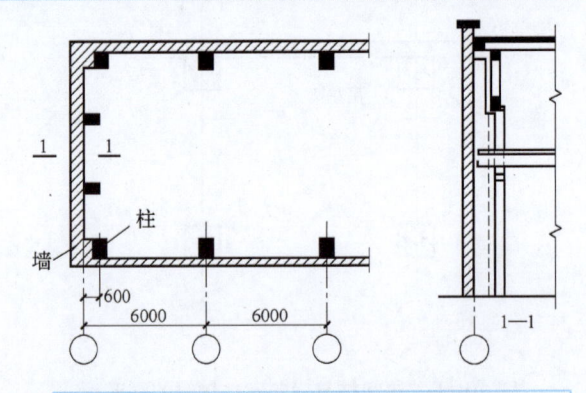

图 10-12 非承重山墙与横向定位轴线的联系 /mm

2) 纵向定位轴线

纵向定位轴线是平行于厂房长度方向（即垂直于屋架）的定位轴线。厂房纵向定位轴线之间的距离是跨度。它主要用来标注厂房横向构件如屋架（或屋面梁）长度的标志尺寸和确定屋架（或屋面梁）、排架柱等构件间的相互关系。纵向定位轴线的布置应使厂房结构和吊车的规格相互协调，保证吊车与柱之间留有足够的安全距离。在支承式梁式吊车或桥式吊车的厂房设计中，由于屋架（或屋面梁）和吊车的设计与生产制作都是标准化的，所以建筑设计也应满足标准化的安全要求。

(1) 外墙、边柱与纵向定位轴线的联系。

① 封闭结合。

当纵向定位轴线与柱外缘和墙内缘相重合，屋架和屋面板紧靠外墙内缘时，称为封闭结合。

② 非封闭结合。

当纵向定位轴线与柱外缘有一定距离，且屋面板与墙内缘之间有一段空隙时称为非封闭结合。

(2) 中柱与纵向定位轴线的联系。

① 平行等高跨中柱。

当厂房为平行等高跨时，通常设置单柱和一条定位轴线，柱的中心线一般与纵向定位轴线相重合。当等高跨中柱需采用非封闭结合时，仍可采用单柱，但需设两条定位轴线，在两轴线间设插入距 a_i，并使插入距中心与柱中心相重合，等高跨的中柱与纵向定向轴线的联系如图 10-14 所示，高低跨处中柱与纵向定位轴线的联系如图 10-15 所示。

图 10-13 承重山墙与横向定位轴线的联系

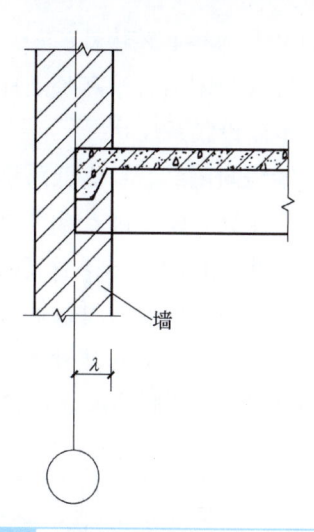

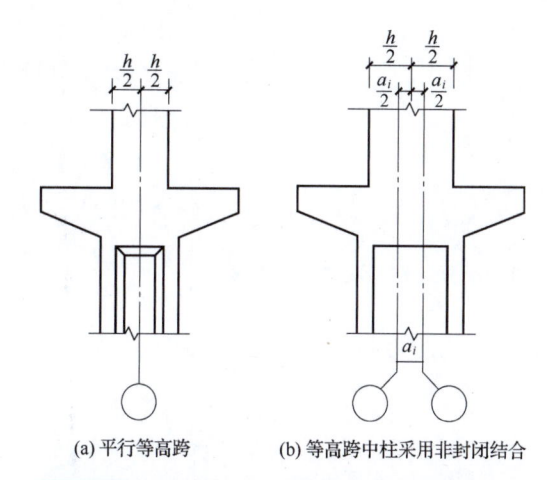

(a) 平行等高跨　　(b) 等高跨中柱采用非封闭结合

图 10-14 等高跨的中柱与纵向定向轴线的联系

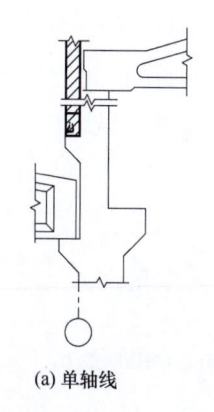

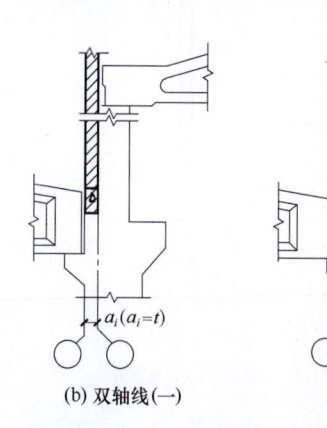

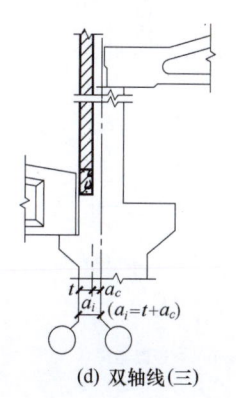

(a) 单轴线　(b) 双轴线（一）　(c) 双轴线（二）　(d) 双轴线（三）

图 10-15 高低跨处中柱与纵向定位轴线的联系

a_c—联系尺寸；a_e—变形缝宽度；t—封墙厚度

② 平行不等高跨中柱。

单轴线封闭结合：高跨上柱外缘与纵向定位轴线重合，纵向定位轴线按封闭结合设计，不需设联系尺寸。

双轴线封闭结合：高低跨都采用封闭结合，但低跨屋面板上表面与高跨柱顶之间的高度不能满足设置封闭墙的要求，此时需增设插入距 a_i，其大小为封闭墙厚度 t。

双轴线非封闭结合：当高跨为非封闭结合，且高跨上柱外缘与低跨屋架端部之间不设封闭墙时，两轴线增设插入距 a_i 等于轴线与上柱外缘之间的联系尺寸 a_c；当高跨为非封闭结合，且高跨柱外缘与低跨屋架端部之间设封闭墙时，则两轴线之间的插入距 a_i 等于墙厚 t 与联系尺寸 a_c 之和。

③ 纵向伸缩缝处中柱。

当等高厂房须设纵向伸缩缝时，可采用单柱双轴线处理，缝一侧的屋架支承在柱头上，另一侧的屋架搁置在活动支座上，采用一根纵向定位轴线，定位轴线与上柱中心重合，如图 10-16 所示。

不等高跨的纵向伸缩缝一般设在高低跨处，若采用单柱，应设两条定位轴线，两定位轴线间设插入距 a_i。当高低跨都为封闭结合时，插入距 a_i 等于伸缩缝宽 a_e；当高跨为非封闭结合时，插入距 $a_i=a_e+a_c$，a_c 为联系尺寸，如图 10-17 所示。

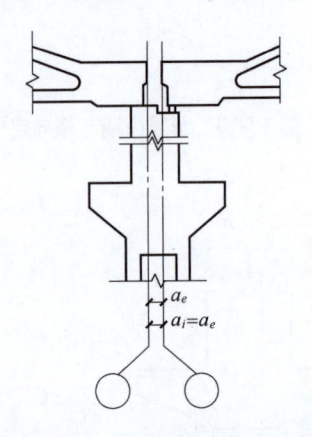

图 10-16 等高厂房纵向伸缩缝处单柱与双轴线的处理

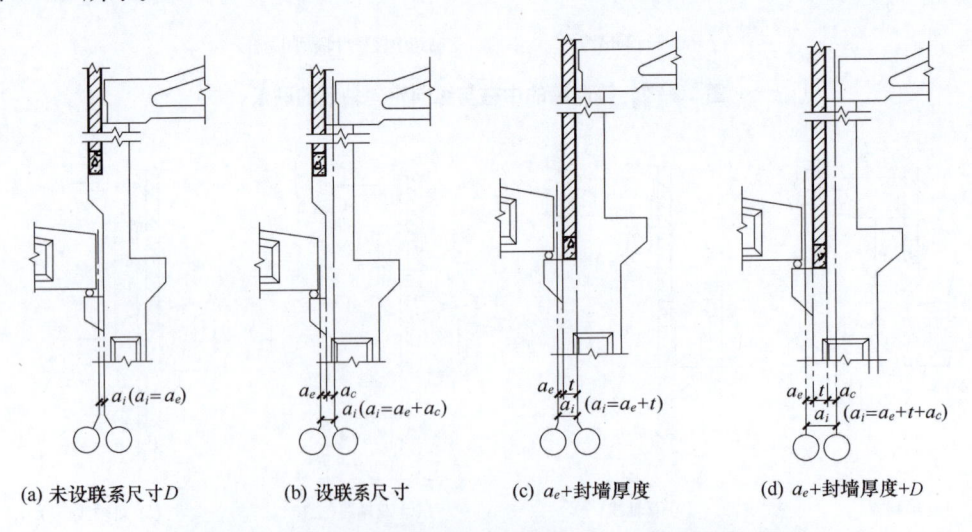

(a) 未设联系尺寸 D　　(b) 设联系尺寸　　(c) a_e+封墙厚度　　(d) a_e+封墙厚度+D

图 10-17 不等高厂房纵向伸缩缝处单柱与纵向定位轴线的联系

a_c—联系尺寸；a_e—变形缝宽度；t—封墙厚度

当不等高跨高差悬殊或者吊车起重量差异较大时,或者是需要设防震缝时,常在不等高跨处采用双柱双轴处理,两轴线间设插入距 a_i。当高低跨都为封闭结合时,$a_i=a_c+a_e$;当高跨为非封闭结合时,$a_i=t+a_e+a_c$,t 为封墙厚度,如图 10-18 所示。

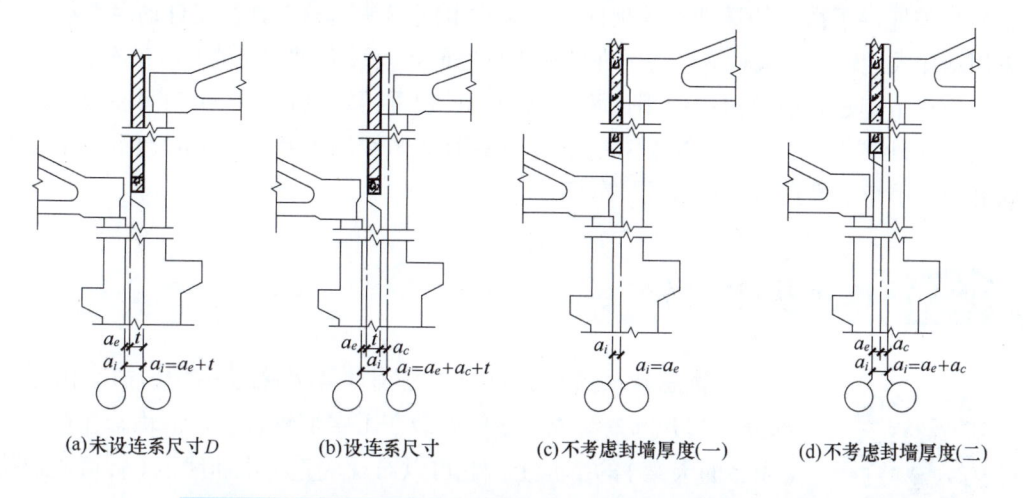

(a) 未设连系尺寸D　　(b) 设连系尺寸　　(c) 不考虑封墙厚度(一)　　(d) 不考虑封墙厚度(二)

图 10-18　不等高厂房纵向变形缝处双柱与纵向定位轴线的联系

a_c—联系尺寸;a_e—变形缝宽度;t—封墙厚度;a_i—插入距

(3) 纵、横跨相交处柱与定位轴线的联系。

当厂房的纵、横跨相交时,常在相交处设有变形缝,使纵、横跨在结构上各自独立。纵、横跨应有各自的柱列和定位轴线,两轴线间设插入距 a_i。当横跨为封闭结合时,$a_i=t+a_e$;当横跨为非封闭结合时,$a_i=t+a_e+a_c$,如图 10-19 所示。

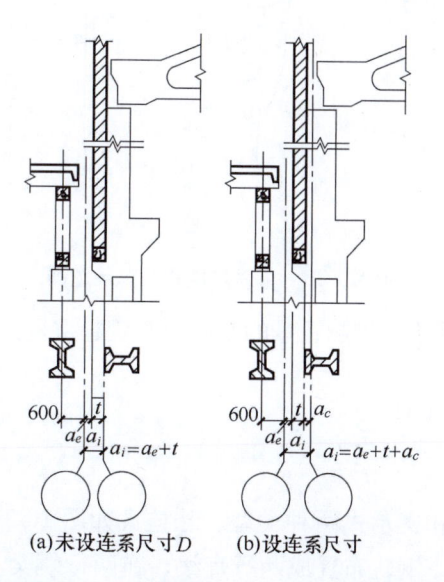

(a) 未设连系尺寸D　　(b) 设连系尺寸

图 10-19　纵、横跨相交处柱与定位轴线的联系

a_c—联系尺寸;a_e—变形缝宽度;t—封墙厚度;a_i—插入距

10.2　厂房内部的起重运输设备

工业厂房在构件生产过程中，为装卸、搬运各种原材料和产品以及进行生产、设备检修等提供了很好的场地，在地面上可采用电瓶车等运输工具，在自动生产线上可采用悬挂式运输吊车或输送带等，在厂房上部空间可安装各种类型的起重吊车。

起重吊车是目前厂房中应用最为广泛的一种起重运输设备。厂房剖面高度的确定和结构的计算等，都与吊车的规格、起重量等有着密切的关系。常见的起重吊车有单轨悬挂式吊车、梁式吊车和桥式吊车等。

10.2.1　单轨悬挂式吊车

单轨悬挂式吊车按操作方法有手动及电动两种。吊车由运行部分和起升部分组成，整体安装在工字形钢轨上，钢轨悬挂在屋架（或屋面大梁）的下弦上，它可以布置成直线或曲线形（转弯或越跨时用）。为此，厂房屋顶应有较大的刚度，以适应吊车荷载的作用，单轨悬挂式吊车示意图如图 10-20 所示，其中 Q 为起重量。

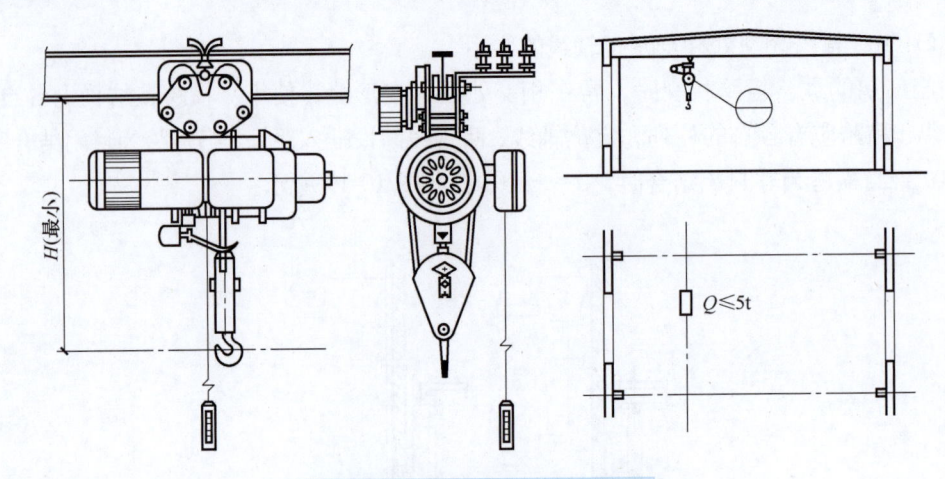

图 10-20　单轨悬挂式吊车示意图

单轨悬挂式吊车适用于小型起重量的车间，一般起重量为 1 ~ 2t。

10.2.2　梁式吊车

梁式吊车有悬挂式和支承式两种类型。悬挂式如图 10-21(a) 所示，是在屋架或屋面梁下弦悬挂梁式钢轨，钢轨布置成两行直线，在两行轨梁上设有滑行的单梁，在单梁上设有可横向移动的滑轮组（即电葫芦）；支承式如图 10-21(b) 所示，是在排架柱上设牛腿，牛腿上设吊车梁，吊车梁上安装钢轨，钢轨上设有可滑行的单梁。在滑行的单梁上设可滑行的滑轮组，在单梁与滑轮组行走范围内均可起重。梁式吊车起重量一般不超过 5t。

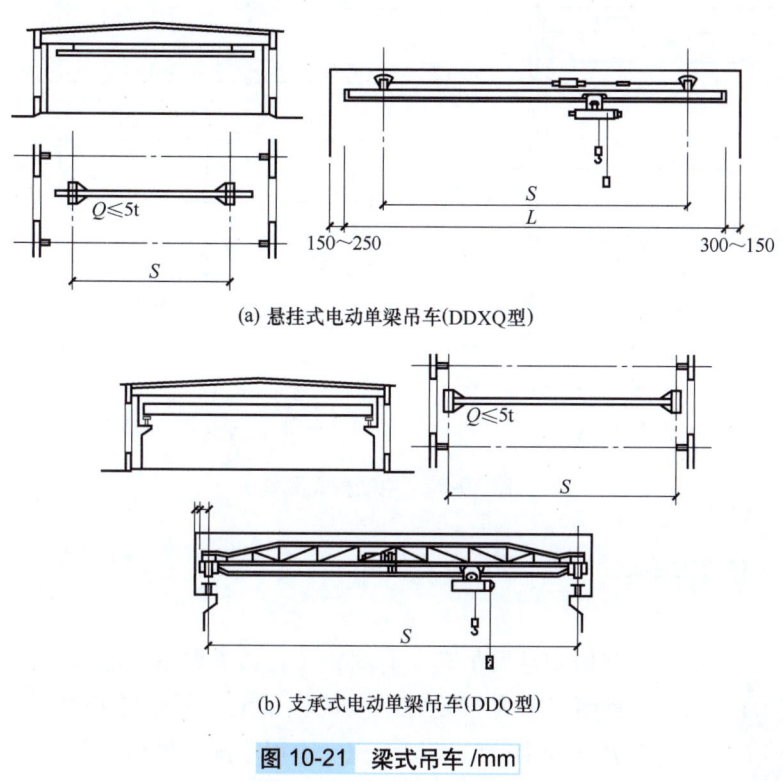

(a) 悬挂式电动单梁吊车（DDXQ型）

(b) 支承式电动单梁吊车（DDQ型）

图 10-21　梁式吊车 /mm

L—钢轨的长度；S—单梁的长度

10.2.3　桥式吊车

桥式吊车由起重行车及桥架组成，桥架上铺有起重行车运行的轨道（沿厂房横向运行），桥架两端借助车轮可在吊车轨道上运行（沿厂房纵向运行），吊车轨道铺设在柱子支承的吊车梁上。桥式吊车的驾驶室一般设在吊车端部，有的也可设在中部或做成可移动的，电动桥式吊车如图 10-22 所示。

桥式吊车.ppt

根据规定的工作时间，桥式吊车的工作制分重级工作制（工作时间 >40%）、中级工作制（工作时间为 25% ～ 40%）、轻级工作制（工作时间为 15% ～ 25%）三种情况。

当同一跨度内需要的吊车数量较多，且吊车起重量悬殊时，可沿高度方向设置双层吊车，以减少吊车运行中的相互干扰。

设有桥式吊车时，应注意厂房跨度和吊车跨度之间的关系，使厂房的宽度和高度满足吊车运行的需要，并应在柱间适当位置设置通向吊车驾驶室的钢梯及平台。当吊车为重级工作制或有其他需要时，尚应沿吊车梁侧设置安全走道板，以保证检修和人员行走的安全。

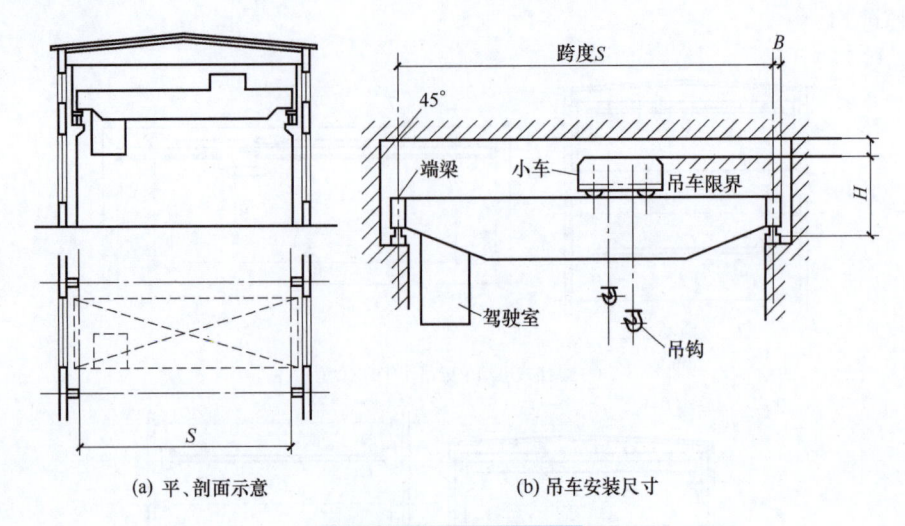

(a) 平、剖面示意　　(b) 吊车安装尺寸

图10-22　电动桥式吊车

10.2.4　悬臂吊车

常用的悬臂吊车，有固定式旋转悬臂吊车和壁行式悬臂吊车两种。前者一般是固定在厂房的柱子上，可旋转180°，其服务范围是以臂长为半径的半圆面积，适用于固定地点及某一固定生产设备的起重和运输。后者可沿厂房纵向往返行走，服务范围限定在一个狭长范围内。

悬臂吊车布置方便，使用灵活，一般起重量可达8~10t，悬臂长可达8~10m。

除上述几种吊车形式外，厂房内部根据其生产特点的不同，还有各式各样的运输设备，如冶金工厂轧钢车间采用的辊道，铸工车间所用的传送带等，此外还有气垫等较新的运输工具。

10.3　单层工业厂房构造

10.3.1　外墙的构造

厂房外墙主要是根据生产工艺、结构条件和气候条件等要求来设计。单层工业厂房的外墙高度和长度都比较大，要承受较大的风荷载，同时还要受到机器设备与运输工具振动的影响，因此，其墙身的刚度和稳定性应有可靠的保证。单层工业厂房的外墙按其材料类别可分为砖砌块墙、板材墙、轻型板材墙等，按其承重情况则可分为承重墙、自承重墙、填充墙和幕墙等。单层厂房外墙类型如图10-23所示。

当厂房的跨度和高度不大，且没有或只有较小的起重运输设备时，一般可采用承重墙直接承受屋盖与起重运输设备等荷载。

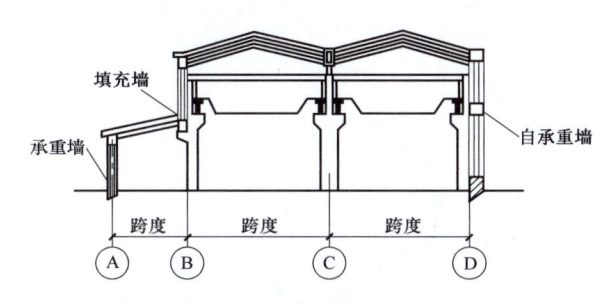

图 10-23 单层厂房外墙类型

当厂房跨度和高度较大，起重运输设备重量较大时，通常由钢筋混凝土排架柱来承受屋盖与起重运输设备等荷载，而外墙只承受自重，仅起围护作用，这种墙称为自承重墙。

某些高大厂房的上部墙体及厂房高低跨交接处的墙体，往往采用架空支承在排架柱上的墙梁来承担荷载，这种墙称为填充墙。

下面根据外墙的材料类别，对外墙的构造进行了解和学习。

1. 砖墙及砌块墙

单层工业厂房通常为装配式钢筋混凝土结构，因此，外墙一般采用填充墙，而作为填充墙的常用墙体材料有普通砖和各种预制砌块。这种砖砌外墙，存在承重和非承重的划分，如图 10-24 所示。

承重墙体一般采用带壁柱的承重墙，墙下设条形基础，并在适当位置设圈梁。承重砖墙只适用于跨度小于 15m、起重机吨位不超过 5t、柱高不大于 9m 以及柱距不大于 6m 的厂房。

当起重机吨位大，厂房较高大时，若再采用带壁柱的承重砖墙，则墙体结构面积会增大，使用面积相应减少，工程量也将增加。砖墙对重吊车等引起的振动抵抗能力也差。因此，一般采用强度较高的材料（钢筋混凝土或钢）做骨架来承重，外墙只起围护作用和承受自重及风荷载。单层厂房非承重外墙一般不做带形基础，而是直接支撑在基础梁上。

2. 墙体的细部构造

单层工业厂房非承重的围护墙通常不做墙身基础，下部墙身通过基础梁将荷载传至柱下基础；上部墙身支撑在连系梁上，连系梁将荷载通过柱传至基础。墙体的细部构造包括基础梁与基础的连接构造、基础梁防冻胀与保温构造、连系梁与柱的连接构造、墙体与柱的连接构造、墙体与屋架的连接构造以及墙体与屋面板的连接构造，如图 10-24 所示。

（1）基础梁与基础的连接构造。由于基础梁支撑在柱基础上，柱下基础的埋深直接影响到基础梁与柱下基础的连接方式。基础梁的顶面标高应低于室内 50mm，以便在该处设置墙身防潮层，或用门洞口处的地面做面层保护基础梁。基础梁与基础的连接方式如图10-25所示。

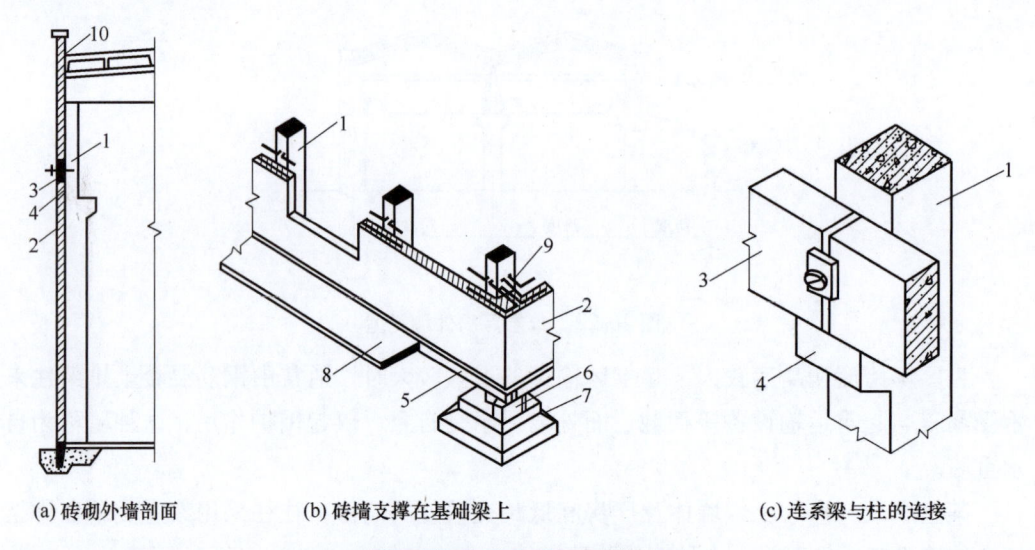

图10-24 墙体的细部构造

1—柱；2—砖外墙；3—连系梁；4—牛腿；5—基础梁；6—垫块；
7—杯形基础；8—散水；9—墙柱连接筋

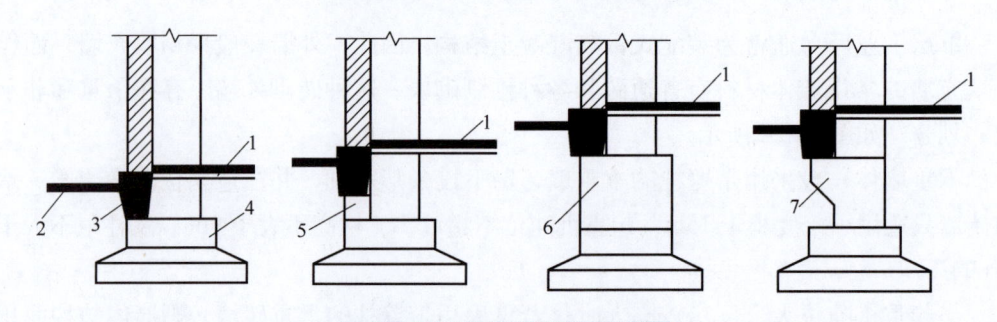

图10-25 基础梁与基础的连接

1—室内地面；2—散水；3—基础梁；4—杯形基础；5—垫块；6—高杯口基础；7—牛腿

(2) 基础梁防冻胀与保温构造。冬季，北方地区非采暖厂房回填土为冻胀土时，基础梁下部宜用炉渣等松散材料填充以防土壤冻胀时对基础梁及墙身产生不利的反拱影响，冻胀严重时还可在基础梁下预设空隙。这种措施对湿陷性土壤、冻胀性土壤也同样适用，可避免不均匀沉陷或不均匀膨胀引起的不利影响。

冬季，室温对基础梁附近土壤温度影响较大，有时足以使其冻结。地面温度越靠近外墙越低，所以，采暖厂房基础梁底部可用松散材料填充，如图10-26所示。

(3) 连系梁与柱的连接构造。连系梁可以提高厂房结构及墙身的刚度和稳定性。用来承担墙身重的连系梁是承重连系梁或非承重连系梁。在确定连系梁标高时，应考虑其与窗过梁的统一，以连系梁代替窗过梁。连系梁多为预制连系梁，因为现浇连系梁施工速度慢、现场湿作业多，所以使用较少。连系梁的横断面一般为矩形，当墙厚为 370mm 时，可做成 L 形。

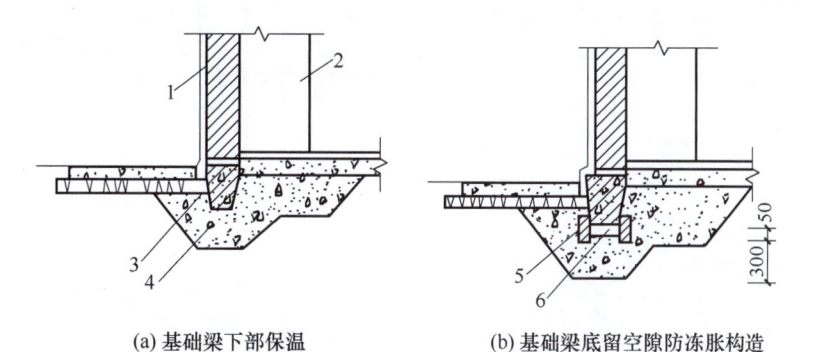

图 10-26 基础梁下部防冻胀保温措施 /mm

(a) 基础梁下部保温　　(b) 基础梁底留空隙防冻胀构造

1—外墙；2—柱；3—基础梁；4—炉渣保温材料；5—立砌普通砖；6—空隙

现浇非承重连系梁是将柱中的预留钢筋与连系梁整体浇筑在一起，预制非承重连系梁与柱可用螺栓连接。承重连系梁与柱的连接方式是将连系梁搁置在支托连系梁的牛腿上，用螺栓或焊接的方法连接牢固，如图 10-27 所示。

(4) 墙体与柱的连接构造。单层工业厂房的外墙主要受到水平方向的风压力和吸力作用，为了保证墙体的整体稳定性，外墙应与厂房柱及屋架端部有良好的连接，如图 10-28 所示。

外墙与厂房柱及屋架端部一般采用拉结筋连接。由柱、屋架端部沿高度方向每隔 500 ~ 600mm 伸出 $2\phi6$ 钢筋砌入砖缝内，以起到锚拉作用。

由于厂房山墙端部与柱有一定的距离，常用的做法是使山墙局部厚度增大，使山墙与柱挤紧。嵌砖砌筑是将砖墙砌筑在柱之间，将柱两侧伸出的拉结筋嵌入砖缝内进行锚固，嵌砖砌筑能有效提高厂房的纵向刚度。

(5) 墙体与屋架的连接构造。一般在屋架上、下弦预埋拉结钢筋，若在屋架的腹杆上不便预埋钢筋，可在腹杆上预埋钢板，再焊接钢筋与墙体连接。

(6) 墙体与屋面板的连接构造。当外墙伸出屋面形成女儿墙时，为了保证女儿墙的稳定性，墙和屋面板之间应采取拉结措施。

(7) 砖墙（砌块墙）和柱的相对位置。单层工业厂房围护墙与厂房柱的相对位置一般有两种布置方案，如图 10-29 所示。

① 将外墙布置在柱外侧，具有构造简单、施工方便、热工性能好，便于基础梁与连系梁等构配件的定型化和统一化等优点，所以在单层厂房中被广泛采用。

② 将外墙嵌在柱列之间，具有节省建筑占地面积，增加柱列刚度，代替柱间支撑的优点，但要增加砌砖量，施工麻烦，不利于基础梁、连系梁等构配件统一化，且柱直接暴露在外，不利于保护，热工性能也较差。

(a) 连系梁断面

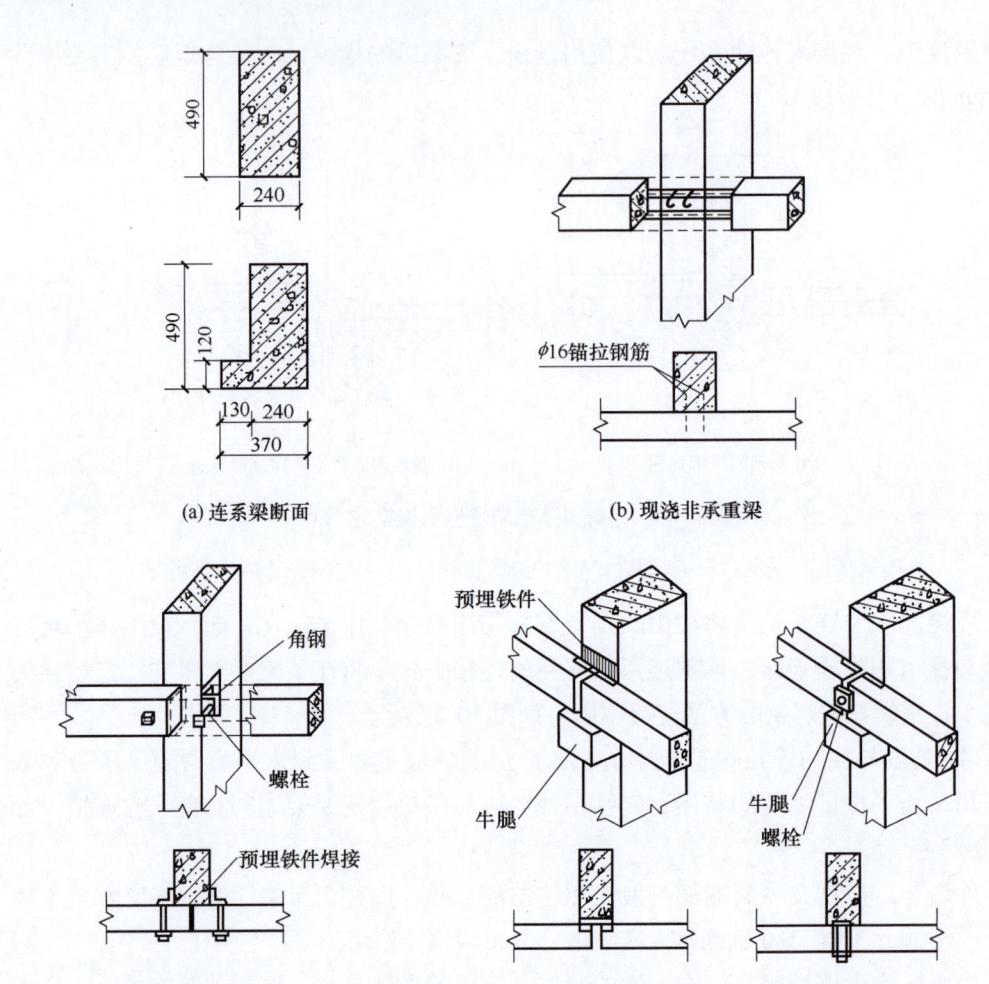

(b) 现浇非承重梁

(c) 预制非承重连系梁

(d) 承重连系梁(一)

(e) 承重连系梁(二)

图 10-27　连系梁与柱子的连接 /mm

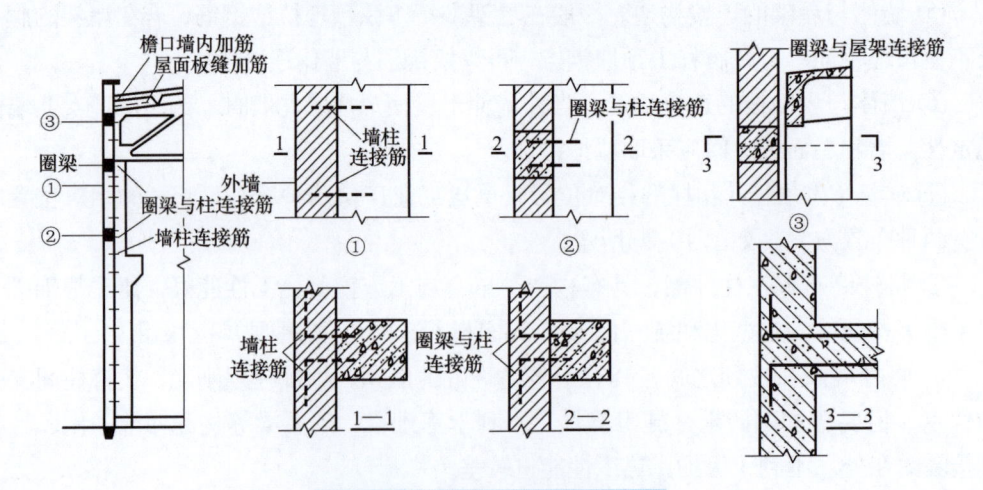

图 10-28　砖墙与柱和屋架的连接

(a) 墙在柱外侧　　　　　　　　　(b) 墙在柱之间

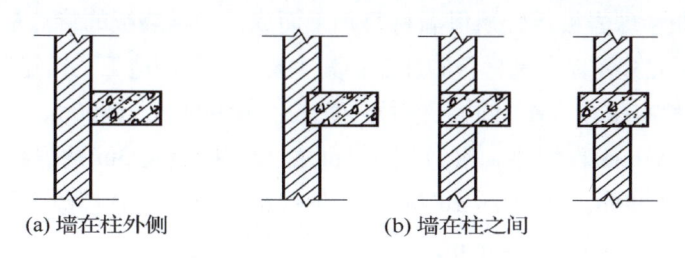

图 10-29　砖墙与柱的相对位置

3. 板材墙

应用板材墙是墙体改革的重要内容，也是建筑工业化发展的方向。与民用建筑一样，厂房多利用轻质材料制成块材或用普通混凝土制成空心块材砌墙，可参阅民用建筑中墙体这部分内容。

板材墙.ppt

板材墙连接与砖墙相似，即块材之间应横平竖直、灰浆饱满、错缝搭接，块材与柱之间由柱伸出钢筋砌入水平缝内实现锚拉。它可以充分利用工业废料，不占农田，加快施工进度，减小劳动强度，同时板材墙较砖墙质量小、抗震好、整体性强；但板材墙目前还存在用钢量大、造价偏高，接缝不易保证质量，有时易渗水、透风，保温隔热效果不理想等缺点。

1) 板材的类型和尺寸

板材墙的分类，可根据不同需要作不同划分。

板材按规格尺寸分为基本板、异形板和补充构件。基本板是指形状规整、量大面广的基本形式的墙板；异形板是指量少、形状特殊的板型，如窗框板、加长板、山尖板等；补充构件是指与基本板和异形板共同组成厂房墙体围护结构的其他构件，如转角构件、窗台板等。

板材按其所在墙面位置不同可分为檐口板、窗上板、窗框板、窗下板、一般板、山尖板、勒脚板、女儿墙板等。

板材按其构造和材料可分为以下几种。

(1) 单一材料板。

钢筋混凝土槽形板、空心板：这类板的优点是耐久性好、制造简单、可施加预应力。槽形板也称为肋形板，其钢材、水泥用量较省，但保温隔热性能差，故只适用于某些热车间和保温隔热要求不高的车间、仓库等。空心板材料用量较多，但双面平整，并有一定的保温隔热能力。

配筋轻混凝土墙板：这种板种类较多，如粉煤灰硅酸盐混凝土墙板、加气混凝土墙板等，它们的共同优点是比普通混凝土墙和砖墙质量小，保温隔热性能好；缺点是吸湿性较大，易龟裂，钢筋易锈蚀等。主要用于对保温隔热要求较高但温度变化不大的车间。

(2) 复合材料板。

这种板是用钢筋混凝土、塑料板、薄钢板等材料做成骨架，骨架内填以矿毡棉、泡沫塑料、膨胀珍珠岩板等轻质保温材料加工而成。这类墙板的特点是防火、防水、保温、隔热，可充分发挥各种材料的性能；其主要缺点是制造工艺较复杂。

墙板的长和高采用3M为扩大模数，板长有4500mm、6000mm、7500mm(用于山墙)和12 000mm四种规格，可适用于6m或12m柱距及3m整倍数的跨距。板高(宽)有900m、1200m、1500m、1800mm四种规格。板厚以分模数1/5M(20mm)为模数进级，常用厚度为160～240mm。

2) 墙板的布置

墙板排列的原则为尽量减少所用墙板的规格类型。墙板可从基础顶面开始向上排列至檐口，最上一块为异形板；也可从檐口向下排，多余尺寸埋入地下；还可以柱顶为起点，由此向上和向下排列。墙板布置具体可分为横向布置、竖向布置、混合向布置三种类型，如图10-30所示。

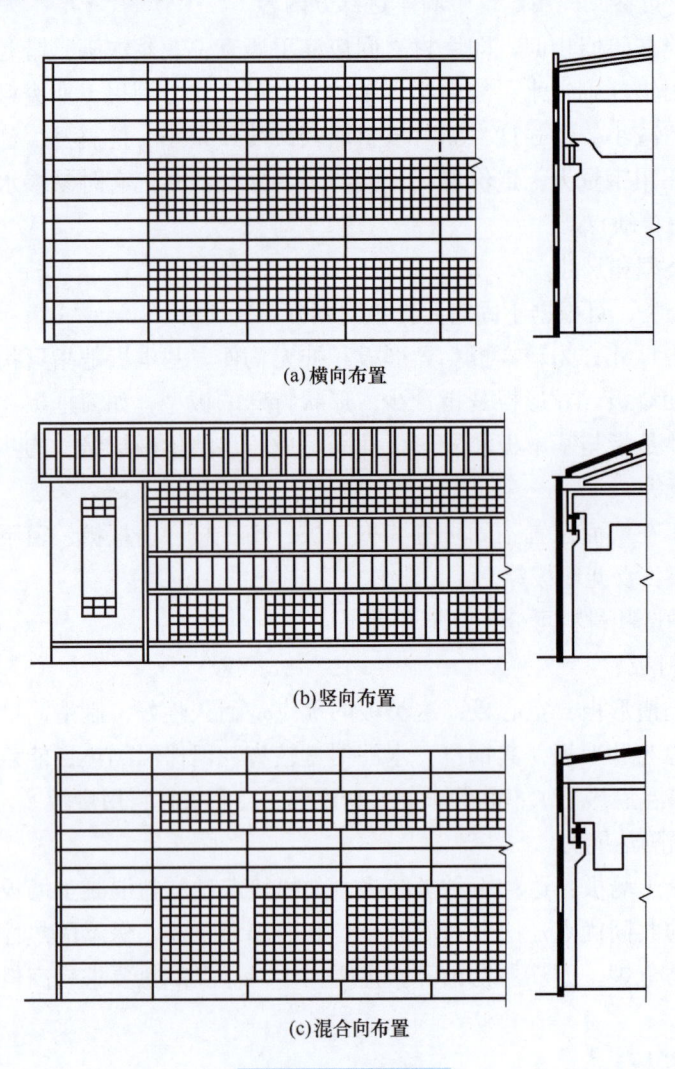

(a) 横向布置

(b) 竖向布置

(c) 混合向布置

图10-30 墙板布置

3) 墙板与柱的连接

墙板与柱的连接有柔性连接和刚性连接两种。

(1) 柔性连接。柔性连接包括螺栓连接、压条连接和角钢连接。

柔性连接适用于地基不均匀、沉降较大或有较大震动影响的厂房，这种方法多用于承自重墙，是目前采用较多的方式。柔性连接是通过设置预埋铁件和其他辅助构件使墙板和排架柱相连接。柱只承受由墙板传来的水平荷载，墙板自重不由柱承担而由基础梁或勒脚板来承担，墙板与柱的柔性连接如图10-31所示。

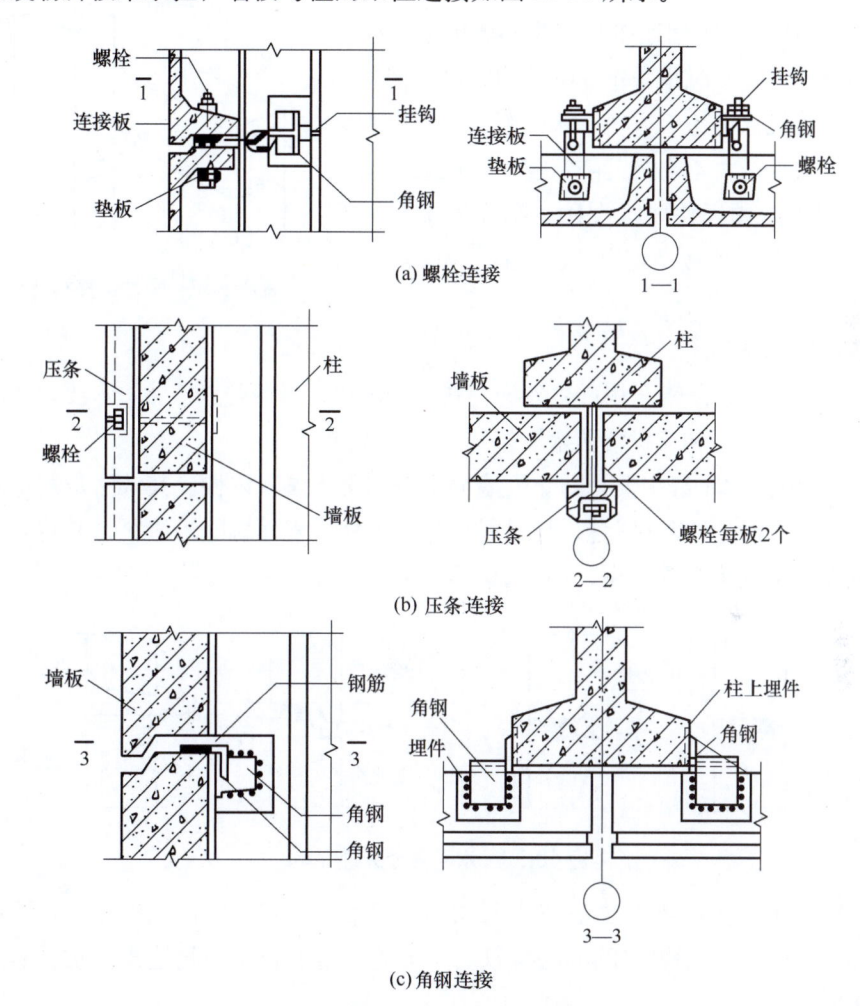

(a) 螺栓连接

(b) 压条连接

(c) 角钢连接

图 10-31　墙板与柱柔性连接

螺栓连接：墙板在垂直方向每隔3或4块板由钢支托（焊于柱上）支撑，水平方向用螺栓挂钩拉结固定。这种连接可使墙板和柱在一定范围内相对独立位移，维修方便、不用焊接，能较好地适应震动引起的变形；但厂房的纵向刚度较差，连接件易受腐蚀，安装固定要求准确、费工、费钢材，如图10-31(a)所示。

压条连接：是在墙板外加压条，再用螺栓（焊于柱上）将墙板与柱压紧拉牢。压条连接适用于对预埋件有锈蚀作用或握裹力较差的墙板（如粉煤灰硅酸盐混凝土、加气混凝土等）。其优点是墙板中不需另设预埋铁件，构造简单，省钢材，压条封盖后的竖缝密封性好；缺点是螺栓的焊接或膨胀螺栓质量要求较高，施工较复杂，安装时墙板要求在一个水平面上，预留孔要求准确，如图10-31(b)所示。

角钢连接：是利用焊在墙板和柱上的角钢相互搭挂固定，这种方法施工速度快，用钢量较少，但对连接构件位置的精度要求较高。角钢连接适应板柱相对位移的程度较螺栓连接低，如图10-31(c)所示。

(2) 刚性连接。刚性连接是在柱和墙板中先分别设置预埋铁件，安装时用角钢或φ16的钢筋段把它们焊接连牢。其优点是施工方便，构造简单，厂房的纵向刚度好；缺点是对不均匀沉降及震动较敏感，墙板板面要求平整，预埋件要求准确。刚性连接宜用于地震设防烈度为7度或7度以下的地区，如图10-32所示。

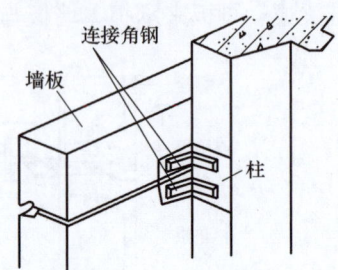

图 10-32 刚性连接构造示例

4) 板缝防水构造

优先采用"构造防水"用砂浆勾缝，其次可选用"材料防水"。防水要求较高时，可采用"构造防水"和"材料防水"相结合的形式。

(1) 水平缝。水平缝主要是防止沿墙面下淌的雨水渗入内侧。其做法是用憎水材料（油膏、聚氯乙烯胶泥等）填缝，将混凝土等亲水材料表面刷防水涂料，并将外侧缝口敞开使其不能形成毛细管作用，如图10-33所示。

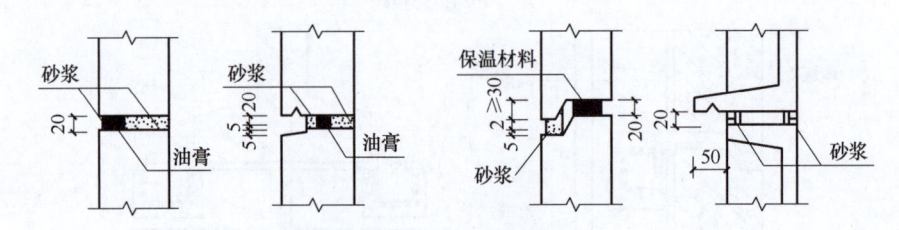

图 10-33 水平板缝处理 /mm

(2) 垂直缝。垂直缝主要是防止风将水从侧面吹入和墙面水流入。由于垂直缝的胀缩变形较大，单用填缝的办法难以防止渗透，常配合其他构造措施加强防水，如图10-34所示。

4. 轻质板材墙

对于一些不要求保温、隔热的热加工车间、防爆车间和仓库建筑的外墙，可采用轻质板材墙。这种墙板仅起围护作用，墙板除传递水平风荷载外，不承受其他荷载，墙板本身重也由厂房骨架来承受。

常用的轻质板材墙板有石棉水泥波形瓦、镀锌铁皮波形瓦、压型钢板、塑料或玻璃钢瓦等。

1) 压型钢板外墙

压型钢板是将薄钢板压制成波形断面而成。经压制后，其力学性能大为改善，抗弯强度和刚度大幅提高，轻质、高强、防火抗震。其通过金属墙梁固定在柱上，要注意合理搭接，尽量减少板缝。

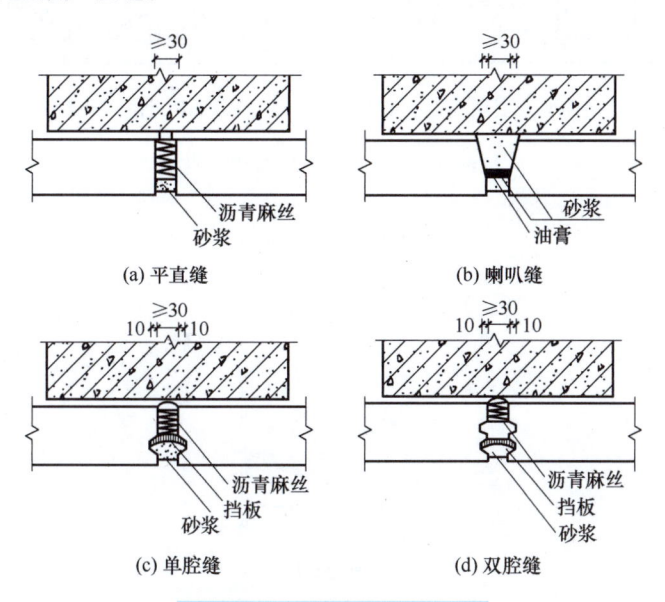

图 10-34 垂直板缝处理 /mm

2) 石棉水泥波瓦墙板

石棉水泥波瓦用于厂房外墙时，一般采用大波瓦。为加强力学与抗裂性能，可在瓦内加配网状高强玻璃丝。石棉水泥瓦与厂房骨架的连接通常是通过连接件悬挂在连系梁上，瓦缝上、下搭接不少于 100mm。为防止风吹雨水经板缝侵入室内，瓦板应顺主导风向铺设，左、右搭接为一个瓦垄，图 10-35 所示为石棉水泥波瓦与横梁的连接。

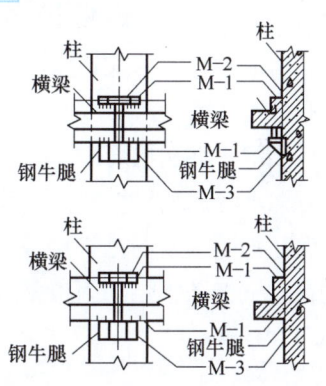

图 10-35 石棉水泥波瓦与横梁的连接

5. 开敞式外墙

在我国南方地区，为了使厂房获得良好的自然通风和散热效果，一些热加工车间常采用开敞式外墙。开敞式外墙通常是在下部设矮墙，上部的开敞口设置挡雨遮阳板，如图 10-36 所示。

每排挡雨遮阳板之间的距离，与当地的飘雨角度、日照及通风等因素有关，设计时应结合车间对防雨的要求来确定。一般飘雨角可按 45 度设计，风雨较大地区可酌情减少角度，垂直挡雨板间距与设计飘雨角关系如图 10-37 所示。

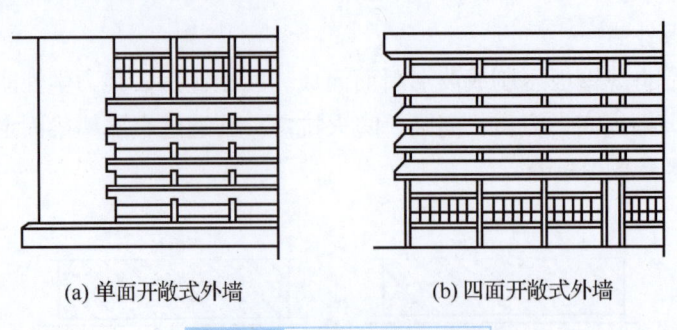

(a) 单面开敞式外墙　　　　(b) 四面开敞式外墙

图 10-36　开敞式外墙立面图

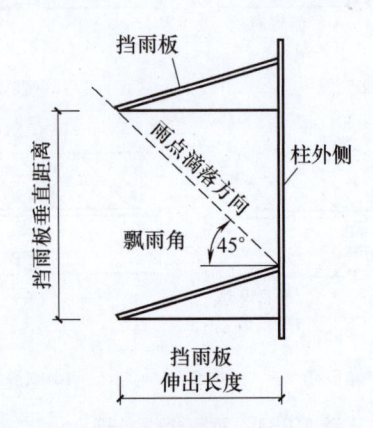

图 10-37　垂直挡雨板间距与设计飘雨角关系

挡雨板的构造形式通常有以下两种，但在室外气温很高、风沙大的干热地区不应采用开敞式外墙。

1) 石棉水泥瓦挡雨板

石棉水泥瓦挡雨板的特点是质量小，它由型钢支架（或钢筋支架）、型钢檩条、石棉水泥瓦挡雨板及防溅板构成。型钢支架焊接在柱的预埋件上，石棉水泥瓦用弯钩螺栓钩在角钢檩条上。挡雨板垂直间距视车间挡雨要求和飘雨角而定，挡雨板构造图如图 10-38 所示。

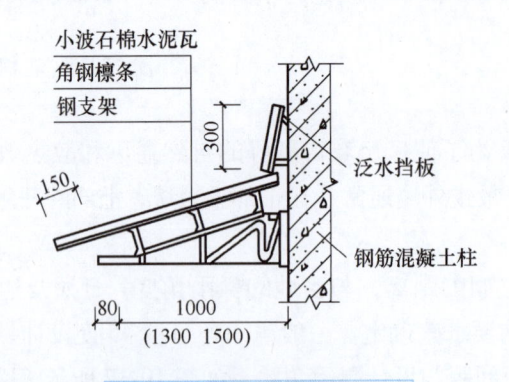

图 10-38　挡雨板构造图 /mm

2) 钢筋混凝土挡雨板

钢筋混凝土挡雨板分为有支架和无支架两种,其基本构件有支架、挡雨板和防溅板。各种构件通过预埋件焊接予以固定。

10.3.2 屋顶的构造

单层工业厂房屋顶的基本构造同民用建筑类似,但由于单层工业厂房屋面面积大,经常受日晒、雨淋、冷热气候等自然条件和振动、高温、腐蚀、积灰等内部生产工艺条件的影响,又有其特殊性。其不同之处主要表现在以下 5 个方面。

(1) 厂房屋面面积较大,构造复杂,多跨成片的厂房各跨间有的还有高差,屋面上常设有天窗,以便采光和通风,为排除雨、雪水,需设天沟、檐沟、水斗及水落管,使屋面构造复杂。

(2) 有吊车的厂房,屋面必须有一定的强度和足够的刚度。

(3) 厂房屋面的保温、隔热要满足不同生产条件的要求,如恒温车间保温、隔热要求比一般民用建筑高。

(4) 热车间只要求防雨,有爆炸危险的厂房要求屋面防爆、泄压,有腐蚀介质的车间应防腐蚀等。

(5) 减少厂房屋面面积和减小屋面自重对降低厂房造价有较大影响。

1. 屋面基层类型及组成

屋面基层分有檩体系与无檩体系两种。屋面基层结构类型如图 10-39 所示。

(1) 有檩体系是在屋架(或屋面梁)上弦搁置檩条,在檩条上铺小型屋面板(或瓦材)。此体系采用的构件体积小、质量小,吊装容易,但构件数量多,施工烦琐,施工期长,故多用在施工机械起吊能力较小的施工现场。

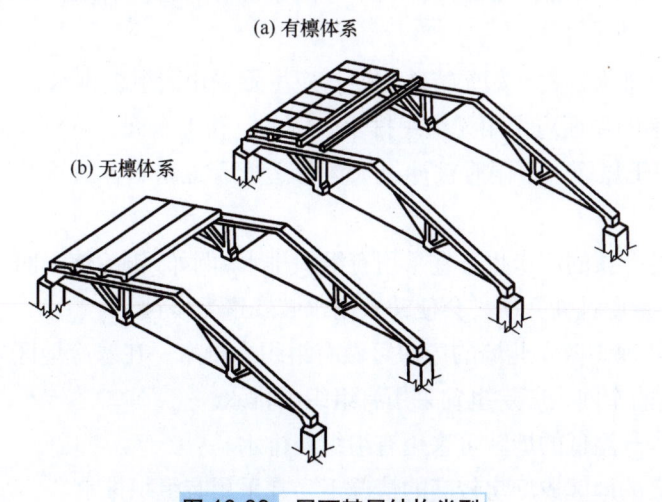

图 10-39 屋面基层结构类型

(2) 无檩体系是在屋架(或屋面梁)上弦直接铺设大型屋面板。此体系所用构件体积大、类型少，便于工业化施工，但其要求施工吊装能力强。目前无檩体系在工程实践中应用较为广泛。

屋面基层结构按制作材料分为钢筋混凝土屋架(或屋面梁)，钢屋架，木屋架和钢木屋架。其中钢筋混凝土屋面板类型如图10-40所示。

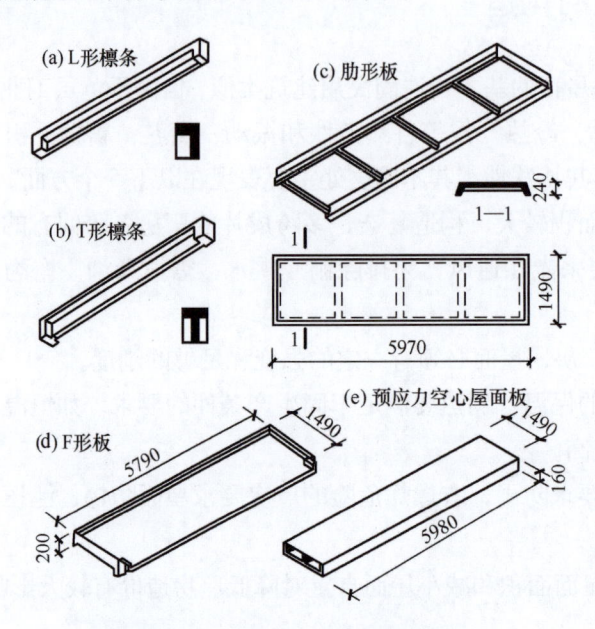

图 10-40　钢筋混凝土屋面板类型 /mm

2. 屋面排水方式与排水坡度

厂房屋面排水和民用建筑一样可以分为有组织排水和无组织排水(自由落水)两种；按屋面部位不同，可分为屋面排水和檐口排水两部分。其排水方式应根据气候条件、厂房高度、生产工艺特点、屋面面积大小等因素综合考虑。有组织排水方式示意图如图10-41所示。

(1) 厂房檐口排水方式，如无特殊需要，应尽量采用无组织排水。

(2) 积灰尘多的屋面应采用无组织排水。例如，铸工车间、炼钢车间等在生产中散发的大量粉尘积于屋面，下雨时被冲进天沟易造成管道堵塞，故这类厂房不宜采用有组织排水。

(3) 有腐蚀性介质的厂房也不宜采用有组织排水。例如，铜冶炼车间、某些化工厂房，因生产中散发大量腐蚀性介质，会使铸铁雨水装置遭受侵蚀。

(4) 如立面处理需做女儿墙的厂房可做有组织内排水。在寒冷地区采暖厂房及在生产中有热量散发的车间，厂房也宜采用有组织内排水。

(5) 冬季室外气温低的地区可采用有组织外排水。

(6) 降雨量大的地区或厂房较高的情况下，宜采用有组织排水。

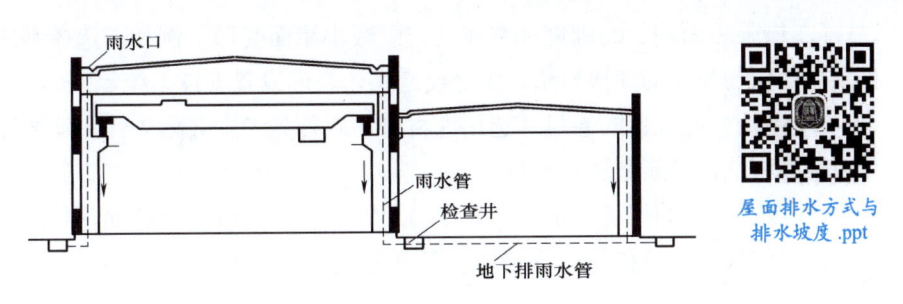

(a) 内排水

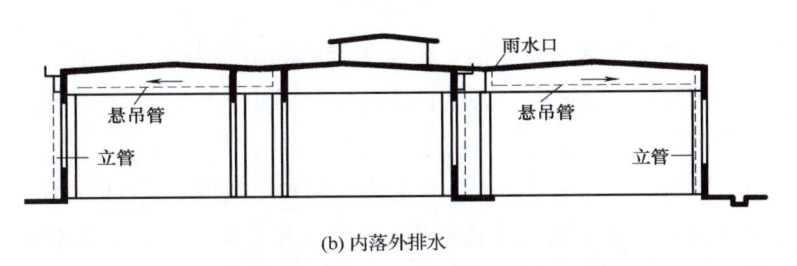

(b) 内落外排水

图 10-41 有组织排水方式示意图

屋面排水坡度与防水材料、屋盖构造、屋架形式、地区降雨量等都有密切关系。我国厂房常用屋面防水方式有卷材防水、构件自防水和刚性防水。各种不同防水材料的屋面排水坡度如表 10-1 所示。

表 10-1 屋面坡度选择参考表

防水类型	卷材防水	构件自防水			
		嵌缝式	F 板	槽 瓦	石棉瓦等
选择范围	1:4～1:50	1:4～1:10	1:3～1:8	1:2.5～1:5	1:2～1:5
常用坡度	1:5～1:10	1:5～1:8	1:4～1:5	1:3～1:4	1:2.5～1:4

3. 屋面防水

通常情况下，屋面的排水和防水问题是建造工业厂房屋面的关键所在。排水组织得好，会减少渗漏的可能性，从而有助于防水；而高质量的防水又有助于屋面排水。

单层工业厂房屋面防水方式有卷材防水、刚性防水、构件自防水和波形瓦屋面防水以及压型钢板屋面防水等几种。

1) 卷材防水

卷材屋面在单层工业厂房中的做法与民用房屋类似。卷材防水屋面坡度要求较平缓，一般以 1/3～1/5 为宜，卷材防水构造图如图 10-42 所示。

对于卷材防水，在施工时，对横缝处的卷材开裂要引起重视。防止其发生的措施有：

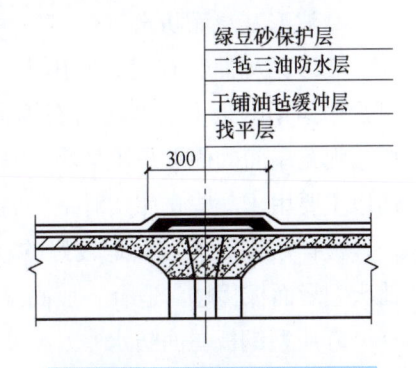

图 10-42 卷材防水构造图 /mm

(1) 增强屋面基层的刚度和整体性，以减小屋面变形。例如，选择刚度大的板型，保证屋面板与屋架的焊接质量，填缝要密实，合理设置支撑系统等。

(2) 选用性能优良的卷材。选用卷材时，应首先考虑其耐久性和延展性，要优先选用改性沥青油毡等新型防水材料。

(3) 改进油毡的接缝构造。在无保温层的大型屋面板上铺贴油毡防水层时，先将找平层沿横缝处做出分格缝，缝中用油膏填充，缝上先铺宽为 300mm 左右的油毡条作为缓冲层，然后再铺油毡防水层。

2) 刚性防水

在工业厂房中如做刚性防水屋面，由于生产中的不利因素，往往容易引起刚性防水层开裂，同时刚性防水的钢材、水泥用量较大，质量也较大，因而一般情况下不使用。

3) 构件自防水

构件自防水屋面，是利用屋面板本身的密实性和平整度（或者再加涂防水涂料）、大坡度，再配合油膏嵌缝及油毡贴缝或者靠板与板相互搭接来盖缝等措施，以达到防水的目的。这种防水施工程序简单，省材料，造价低，但不宜用于振动较大的厂房，而多用于南方地区。构件自防水屋面，按照板缝的构造方式可分为嵌缝（脊带）式和搭盖式两种基本类型，如图 10-43 所示。

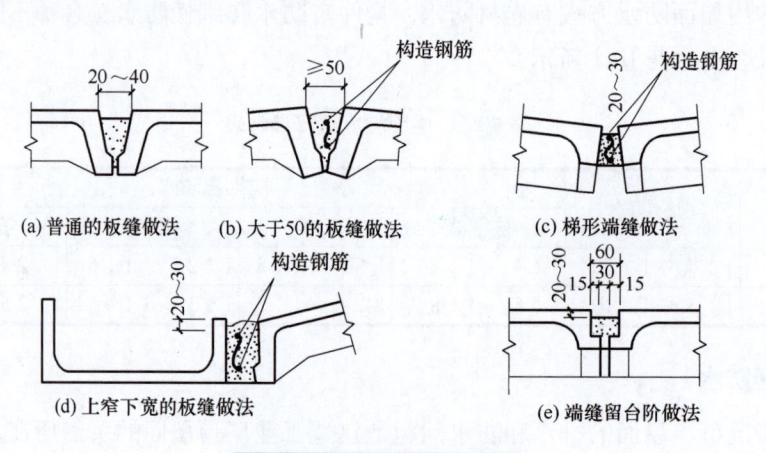

图 10-43 板缝的构造 /mm

4) 波形瓦屋面防水

波形瓦屋面具有较好的排水、防水条件，但需较大坡度，占用结构空间偏大。在厂房中运用的最多的是波形石棉水泥瓦屋面、镀锌铁皮波瓦屋面和压型钢板。波形石棉水泥瓦屋面的优点是质量小、施工简便，其缺点是易脆裂，耐久性和保温、隔热性差，所以主要用于一些仓库及对室内温度状况要求不高的厂房中。

镀锌铁皮波瓦屋面是较好的轻型屋面材料，它抗震性能好，在高烈度地震区应用比大型屋面板优越，适合一般高温工业厂房和仓库。

5) 压型钢板屋面防水

压型钢板屋面是一种新型的屋面材料。20 世纪 60 年代以来，国内外对压型钢板的轧制工艺和镀锌防腐喷涂工艺进行了不断改进和革新,从单纯镀锌和涂层发展为多层复合钢板及金属夹心板,产品规格也由短板发展为长板。用压型钢板做屋面防水层的好处主要有施工速度快、质量小、防锈、耐腐、美观等,同时其可根据需要设置保温、隔热及防露层,适应性较强。

4. 屋面保温、隔热

1) 屋面保温

屋面板上铺保温层的构造做法与民用建筑平屋顶相同,在厂房屋面中也广为采用。屋面板下设保温层主要用于构件自防水屋面,其做法可分为直接喷涂和吊挂两种。

直接喷涂是将散状材料拌和一定量水泥而成的保温材料,如水泥膨胀蛭石 [配合比按体积,水泥：白灰：蛭石粉 =1：1：(8～5)] 等用喷浆机喷涂在屋面板下,喷涂厚度一般为 20～30mm。吊挂固定是将质量很小的保温材料,如聚苯乙烯泡沫塑料、玻璃棉毡、铝箔等固定吊挂在屋面板下面。

夹心保温屋面板具有承重、保温、防水三种功能。其优点是能叠层生产、减少高空作业、施工进度快,部分地区已有使用;缺点是不同程度地存在板面、板底裂缝,板较重和温度变化引起板的起伏变形,以及有冷桥等问题。图 10-44 是几种夹心保温屋面板。

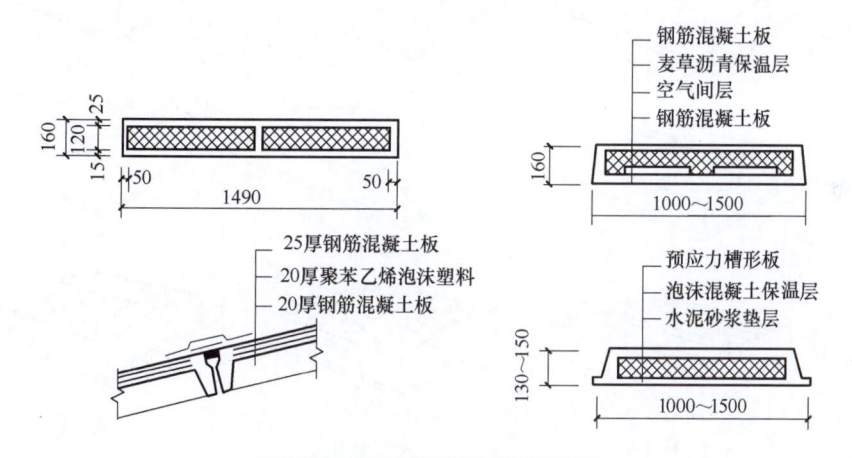

图 10-44 夹心保温屋面板 /mm

2) 屋面隔热

厂房的屋面隔热措施与民用建筑相同。当厂房高度大于 8m,且采用钢筋混凝土屋面时,屋面对工作区的辐射热有影响,屋面应考虑采取隔热措施。通风屋面隔热效果较好,构造简单,施工方便,在一些地区采用较多。也可在屋面的外表面涂刷反射性能好的浅色材料,以达到降低屋面温度的效果。

对于单层工业厂房屋面的保温和隔热,相对于民用建筑,还应注意以下问题。

(1) 保温。一般保温只在采暖厂房和空调厂房中设置。保温层大多数设在屋面板上,如民用房屋中平屋顶的设计。也有设在屋面板下的情况,还可采用带保温层的夹心板材。

(2) 隔热。除有空调的厂房外，一般只在炎热地区较低矮的厂房才作隔热处理。如厂房屋面高度大于9m，可以不作隔热处理，主要靠通风解决屋面散热问题；如厂房屋面高度在 6～9m 之间，且高度大于跨度的1/2，不需隔热，当高度小于或等于跨度的1/2 时需隔热；如厂房屋面高度小于或等于 6m，则需隔热。厂房屋面隔热原理与构造做法均同民用房屋。

10.3.3 天窗的构造

大跨度或多跨的单层工业厂房中，为满足天然采光与自然通风的要求，在屋面上常设置各种形式的天窗。这些天窗按照功能可分为采光天窗与通风天窗两大类型，但实际上大部分天窗都同时兼有采光和通风双重作用。

单层工业厂房采用的天窗类型较多，目前我国常见的天窗形式中，主要用作采光的有矩形天窗、平天窗、锯齿形天窗、三角形天窗、横向下沉式天窗等，主要用作通风的有矩形通风天窗、纵向或横向下沉式天窗、井式天窗，如图 10-45 所示。

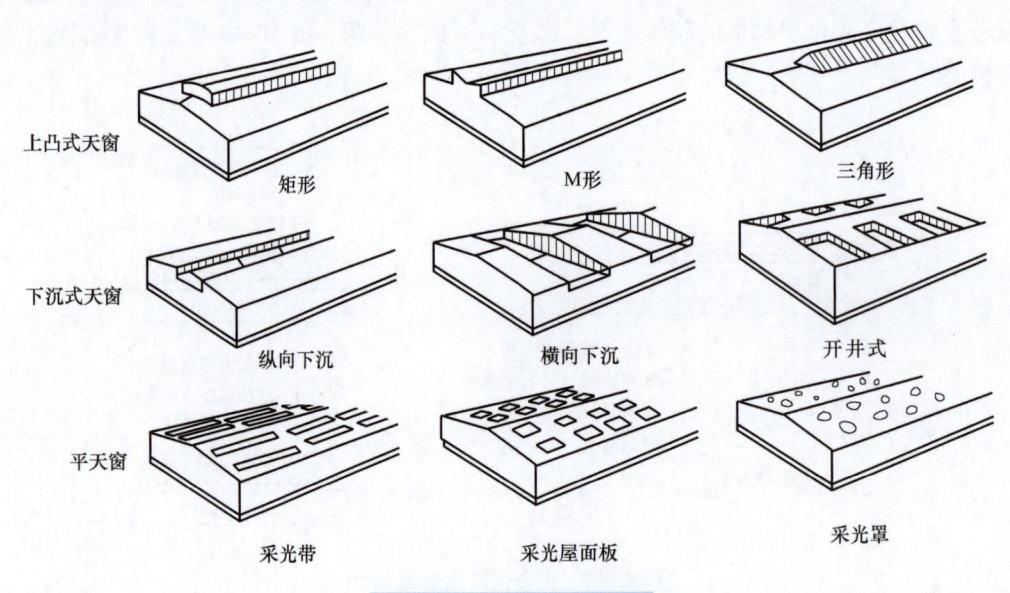

图 10-45 各种天窗示意图

1. 矩形天窗构造

矩形天窗是单层工业厂房常用的天窗形式。它一般沿厂房纵向布置，为了简化构造并留出屋面检修和消防通道，在厂房的两端和横向变形缝的第一个柱间通常不设天窗。在每段天窗的端壁应设置通往天窗屋面的消防检修梯。它主要由天窗架、天窗扇、天窗屋面板、天窗侧板及天窗端壁等构件组成，如图 10-46 所示。

1）天窗架

天窗架是天窗的承重结构，它直接支承在屋架上。天窗架的材料一般与屋架相同，常用钢筋混凝土天窗架和钢天窗架两种。天窗架形式如图 10-47 所示。

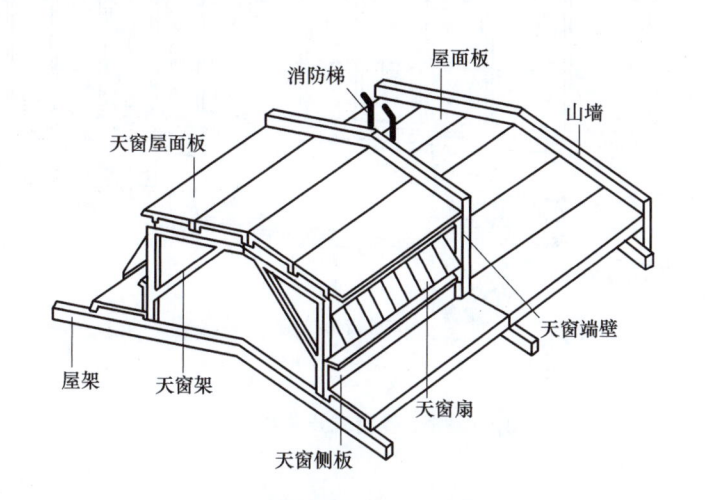

图 10-46　矩形天窗构造

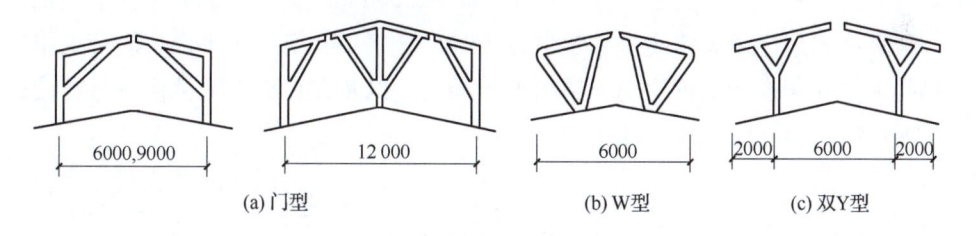

图 10-47　天窗架形式 /mm
(a) 门型　(b) W 型　(c) 双 Y 型

天窗架的跨度根据采风和通风要求一般为厂房跨度的 1/3～1/2，且应尽可能将天窗架支承在屋架的节点上，目前常采用的为钢筋混凝土天窗架。天窗架一般由两榀或三榀预制构件拼接而成，各榀之间采用螺栓连接，其支脚与屋架采用焊接。天窗架的高度应根据采光和通风的要求，并结合所选用的天窗扇尺寸确定，一般高度为宽度的 0.3～0.5 倍。

2) 天窗扇

天窗扇有钢制和木制两种。钢天窗扇具有耐久、耐高温、质量小、挡光少、不易变形以及关闭严密等优点，因此工业建筑中多采用钢天窗扇。

通长天窗扇是由两个端部固定窗扇和一个可整体开启的中部通长窗扇利用垫板和螺栓连接而成。开启扇可长达数十米，其长度应根据厂房长度、采光通风的需要以及天窗开关器的启动能力等因素决定。撑臂式开关器如图 10-48 所示。

分段天窗扇是在每个柱距内设单独开启的窗扇，一般不用开关器。

无论是通长窗扇还是分段窗扇，在开启扇之间以及开启扇与天窗端壁之间，均需设置固定扇，起竖框作用。防雨要求较高的厂房可在上述固定扇的后侧加 600mm 宽的固定挡雨板，以防止雨水从窗扇两端开口处飘入车间。

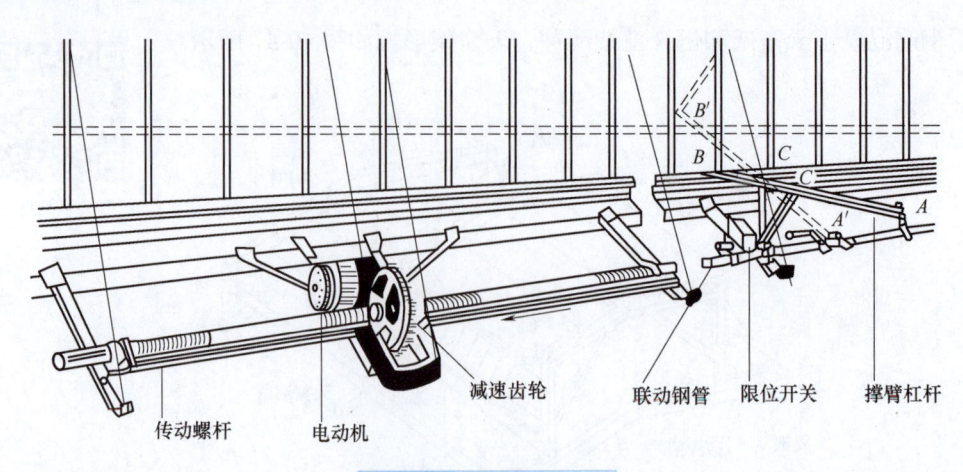

图 10-48 撑臂式开关器

3) 天窗檐口

一般情况下,天窗屋面的构造与厂房屋面相同。天窗檐口常采用无组织排水,其由带挑檐的屋面板构成,挑出长度一般为 300～500mm。檐口下部的屋面上需铺设滴水板。雨量多的地区或天窗高度和宽度较大时,宜采用有组织排水。一般可采用带檐沟的屋面板或在天窗架的钢牛腿上铺槽形天沟板,以及在屋面板的挑檐下悬挂镀锌铁皮或石棉水泥檐沟三种做法,如图 10-49 所示。

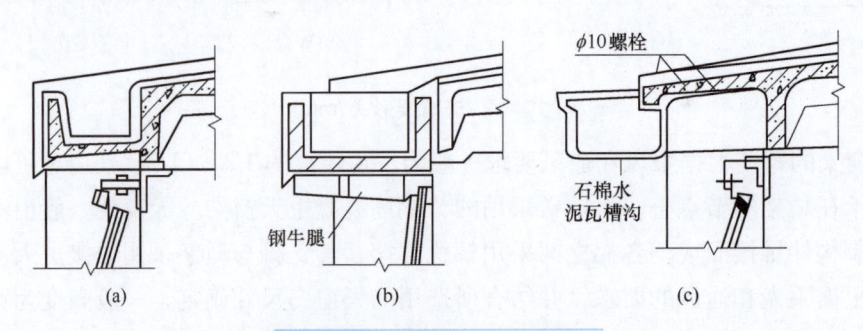

图 10-49 钢筋混凝土天窗檐口

4) 天窗侧板

天窗侧板是天窗窗口下部的围护构件,其主要作用是防止屋面上的雨水流入或溅入室内或屋面积雪影响天窗扇的开启。天窗侧板应高出屋面不小于 300mm;常有大风、雨或多雪地区应增高到 400～600mm。

天窗侧板的形式有两种:当屋面为无檩体系时,采用钢筋混凝土侧板,侧板长度与屋面板长度一致;当屋面为有檩体系时,侧板可采用石棉水泥波瓦等轻质材料,侧板安装时向外稍倾斜,以便排水。侧板与屋面交接处应做好泛水处理,钢筋混凝土侧板的不同形式如图 10-50 所示。

5) 天窗端壁

天窗端壁有预制钢筋混凝土端壁和石棉水泥瓦端壁,主要起支撑和围护作用,一一般采用钢筋混凝土端壁板。钢筋混凝土端壁板可以代替端部的天窗架支承天窗屋面板，使用时将其焊接在屋架上弦的一侧，屋架上弦的另一侧用于铺放与天窗相邻的屋面板。端壁下部与屋面板相交处应做好泛水，需要时也可在端壁板内侧设置保温层，钢筋混凝土端壁如图 10-51 所示。天窗屋顶的构造通常与厂房屋顶构造相同。

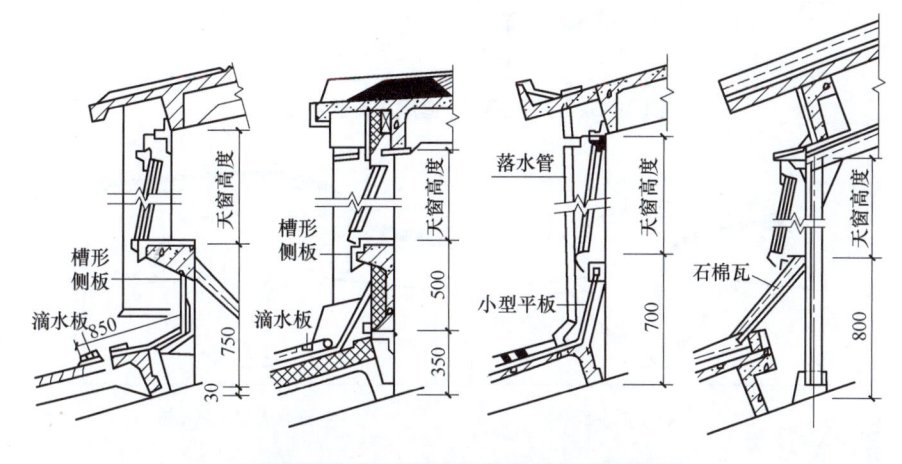

图 10-50 钢筋混凝土侧板的形式 /mm

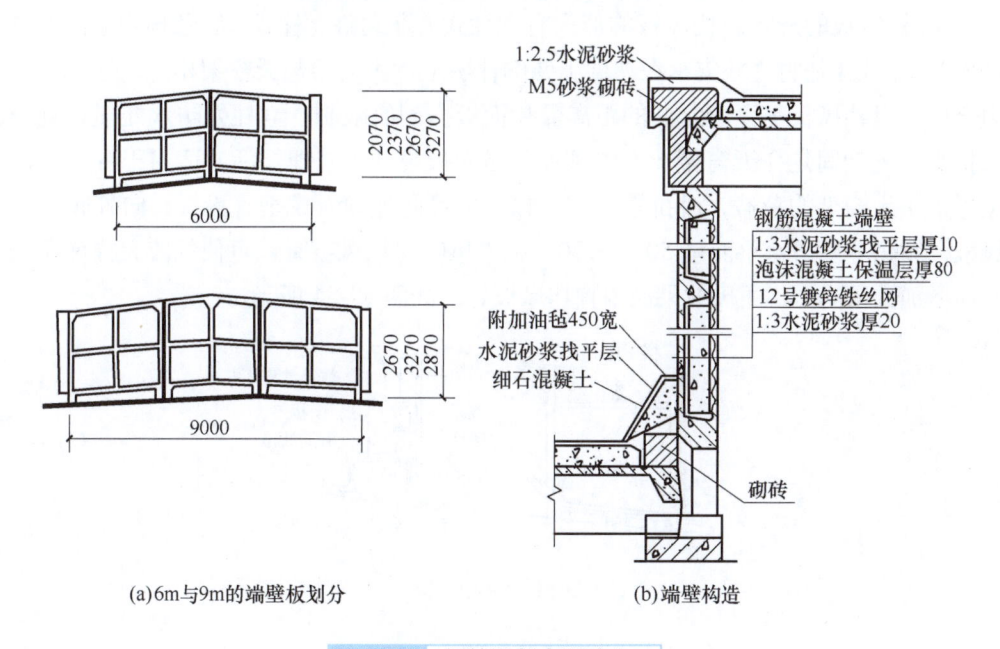

图 10-51 钢筋混凝土端壁 /mm

2. 矩形通风（避风）天窗

矩形通风（避风）天窗由矩形天窗及其两侧的挡风板所构成，如图 10-52、图 10-53 所示。

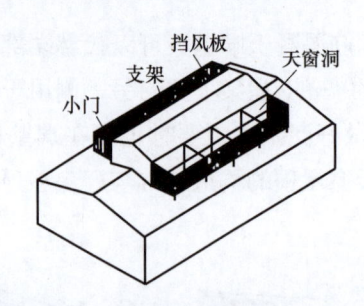

图 10-52 矩形通风（避风）天窗外观图

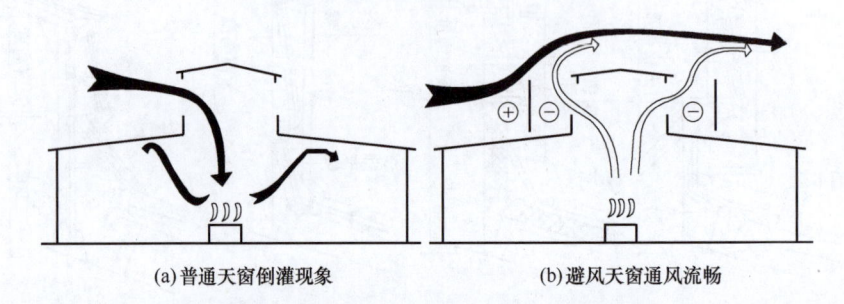

(a) 普通天窗倒灌现象

(b) 避风天窗通风流畅

图 10-53 矩形通风（避风）天窗通风示意图

(1) 挡风板的形式。挡风板的形式有立柱式（直或斜立柱式）和悬挑式（直或斜悬挑式）。立柱式是将立柱支承在屋架上弦的柱墩上，用支架与天窗架相连，这样结构受力合理，但挡风板与天窗之间的距离受屋面板排列的限制，立柱处防水处理较复杂。悬挑式的支架固定在天窗架上，挡风板与屋面板脱开，处理灵活，适用于各类屋面，但增加了天窗架的荷载，对抗震不利。挡风板可向外倾斜或垂直设置，向外倾斜的挡风板，倾角一般与水平面呈50°～70°，当风吹向挡风板时，可使气流大幅度飞跃，从而增加抽风能力，通风效果比垂直挡风板好，如图10-54所示。

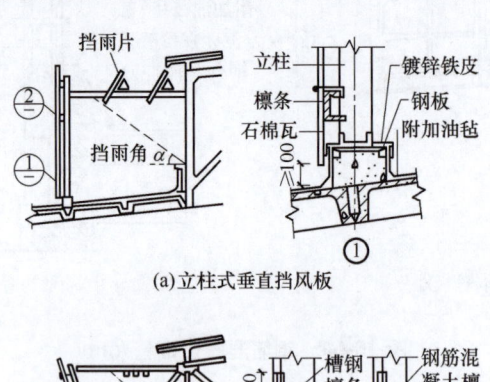

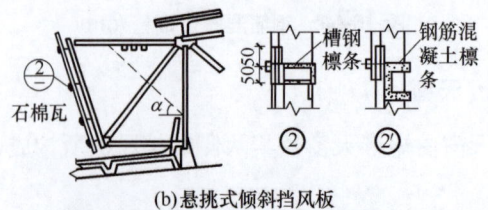

(a) 立柱式垂直挡风板

(b) 悬挑式倾斜挡风板

图 10-54 挡风板的形式与构造 /mm

(2) 挡雨设施。设大挑檐方式，使水平口的通风面积减小。垂直口设挡雨板时，挡雨板与水平夹角越小通风效果越好，但不宜小于 15°。水平口设挡雨片时，通风阻力较小，是较常用的方式，挡雨片与水平面的夹角多采用 60°。挡雨片高度一般为 200～300mm。在大风多雨地区和对挡雨要求较高时，可将第一个挡雨片适当加长。水平口挡雨片的构造如图 10-55 所示。

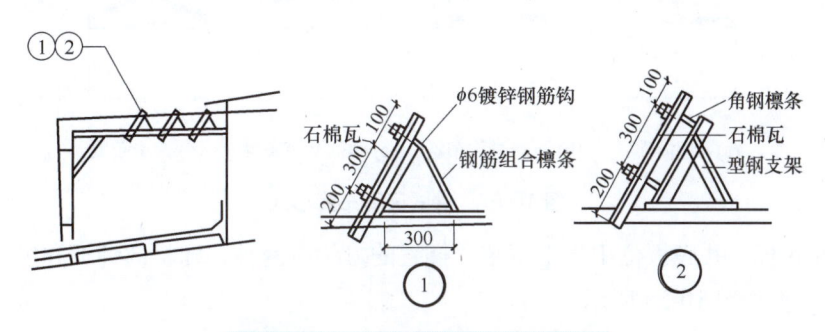

图 10-55 水平口挡雨片的构造 /mm

挡风板常用石棉波形瓦、钢丝网水泥瓦、瓦楞铁等轻型材料，用螺栓将瓦材固定在檩条上。檩条有型钢和钢筋混凝土两种，其间距视瓦材的规格而定。檩条焊接在立柱或支架上，立柱与天窗架之间设置支撑使其保持稳定。当用石棉水泥波瓦做挡雨片时，常用型钢或钢三脚架做檩条，檩条两端置于支撑上，水泥波形瓦挡雨片固定在檩条上。

3. 井式天窗

井式天窗是下沉式天窗的一种类型。下沉式天窗是在拟设置天窗的部位，把屋面板下移铺在屋架的下弦上，从而利用屋架上弦、下弦之间的空间构成天窗，可分为井式、纵向下沉式以及横向下沉式三种类型，如图 10-56 和图 10-57 所示。

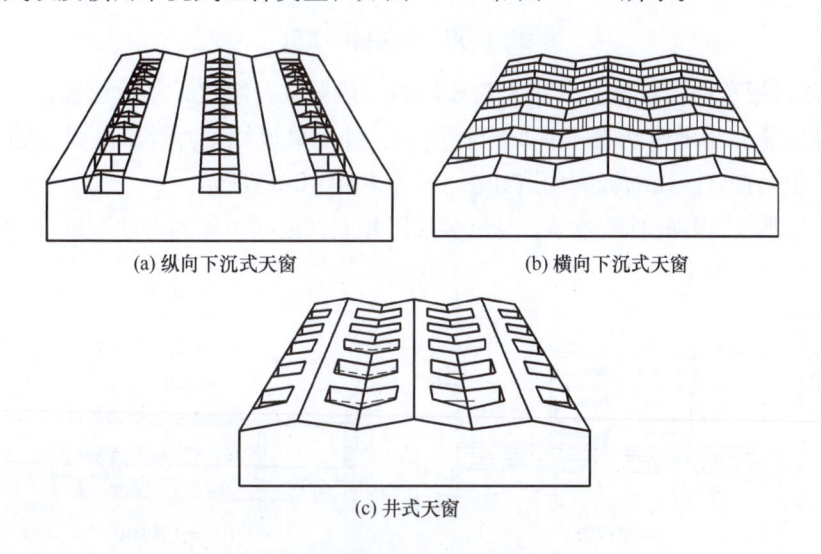

图 10-56 下沉式天窗类型

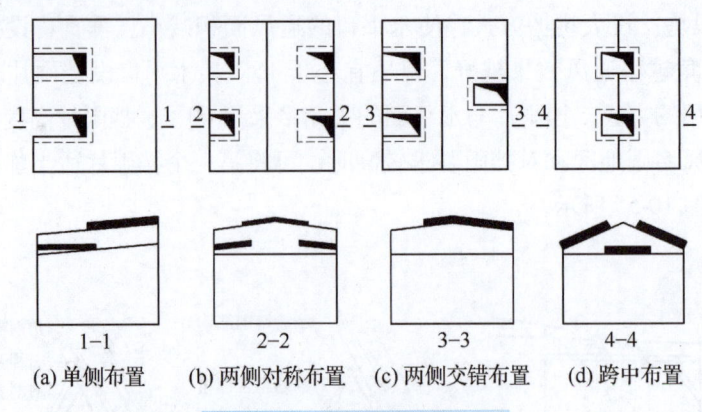

(a) 单侧布置　　(b) 两侧对称布置　　(c) 两侧交错布置　　(d) 跨中布置

图 10-57　井式天窗布置形式

(1) 井底板。井底板位于屋架下弦，搁置的方法有两种，即横向铺板和纵向铺板，横向铺板类型如图 10-58 所示。

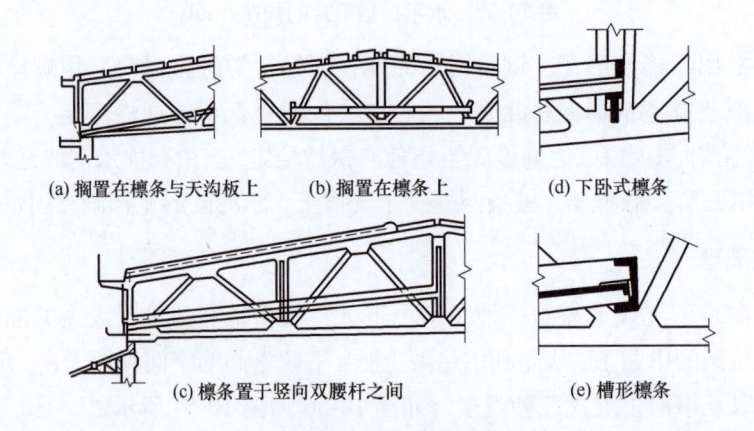

(a) 搁置在檩条与天沟板上　　(b) 搁置在檩条上　　(d) 下卧式檩条

(c) 檩条置于竖向双腰杆之间　　(e) 槽形檩条

图 10-58　横向铺板类型

(2) 井口板及挡雨设施。井式天窗通风口一般做成开敞式，不设窗扇，但井口必须设置挡雨设施。挡雨做法有垂直口设挡雨板、井上口设挡雨片等。井式天窗井口窗的格板构造和垂直口设挡雨板的构造如图 10-59 和图 10-60 所示。

井上口挑檐，影响通风效果，因此多采用井上口设挡雨片的方法，如图 10-61 所示。

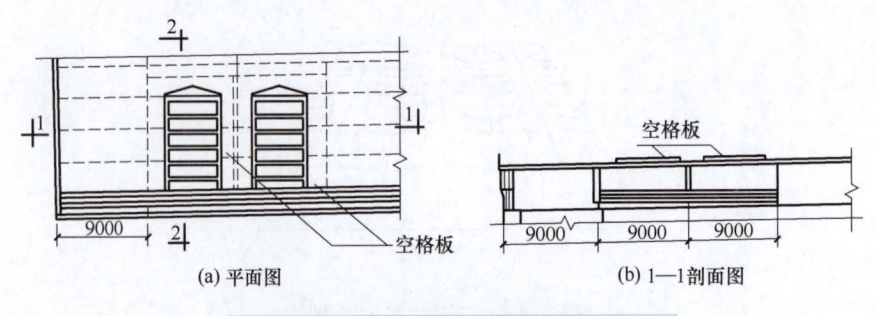

(a) 平面图　　(b) 1—1 剖面图

图 10-59　井式天窗井口窗的格板构造 /mm

(c) 2—2剖面图

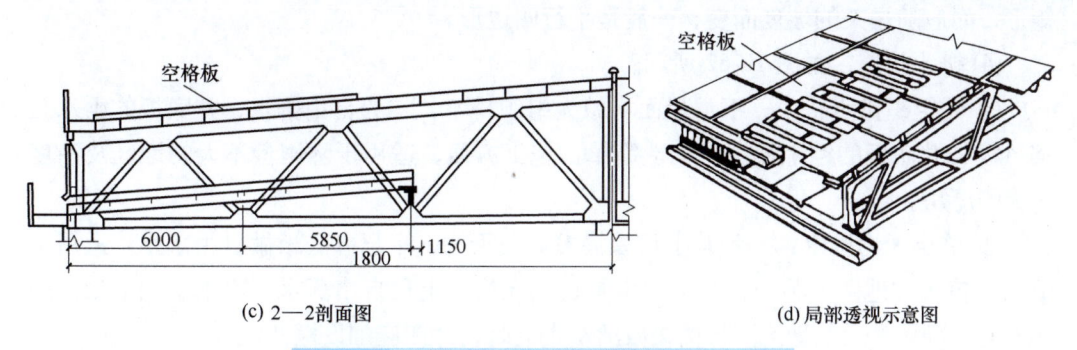

(d) 局部透视示意图

图 10-59　井式天窗井口窗的格板构造 /mm（续）

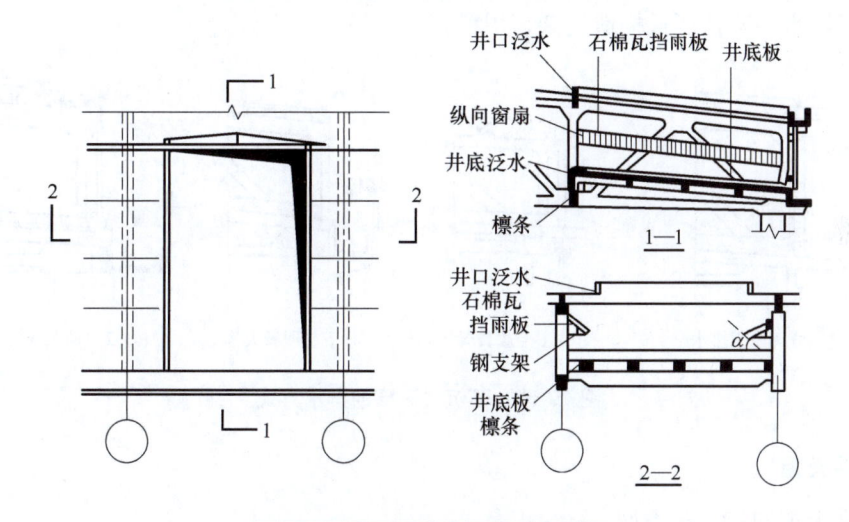

图 10-60　垂直口设挡雨板的构造

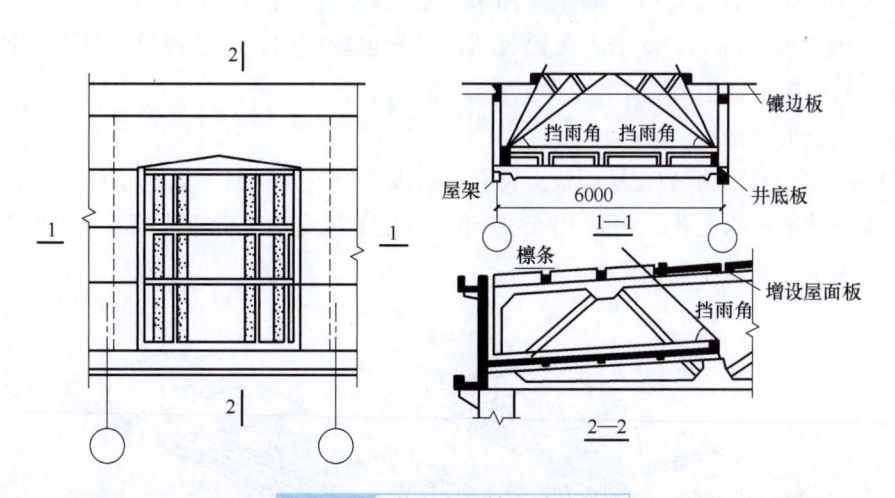

图 10-61　井上口设挡雨片的构造

(3) 窗扇设置。窗扇可以设在井口处或垂直口处，如果厂房有保暖要求，可在垂直井口设置窗扇。沿厂房纵向的垂直口，可以安装上悬或中悬窗扇，但窗扇的形式不是矩形，而应随屋架的坡度而变，一般是平行四边形。

(4) 排水措施，如图 10-62 所示。

① 无组织排水：上、下层屋面均做无组织排水，均为自由落水，井底板的雨水经挡风板与井底板的空隙流出，构造简单，施工方便，适用于降雨量不大的地区及高度不大的厂房。

② 单层天沟排水：一种是上层屋檐做通长天沟，下层井底板做自由落水，适用于降雨量较大的地区。另一种是下层设置通长天沟，上层自由落水，适用于烟尘量大的热车间及降雨量大的地区。天沟兼做清灰走道时，外侧应加设栏杆。

③ 双层天沟排水：在雨量较大的地区和灰尘较多的车间，采用上、下两层通长天沟有组织排水。这种形式构造复杂，用料较多。

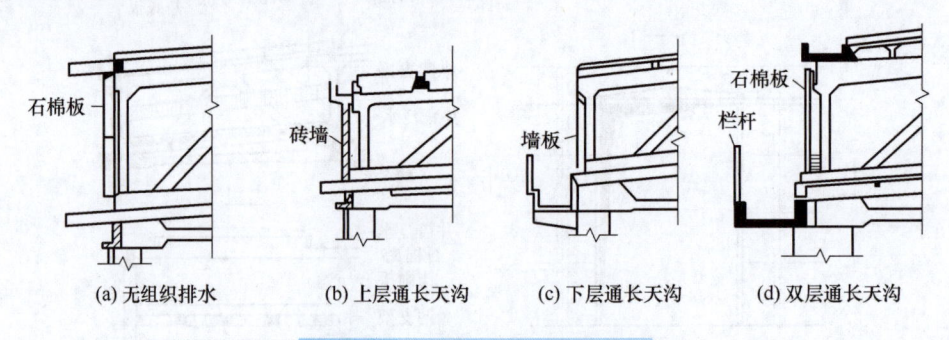

(a) 无组织排水　(b) 上层通长天沟　(c) 下层通长天沟　(d) 双层通长天沟

图 10-62　下沉式天窗的排水方式

4. 平天窗

1) 平天窗的特点与类型

平天窗的类型有采光板、采光罩和采光带三种。这三种平天窗的共同特点是：采光效率比矩形天窗高 2～3 倍，布置灵活，采光也较均匀，构造简单，施工方便，但造价高，易积尘。其主要适用于一般冷加工车间。

2) 平天窗的构造

(1) 采光板。采光板是在屋面板上留孔，装设平板透光材料。板上可开设几个小孔，也可开设一个通长的大孔，如图 10-63 所示。固定的采光板只做采光用，可开启的采光板以采光为主，兼做少量通风。

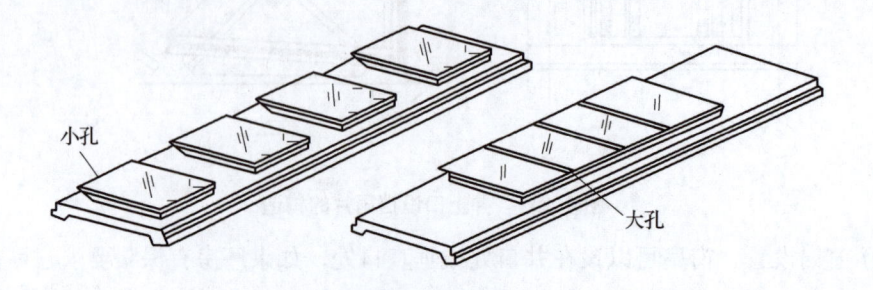

图 10-63　采光板

(2) 采光罩。采光罩是在屋面板上留孔装弧形透光材料,如弧形玻璃钢罩、弧形玻璃罩等。采光罩有固定和可开启两种,如图 10-64 所示。

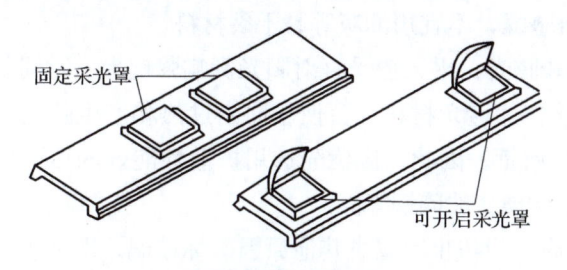

图 10-64 采光罩

(3) 采光带。采光带是指长度在 6m 以上的采光口。采光带根据屋面结构的不同形式,可布置成横向采光带和纵向采光带,如图 10-65 所示。

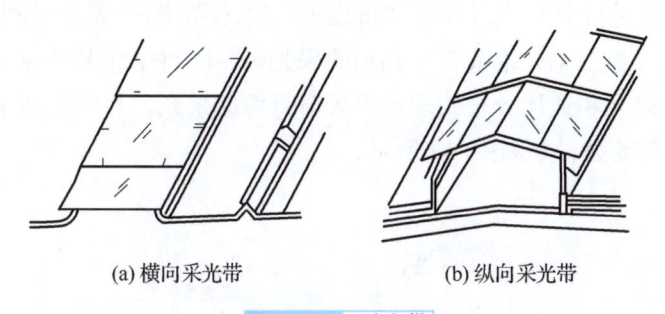

(a) 横向采光带　　(b) 纵向采光带

图 10-65 采光带

平天窗需在采光口周围做井壁泛水,井壁上安放透光材料。井壁泛水高度一般为 150～200mm。井壁有垂直和倾斜两种。井壁可用钢筋混凝土、薄钢板、塑料等材料制成。预制井壁现场安装,工业化程度高,施工快;但在施工时应处理好与屋面板之间的缝隙,以防漏水,采光口的井壁构造如图10-66所示。

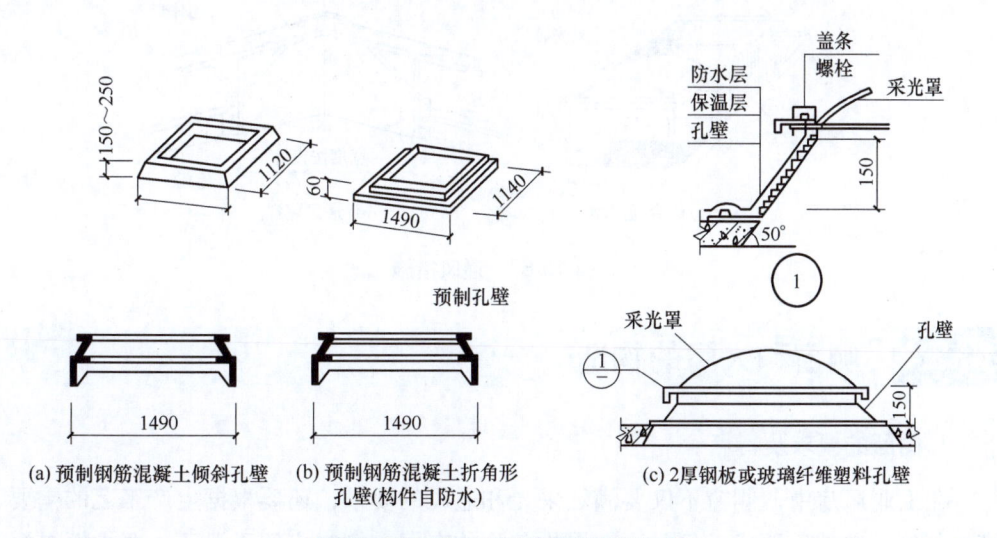

(a) 预制钢筋混凝土倾斜孔壁　(b) 预制钢筋混凝土折角形孔壁(构件自防水)　(c) 2厚钢板或玻璃纤维塑料孔壁

图 10-66 采光口的井壁构造 /mm

3) 平天窗需注意的几个问题

(1) 防水：玻璃与井壁之间的缝隙是防水的薄弱环节，可用聚氯乙烯胶泥或建筑油膏等弹性较好的材料垫缝，不宜用油灰等易干裂材料。

(2) 防太阳辐射和眩光：平天窗受直射阳光影响强度大、时间长，如果采用一般的平板玻璃和钢化玻璃作为透光材料，会使车间内过热和产生眩光，有损人们的视力，影响安全生产和产品质量。因此，应优先选用扩散性能好的透光材料，如磨砂玻璃、乳白玻璃、夹丝压花玻璃、玻璃钢等。

(3) 安全防护措施：为防止冰雹或其他原因破坏玻璃，保证生产安全，可采用夹丝玻璃。若采用非安全玻璃(如普通平板玻璃、磨砂玻璃、压花玻璃等)，须在玻璃下加设一层金属安全网。

(4) 通风问题：南方地区采用平天窗时，必须考虑采取通风散热措施，使滞留在屋盖下表面的热气及时排至室外。目前采用的通风方式有两类，一是采光和通风结合处理，使用可开启的采光板、采光罩或带开启扇的采光板，既可采光又可通风，但在使用时不够灵活；二是采光和通风分开处理，平天窗只考虑采光，另外再利用通风屋脊解决通风问题，构造较复杂，如图10-67所示。

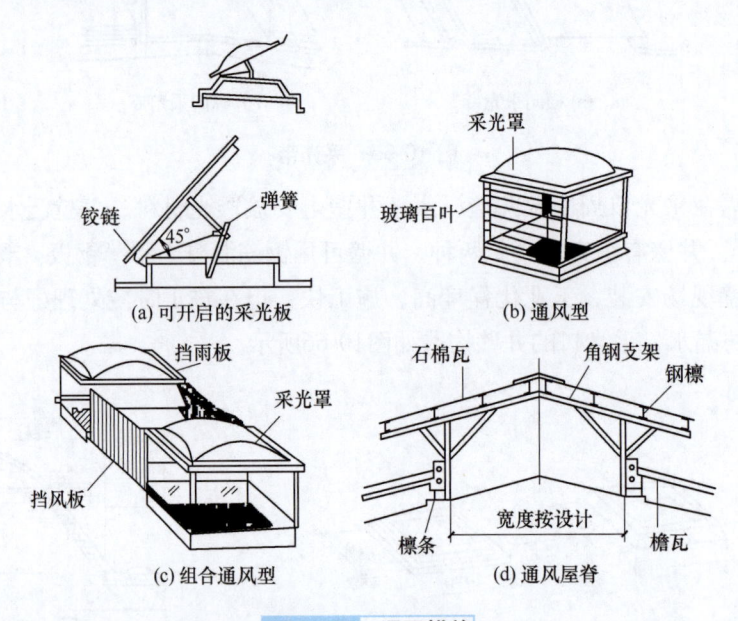

图 10-67 通风措施

10.3.4 侧窗和大门的构造

1. 侧窗的要求及特点

在工业厂房中，侧窗不仅要满足采光和通风的要求，还要根据生产工艺的需要，满足其他一些特殊要求。例如，有爆炸危险的车间，侧窗应便于泄压；要求恒温恒湿的车间，侧窗应有良好的保温、隔热性能；洁净车间要求侧窗防尘和密闭等。由于工业建筑侧窗面积较大，在进行构造设计时，应在坚固耐久、开关方便的前提下，节省材料，降低造价。

对侧窗的要求是：①洞口尺寸的数列应符合建筑模数协调标准的规定，以利于窗的标准化和定型化；②构造要求坚固耐久、接缝严密、开关灵活、节省材料、降低造价。

侧窗的特点如下。

(1) 侧窗的面积大：一般以吊车梁为界，其上部的小窗为高侧窗，下部的大窗为低侧窗，如图 10-68 所示。

(2) 大面积的侧窗因通风的需要多采用组合式：一般平开窗位于下部，接近工作面；中悬窗位于上部；固定窗位于中部。在同一横向高度内，应采用相同的开关方式。

(3) 侧窗的尺寸应符合建筑模数协调标准的规定。

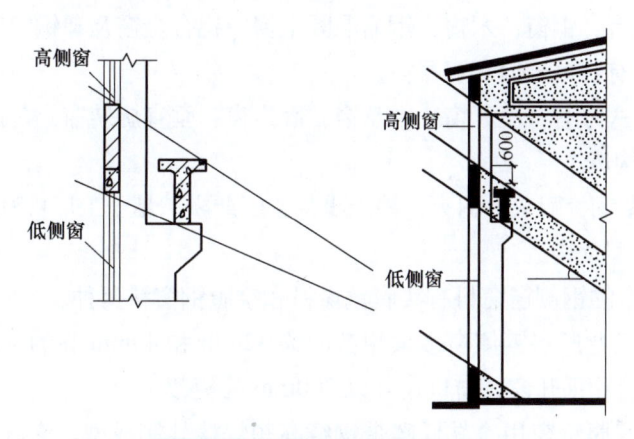

图 10-68 高低侧窗示意图 /mm

2. 侧窗的布置与类型

1) 侧窗的布置

侧窗分单面侧窗和双面侧窗。当厂房跨度不大时，可采用单面侧窗采光；单跨厂房多采用双侧采光，可以提高厂房采光照明的均匀程度。

窗洞高度和窗洞位置的高低对采光效果影响很大，侧窗位置越低近墙处的照度越强，而厂房深处的照度越弱。因此，侧窗窗台的高度，从通风和采光要求来看，一般以低些为好，但考虑到工作面的高度、工作面与侧窗的距离等因素，可按以下几种情况来确定窗台的高度。

(1) 当工作面位于外墙处，工人坐着操作时，或对通风有特殊要求时，窗台高度可取 800～900mm。

(2) 大多数厂房中，工人是站着操作的，其工作面一般离地面 1m 以上，因此应使窗台高度大于 1m。

(3) 当工人靠墙操作时，为了防止工作用的工件击碎玻璃，应使窗台至少高出工作面 250～300mm。

(4) 当作业地点离外墙 1.5m 以内时，窗台到地面的距离应不大于 1.5m。

(5) 外墙附近没有固定作业地点的车间以及侧窗主要供厂房深处作业地带采光的车间，或沿外墙铺设有铁路路线的车间，窗台高度可以增加到 2～4m。

(6) 在有吊车梁的厂房中，如靠吊车梁位置布置侧窗，因吊车梁会遮挡一部分光线，而使该段的窗不能发挥作用。因此，在该段范围内通常不设侧窗，而做成实墙面，这也是单层工业厂房侧窗一般至少分为两排的原因之一。

窗间墙的宽度大小也会影响厂房内部的采光效果，通常窗口宽度不宜小于窗间墙的宽度。

工业建筑侧窗一般采用单层窗，只有严寒地区的采暖车间在 4m 以下高度范围时，或有特殊要求的生产车间 (恒温、恒湿、洁净)，才部分或全部采用双层窗。

2) 侧窗的类型

(1) 按材料分有：钢窗、木窗、钢筋混凝土窗、铝合金窗及塑钢窗等。

(2) 按层数分有：单层窗和双层窗。

(3) 按开启方式分有：平开窗、中悬窗、固定窗、垂直旋转窗 (立旋窗) 等。

3) 钢侧窗的构造

钢侧窗具有坚固、耐久、耐火、挡光少、关闭严密、易于工厂机械化生产等优点。

(1) 钢侧窗料型及构造。

目前我国生产的钢侧窗窗料有实腹钢窗料和空腹钢窗料两种。

实腹钢窗：工业厂房钢侧窗多采用截面为 32mm 和 40mm 高的标准钢窗，它适用于中悬窗、固定窗和平开窗，窗口尺寸以 300mm 为模数。

空腹钢窗：空腹钢窗用冷轧低碳带钢经高频焊接轧制成型。它具有质量小、刚度大等优点，与实腹钢窗相比可节约钢材 40%～50%，抗扭强度提高 2.5～3.0 倍；但因其壁薄，易受到锈蚀破坏，故不宜用于有酸碱介质腐蚀的车间。

为便于制作和安装，基本钢窗的尺寸一般不宜大于 1800mm×2400mm(宽×高)。

钢窗与砖墙连接固定时，组合窗中所有竖梃和横档两端必须插入窗洞四周墙体的预留洞内，并用细石混凝土填实。

钢窗与钢筋混凝土构件连接时，在钢筋混凝土构件中的相应位置预埋铁件，用连接件将钢窗与预埋铁件焊接固定。

(2) 侧窗开关器。

工业厂房侧窗面积较大，上部侧窗一般用开关器进行开关。开关器分电动、气动和手动等几种，电动开关器使用方便，但制作复杂，使用时还要经常维护。

3. 大门

1) 洞口尺寸与大门类型

(1) 大门洞口的尺寸。

厂房大门主要是供生产运输车辆及人通行、疏散之用。门的尺寸应根据所需运输工具、运输货物的外形并考虑通行方便等因素而定。

一般门的宽度应比满载货物的车辆宽600～1000mm，高度应高出400～600mm。大门的尺寸以300mm为扩大模数进级，运输工具通行尺寸如图10-69所示。

(2) 大门的类型。

① 按用途分：有一般大门和特殊大门（保温门、防火门、冷藏门、射线防护门、隔声门、烘干室门等）。

② 按门的材料分：有钢木大门、木大门、钢板门、空腹薄壁钢门、铝合金门等。

③ 按门的开启方式分：有平开门、推拉门、折叠门、升降门、卷帘门及上翻门等。

2) 大门的构造

(1) 平开钢木大门组成：门扇、门框、五金零件。

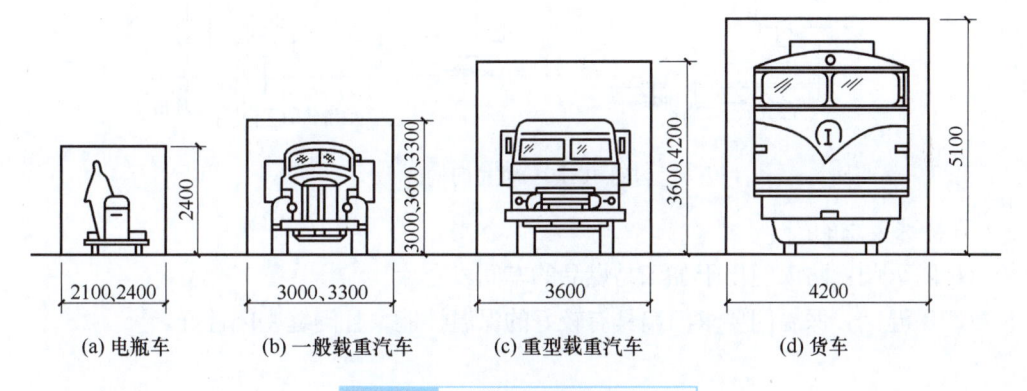

(a) 电瓶车　　(b) 一般载重汽车　　(c) 重型载重汽车　　(d) 货车

图 10-69　运输工具通行尺寸 /mm

平开钢木大门的洞口尺寸一般不大于 3.6m×3.6m。

门扇由骨架和门芯板构成，当门扇的面积大于 5m² 时，宜采用角钢或槽钢骨架。门芯板采用15～25mm厚的木板，用螺栓将其与骨架固定。寒冷地区有保温要求的厂房大门可采用双层门芯板，中间填充保温材料，并在门扇边缘加钉橡皮条等密封材料封闭缝隙。

大门门框有钢筋混凝土门框和砖砌门框两种。门洞宽度大于3m时，采用钢筋混凝土门框，在安装铰链处预埋铁件。洞口较小时可采用砖砌门框，在墙内砌入有预埋铁件的混凝土块，砌块的数量和位置应与门扇上铰链的位置相适应。一般每个门扇设两个铰链。

(2) 推拉门：推拉门由门扇、导轨、地槽、滑轮及门框组成，其构造如图10-70所示。

门扇可采用钢板门、钢木门、空腹薄壁钢门等，每个门扇的宽度不大于1.8m。当门洞宽度较大时可设多个门扇，分别在各自的轨道上推行。门扇因受室内柱的影响，一般只能设在室外一侧，因此应设置足够宽度的雨篷加以保护。

根据门洞的大小，可做成单轨双扇、双轨双扇、多轨多扇等形式，在厂房中常用单轨双扇。

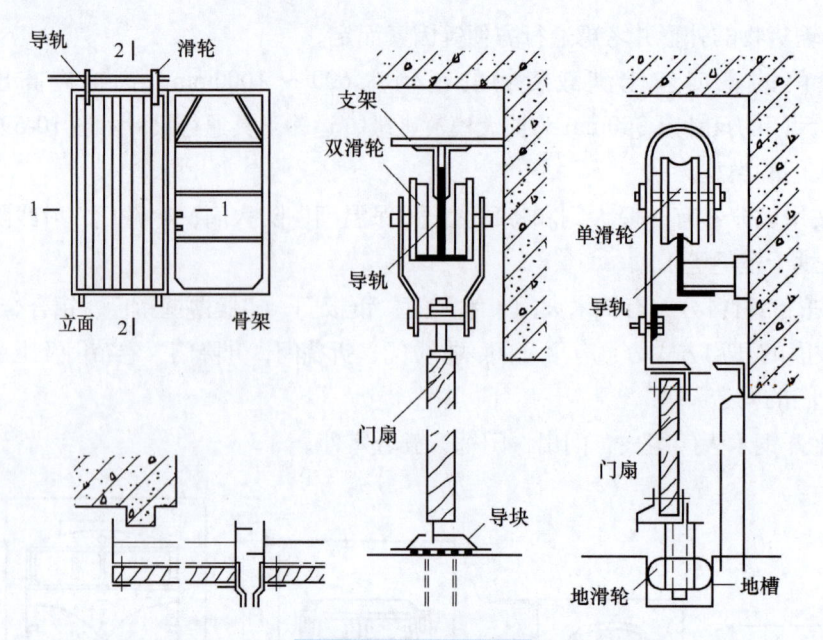

图 10-70 推拉门构造

3) 特殊要求的门

(1) 防火门：防火门用于加工易燃品的车间或仓库。

(2) 保温门：保温门要求门扇具有较好的保温性能，且门缝密闭性好。

10.3.5 地面构造

1. 厂房地面的特点与要求

单层工业厂房地面面积大、荷重大、材料用料多。据统计，一般机械类厂房混凝土地面的混凝土用量占主体结构的 25% ~ 50%。所以正确且合理地选择地面材料和相应的构造，不仅有利于生产，而且对节约材料和基建投资都有重要意义。

工业厂房的地面，首先要满足使用要求。其次，厂房承受荷载大，还应具有抵抗各种破坏作用的能力。工业厂房地面的要求如下。

(1) 具有足够的强度和刚度，满足大型生产和运输设备的使用要求，有良好的抗冲击、耐震、耐磨、耐碾压性能。

(2) 满足不同生产工艺的要求，如生产精密仪器仪表的车间应防尘，生产中有爆炸危险的车间应防爆，有化学侵蚀的车间应防腐等。

(3) 处理好设备基础、不同生产工段对地面不同要求引起的多类型地面的组合拼接。

(4) 满足设备管线铺设、地沟设置等特殊要求。

(5) 合理选择材料与构造做法，降低造价。

2. 常用地面的类型与构造

1) 地面的组成与类型

单层工业厂房地面由面层、垫层和基层组成。当它们不能充分满足厂房的基本适用要求或构造要求时,可增设其他构造层,如结合层、找平层、隔离层等;特殊情况下,还需设置保温层、隔声层等,如图 10-71 所示。

(1) 面层:有整体面层和块料面层两大类。由于面层是直接承受各种物理、化学作用的表面层,因此应根据生产特征、使用要求和技术经济条件来选择面层。

(2) 垫层:是承受并传递地面荷载至地基的构造层。按材料性质不同,垫层可分为刚性垫层、半刚性垫层和柔性垫层三种。

① 刚性垫层:是指用混凝土、沥青混凝土和钢筋混凝土等材料做成的垫层。

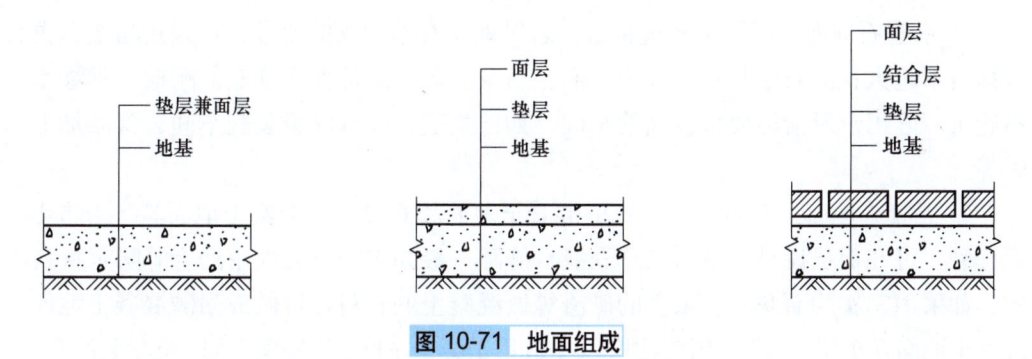

图 10-71 地面组成

② 半刚性垫层:是指用灰土、三合土、四合土等材料做成的垫层,其受力后有一定的塑性变形。它可以利用工业废料和建筑废料制作,因而造价低。

③ 柔性垫层:是用砂、碎(卵)石、矿渣、碎煤渣、沥青碎石等材料做成的垫层。它受力后产生塑性变形,但造价低,施工方便,适用于有较大冲击、剧烈震动作用或堆放笨重材料的地面。

垫层的选择还应与面层材料相适应,同时应考虑生产特征和使用要求等因素。例如,现浇整体式面层、卷材及塑料面层以及用砂浆或胶泥做结合层的板块状面层,其下部的垫层宜采用刚性垫层;用砂、炉渣做结合层的块材面层,宜采用柔性垫层或半刚性垫层。

垫层的厚度主要依据作用在地面上的荷载情况并按有关规定计算确定。

(3) 基层:是承受上部荷载的土壤层,是经过处理的基土层,最常见的是素土夯实。地基处理的质量直接影响地面承载力,地基土不应用过湿土、淤泥、腐殖土、冻土以及有机物含量大于 8% 的土做填料。若地基土松软,可加入碎石、碎砖或铺设灰土夯实,以提高强度,用单纯加厚混凝土垫层和提高其强度等级的办法来提高承载力是不经济的。

2) 常见地面的构造做法

(1) 单层整体地面:将面层和垫层合为一层并直接铺在基层上。

常用的地面如下所述。

① 灰土地面：素土夯实后，用 3∶7 灰土夯实到 100～150mm 厚。

② 矿渣或碎石地面：素土夯实后用矿渣或碎石压实至不小于 60mm 厚。

③ 三合土夯实地面：将 100～150mm 厚素土夯实以后，再用 1∶3∶5 或 1∶2∶4 石灰、砂（细炉渣）、碎石（碎砖）配制三合土夯实。

这类地面可承受高温及巨大的冲击作用，适用于平整度和清洁度要求不高的车间，如铸造车间、炼钢车间、钢坯库等。

(2) 多层整体地面：垫层厚度较大，面层厚度较小。在地面上使用不同的面层材料可以满足不同的生产要求。

① 水泥砂浆地面：与民用建筑构造做法相同。为满足耐磨要求，可在水泥砂浆中加入适量铁粉。此地面不耐磨，易起尘，适用于有水、中性液体及油类作用的车间。

② 水磨石地面：同民用建筑构造，若对地面有不起火的要求，可采用与金属或石料撞击不起火花的石子材料，如大理石、石灰石等。此地面强度高、耐磨、不渗水、不起灰，适用于对清洁要求较高的车间，如计量室、仪器仪表装配车间、食品加工车间等。

③ 混凝土地面：有 60mm 厚 C20 混凝土地面和 C20 细石混凝土地面等。为防止地面开裂，可在面层设纵、横向的分仓缝，缝距一般为 12m，缝内用沥青等防水材料灌实。如采用密实的石灰石、碱性的矿渣等做混凝土的骨料，可做成耐碱混凝土地面。混凝土地面在单层工业厂房中应用较多，适用于金工车间、热处理车间、机械装配车间、油漆车间、油料库等。

④ 水玻璃混凝土地面：水玻璃混凝土由耐酸粉料、耐酸砂子、耐酸石子配以水玻璃胶结剂和氟硅酸钠硬化剂调制而成。此地面机械强度高、整体性好，具有较高的耐酸性、耐热性，但抗渗性差，须在地面中加设防水隔离层。水玻璃混凝土地面多用于有酸腐蚀作用的车间或仓库。

⑤ 菱苦土地面：其做法是在混凝土垫层上铺设 20mm 厚的菱苦土面层。菱苦土面层由苛性菱镁矿、砂子、锯末和氯化镁水溶液组成，它具有良好的弹性、保温性能，不产生火花，不起灰。菱苦土地面适用于精密生产装配车间、计量室和纺纱、织布车间。

(3) 块材地面是在垫层上铺设块料或板料的地面，如砖块、石块、预制混凝土地面砖、瓷砖、铸铁板等。块材地面承载力强，便于维修。

① 砖石地面：砖地面面层由普通砖侧砌而成，若先将砖用沥青浸渍，可做成耐腐蚀地面；石材地面有块石地面和石板地面，这种地面较粗糙、耐磨损。

② 预制混凝土板地面：采用 C25 预制细石混凝土板做面层。其主要用于预留设备位置或人行道处。

③ 铸铁板地面：有较好的抗冲击和耐高温性能，板面可直接浇注成凸纹或穿孔防滑。

思考题与习题

一、单选题

1．关于工业建筑的特点下列选项不正确的是（　　）。
　　A．设计应满足生产工艺的要求
　　B．厂房内部有较大的面积和空间
　　C．与民用建筑相比，工业建筑结构、构造比较简单，技术要求不高
　　D．为满足室内采光、通风的需要，屋顶往往设有天窗

2．在一些不要求保温与隔热的热加工车间、防爆车间和仓库建筑的外墙，可采用轻质板材墙。下列选项不是轻质板材墙墙板的是（　　）。
　　A．石棉水泥波形瓦　　　　　　B．镀锌铁皮波形瓦
　　C．压型钢板　　　　　　　　　D．加气混凝土墙板

3．一些热加工车间常采用（　　）。
　　A．复合材料板　　　　　　　　B．单一材料板
　　C．轻质板材墙　　　　　　　　D．开敞式外墙

4．厂房大门主要是供生产运输车辆及人通行、疏散之用。下列选项不是按门的开启方式分类的是（　　）。
　　A．升降门　　B．空腹薄壁钢门　　C．推拉门　　D．折叠门

5．矩形天窗是单层工业厂房常用的天窗形式。下列说法不正确的是（　　）。
　　A．它主要由天窗架、天窗扇、天窗屋面板、天窗侧板及天窗端壁等构件组成
　　B．天窗架的宽度根据采光和通风要求一般为厂房跨度的 1/3～1/2
　　C．防雨要求较高的厂房可在固定扇的后侧加 500mm 宽的固定挡雨板，以防止雨水从窗扇两端开口处飘入车间
　　D．天窗檐口常采用无组织排水，其由带挑檐的屋面板构成，挑出长度一般为 300～500mm

二、多选题

1．工业建筑与民用建筑一样，要体现（　　）的方针。
　　A．适用　　　　B．经济　　　　C．安全
　　D．美观　　　　E．节约

2．厂房的承重结构由（　　）和（　　）组成。
　　A．纵向骨架　　　B．横向联系构件　　C．横向骨架
　　D．纵向联系构件　E．中心骨架

3．按开启方式分类，侧窗分为（　　）。
　　A．立旋窗　　　　B．平开窗　　　　C．中悬窗
　　D．上悬窗　　　　E．下开窗

三、简答题

1. 什么叫工业建筑？
2. 单层工业厂房的主要结构构件有哪些？
3. 单层工业厂房为什么要设置天窗，天窗有哪些类型？试分析它们的优点和缺点。
4. 天窗侧板有哪些类型，天窗侧板在构造上有什么要求？
5. 厂房地面有什么特点和要求，地面由哪些构造层次组成，它们有什么作用？

四、实训题

单层工业厂房屋面排水有几种方式，各适用哪些范围，屋面排水如何组织？试画出屋顶平面图并表达排水方式。

附 录

【学习目标】

- 熟悉建筑设计方法和原理。
- 会运用建筑设计的方法和原理。
- 掌握建筑构造方法。
- 了解现行的建筑设计规范并会查用。

【核心概念】

平面图设计,立面图设计,剖面图设计,节点详图。

附录的具体内容请扫描下方二维码。

附 录

参 考 文 献

[1] 刘昭如. 房屋建筑构成与构造 [M]. 上海：同济大学出版社，2005.
[2] 樊振和. 建筑构造原理与设计 [M]. 天津：天津大学出版社，2011.
[3] 王东升. 建筑工程专业基础知识 [M]. 徐州：中国矿业大学出版社，2010.
[4] 孙红玉. 房屋建筑构造 [M]. 北京：机械工业出版社，2003.
[5] 袁雪峰. 房屋建筑学 [M]. 北京：科学出版社，2005.
[6] 赵岩. 建筑识图与构造 [M]. 北京：中国建筑工业出版社，2008.
[7] 同济大学等. 房屋建筑学 [M]. 北京：中国建筑工业出版社，2008.
[8] 颜宠亮. 建筑构造设计 [M]. 上海：同济大学出版社，2004.
[9] 陈镌. 建筑细部设计 [M]. 上海：同济大学出版社，2009.
[10] 刘志麟. 建筑制图 [M]. 北京：机械工业出版社，2010.
[11] 建筑设计资料集编委会. 建筑设计资料集 [M]. 北京：中国建筑工业出版社，1996.
[12] 中国建筑标准设计研究院. GB 50096—2011 住宅设计规范 [S]. 北京：中国建筑工业出版社，2011.
[13] 中国建筑标准设计研究院. GB 0001—2010 房屋建筑制图统一标准 [S]. 北京：中国建筑工业出版社，2010.